Joachim Schenk

Handschrifterkennung am Whiteboard

Joachim Schenk

Handschrifterkennung am Whiteboard

Theoretische Grundlagen und Erweiterungen

Südwestdeutscher Verlag für Hochschulschriften

Impressum / Imprint

Bibliografische Information der Deutschen Nationalbibliothek: Die Deutsche Nationalbibliothek verzeichnet diese Publikation in der Deutschen Nationalbibliografie; detaillierte bibliografische Daten sind im Internet über http://dnb.d-nb.de abrufbar.

Bibliographic information published by the Deutsche Nationalbibliothek: The Deutsche Nationalbibliothek lists this publication in the Deutsche Nationalbibliografie; detailed bibliographic data are available in the Internet at http://dnb.d-nb.de.

Verlag / Publisher:
Südwestdeutscher Verlag für Hochschulschriften
ist ein Imprint der / is a trademark of
OmniScriptum GmbH & Co. KG
Heinrich-Böcking-Str. 6-8, 66121 Saarbrücken, Deutschland / Germany
Email: info@svh-verlag.de

Herstellung: siehe letzte Seite /
Printed at: see last page
ISBN: 978-3-8381-1169-8

Zugl. / Approved by: München, TU, Diss., 2009

Inhaltsverzeichnis

1 Einleitung

Seit mehr als 35 Jahren ist das Gebiet der automatischen Erkennung handgeschriebener Notizen Gegenstand der Forschung [Bun03]. Dabei wird zwischen der „Offline"- und der „Online"-Erkennung unterschieden [Liw06; Pla00; Vin02]. Während für die Offline-Erkennung die handgeschriebenen Texte als statisches Abbild vorliegen, wird für die Online-Erkennung die Stifttrajektorie abgetastet und die zeitliche Abfolge der Abtastpunkte zur Erkennung verwendet. Hier versteht man unter der Stifttrajektorie die räumlichen Koordinaten des momentanen Aufenthaltsorts des Stifts, aufgetragen über den zeitlichen Verlauf. Da für die Online-Erkennung neben dem Abbild des Schriftzugs (das Abbild wird dabei aus der abgetasteten Stifttrajektorie berechnet) auch die zeitliche Information über die Abtastpunkte vorliegt, führt die Online-Erkennung i. d. R. zu einer höheren Erkennungsleistung als die Offline-Erkennung [Pla00].

Als Weiterentwicklung der aus dem Schulunterricht bekannten Wandtafeln bieten Whiteboards oder Weißwandtafeln eine Reihe von Vorteilen. So zeichnen sie sich durch ein geringeres Gewicht und eine einfachere Reinigung der Oberfläche aus. Anders als bei den Wandtafeln, die mit Kreide beschrieben werden, entsteht bei dem Schreiben auf Whiteboards kein Staub, der allergische Reaktionen hervorrufen kann, da spezielle Stifte verwendet werden. Deswegen werden sie vermehrt anstelle der Wandtafeln eingesetzt.

1.1 Whiteboard-Notizerkennung

In sog. „intelligenten Besprechungszimmern" (engl. *Smart Meeting Rooms*) [Moo02; Wai03; Rei04] wird versucht, Besprechungen automatisch zu speichern und zu indizieren. In diesen Besprechungen spielen Whiteboards für die Kommunikation zwischen Menschen eine wichtige Rolle [Jäg03]. Durch ihren Einsatz in den intelligenten Besprechungszimmern erhält auch die Erkennung von auf Whiteboards handgeschriebenen Texten und Symbolen (zusammenfassend als „Notizen" bezeichnet) eine wachsende Bedeutung [Liw05a; Wie05]. Jedoch unterscheidet sich der Schreibprozess an einem Whiteboard vom Schreiben auf Papier: Der Schreiber steht beispielsweise aufrecht, und es bewegen sich der gesamte Arm sowie der Körper anstelle nur der Hand. Dies beeinträchtigt das Schriftbild dahingehend, dass die Buchstaben unterschiedliche Größen aufweisen und die in den Textzeilen enthaltenen Schriftlinien nicht horizontal und gerade verlaufen. Als Folge lassen sich gängige Ansätze zur Handschrifterkennung nur eingeschränkt auf die Erkennung von handgeschriebenen Whiteboard-Notizen übertragen [Liw06].

Die ersten Untersuchungen zur automatischen Erkennung von handgeschriebenen Symbolen an einem Whiteboard sind in [SF96] zu finden. Ein System zur Erkennung ganzer Textzeilen wird

Abbildung 1.1: PANABOARD [Pan08] (links) zur Offline-Aufzeichnung sowie SMART BOARD [SMA08] mit Aufprojektion (Mitte) und EBEAM-System [Luc06] (rechts) zur Online-Aufzeichnung der handschriftlichen Whiteboard-Notizen.

in [Wie03; Wie05] vorgestellt. In diesen ersten Ansätzen wurden die Inhalte des Whiteboards mit einer Kamera fotografiert, lagen als statisches Abbild vor und wurden mit einem Offline-System erkannt. In [Liw06] wird erstmals ein System zur Online-Erkennung handgeschriebener Whiteboard-Notizen beschrieben.

1.1.1 Möglichkeiten der Aufzeichnung

Neben der oben erwähnten Methode des Abfotografierens des Whiteboard-Inhalts existiert eine Reihe von Lösungen zur Offline- und Online-Aufzeichnung von Whiteboard-Notizen. Bei dem PANABOARD [Pan08] von Panasonic erfolgt die Aufzeichnung beispielsweise mithilfe eines Scanners, der vor dem Whiteboard montiert ist. Eine Online-Aufzeichnung der Stifttrajektorie wird mit dem WEBSTER [Pol08] von Polyvision und dem SMART BOARD [SMA08] von SMART Technologies ermöglicht: Die Position des Stifts wird durch den Kontakt mit einer berührungsempfindlichen Oberfläche ermittelt und die Stifttrajektorie entweder auf die Oberfläche projiziert [SMA08] oder auf einem Bildschirm dargestellt [SMA06]. Darüber hinaus bieten die Aufzeichnungsgeräte von Mimio (MIMIO INTERACTIVE-System [Mim08]) und Lucida (EBEAM-System [Luc06]) die Möglichkeit einer flexiblen Aufzeichnung. Zwei bzw. vier Empfänger, die ggf. in demselben Gehäuse verbaut sind, werden an beliebigen Ecken des Whiteboards montiert und empfangen elektromagnetische Signale von einem den Stift umgebenden Sender. Aus der Laufzeitdifferenz der empfangenen Signale wird die Position des Stifts bestimmt. Abbildung 1.1 zeigt die eben erwähnten Aufzeichnungsgeräte.

1.1.2 Erkennung

Unabhängig von der Art der Aufzeichnung lassen sich für die Erkennung drei Fälle unterscheiden: die Erkennung auf *Wortebene* [Nag86; Pow94], die Erkennung auf *Buchstabenebene* [Gov90; Mor84; Mor99] und die Erkennung auf *Strichebene* [Hu96; Shi96].

Für die Erkennung auf Wortebene wird ein gegebener Text zunächst in die einzelnen Wörter segmentiert. Anschließend werden die Wörter „als Ganzes", d. h. holistisch, erkannt. Während die Segmentierung eines Texts in einzelne Wörter eine überschaubare Aufgabe darstellt, ist die Modellierung durch die „Wortklasse" aufwendig: Für jedes zu erkennende Wort wird eine eigene Wortklasse benötigt. Dies schränkt die Flexibilität des Erkenners ein, insbesondere können unbekannte Wörter nicht erkannt werden. Erkenner auf Wortebene sind deswegen auf einen Einsatz mit kleinen Wortschätzen beschränkt [Pow94].

Flexibler ist die Erkennung auf Buchstabenebene. Jeder Buchstabe bzw. jedes Graphem[1] wird dabei als eine Klasse aufgefasst. Durch die Kombination einzelner Buchstaben können Wörter erkannt werden. Dabei ist eine Kenntnis der Wörter nicht erforderlich. Bei handschriftlichen Texten ist jedoch die Segmentierung der Buchstaben (der Klassen) innerhalb eines Worts nicht eindeutig bzw. schwer feststellbar. Dies führt zum gemeinhin als „Sayre-Paradoxon" bezeichneten Phänomen der zyklischen Abhängigkeit zwischen Segmentierung und Erkennung: Um die Buchstaben eines Worts segmentieren und anschließend erkennen zu können, wird Kenntnis über das vorliegende Wort benötigt – das Wort ist jedoch erst nach Erkennung und vorheriger Segmentierung der Buchstaben bekannt [Say73].

Bei der strichbasierten Erkennung erfolgt eine noch feinere Unterteilung der geschriebenen Notizen. Aus den einzeln erkannten Schriftstücken werden zunächst Buchstaben oder Teile von Wörtern gebildet und daraus wiederum ganze Wörter und Textzeilen. Jedoch ist bei diesen Ansätzen weder die Klasseneinteilung (in einzelne Schriftstücke), noch deren Segmentierung bekannt. Deswegen erfolgt die Klasseneinteilung in diesen Fällen heuristisch [Hu96]. In der praktischen Anwendung finden diese Ansätze wenig Bedeutung und werden hier nicht weiter betrachtet.

1.2 Gliederung und Beitrag dieser Arbeit

In dieser Arbeit wird das Problem der buchstabenbasierten, automatischen Online-Erkennung von handgeschriebenen Whiteboard-Notizen behandelt. Es werden gängige Verfahren vorgestellt und geeignete Erweiterungen motiviert, umgesetzt sowie mithilfe von Experimenten evaluiert und begründet. Dazu werden in *Kapitel 2* der Arbeit die theoretischen Grundlagen dargelegt. Insbesondere wird auf die zur Erkennung eingesetzten Hidden-Markov-Modelle (HMM) [Bau66; Bau70; Bil06] eingegangen. Sie bieten durch die gemeinsame Segmentierung und Erkennung eine mögliche „Lösung" des Sayre-Paradoxons. Man unterscheidet die kontinuierliche und diskrete Modellierung der handschriftlichen Daten, die der „kontinuierlichen Erkennung" und der „diskreten Erkennung" dienen. Auch auf die Unterscheidung der beiden Modellierungen wird in diesem Kapitel eingegangen.

In *Kapitel 3* wird die in dieser Arbeit verwendete Datenbank vorgestellt, ein kontinuierliches und ein diskretes Online-Handschrifterkennungssystem beschrieben, und diese Systeme werden für das Problem der Whiteboard-Notizerkennung geeignet dimensioniert und erweitert. Die so erstellten Systeme dienen den weiteren Kapiteln als Referenz.

Das *Kapitel 4* befasst sich mit der Selektion und Kombination von Merkmalen für die Erkennung von Whiteboard-Notizen mit kontinuierlichen und diskreten Systemen. Für den diskreten Fall wird in diesem Kapitel eine Beeinflussung der Signifikanz der Merkmale durch die Vektorquantisierer (VQ) nachgewiesen und eine Erweiterung gängiger VQ zur Unterbindung dieser Beeinflussung vorgeschlagen. Ein weiteres Ergebnis dieses Kapitels ist die Beobachtung, dass das „Druckmerkmal" – dieses zeigt an, ob der Stift das Whiteboard berührt – für die kontinuierliche Erkennung ein bedeutendes Merkmal darstellt, im diskreten Fall jedoch an Signifikanz verliert.

[1] Die kleinsten bedeutungstragenden Teile einer geschriebenen Sprache werden als *Grapheme* bezeichnet. Davon ausgenommen sind Teile von Buchstaben, wie z. B. der „t"-Strich. Grapheme beinhalten die Zeichen der Schrift, also Buchstaben, Ziffern und Satzzeichen. Es ist jedoch üblich, die Begriffe „Buchstaben" und „Grapheme" synonym zu verwenden. Die in dieser Arbeit verwendete Datenbank umfasst 55 Grapheme.

Dieses Ergebnis wird in *Kapitel 5* genauer untersucht, und mögliche Ansätze für die verlustfreie Modellierung der Druckinformation innerhalb eines diskreten Erkennungssystems werden zunächst theoretisch hergeleitet und anschließend umgesetzt und evaluiert.

Die verzerrten Schriftlinien der Whiteboard-Notizen werden mit einem neuartigen, in *Kapitel 6* beschriebenen Verfahren identifiziert. Ferner werden in diesem Kapitel Möglichkeiten aufgezeigt, durch Kenntnis über den Verlauf der Schriftlinien die Erkennungsleistung sowohl des kontinuierlichen als auch des diskreten Systems zu verbessern.

Durch die konsequente, parallele Betrachtung der kontinuierlichen und diskreten Modellierung ist neben einer quantitativen Aussage über die Verbesserungsmöglichkeiten der oben beschriebenen Erweiterungen erstmals auch ein Vergleich der auf kontinuierlichen und diskreten HMM basierenden Online-Erkennung von Whiteboard-Notizen möglich. Eine Bilanz darüber wird in *Kapitel 7* gezogen, das die Arbeit zusammenfasst und einen Ausblick auf weitere Arbeiten gibt.

2
Theoretische Grundlagen

Dieses Kapitel legt die theoretischen Grundlagen der Arbeit dar. Der erste Teil befasst sich mit der stochastischen Beschreibung der handgeschriebenen Whiteboard-Notizen durch Hidden-Markov-Modelle und der Erkennung auf Buchstaben- und Wortebene. Anschließend, in Abschnitt 2.2, wird die Zuordnung der kontinuierlichen Sequenzen zu diskreten Sequenzen durch die Vektorquantisierung erläutert. Die Durchführung der Experimente wird in Abschnitt 2.3 dargelegt.

2.1 Hidden-Markov-Modelle

Die in dieser Arbeit entwickelten Erkennungssysteme verwenden als kleinste Erkennungseinheiten Buchstaben bzw. Grapheme. Die Erkennung von Buchstaben führt innerhalb eines Worts zum sog. „Sayre-Paradoxon" [Say73], das eine zyklische Abhängigkeit zwischen der Segmentierung und der Erkennung der Buchstaben bezeichnet.

Die handgeschriebenen Daten sind aus den Merkmalsvektoren $\mathbf{f}_k$ gebildete Sequenzen $\mathbf{F} = (\mathbf{f}_1, \ldots, \mathbf{f}_K)$ (siehe Abschnitt 3.3). Aufgrund ihrer variablen Länge und den Variationen, die von unterschiedlichen Schreibern herrühren, eignen sich zu ihrer Modellierung insbesondere die Hidden-Markov-Modelle (HMM) [Bau66; Bau70; Bil06]. Außerdem erlauben HMM eine gemeinsame Segmentierung und Erkennung und bieten sich somit als Lösung für das Sayre-Paradoxon an. Ursprünglich für die automatische Spracherkennung (ASR) [Bak75; Jel76; Rab89] entwickelt, werden HMM mittlerweile in weiten Bereichen der Mustererkennung, u. a. in der Emotionserkennung (siehe z. B. [Sch06a]), der Handschrifterkennung (siehe z. B. [Nag86; Mak94; Pla00]) und in der Erkennung von Whiteboard-Notizen verwendet [Liw06; Wie03].

Die Modellierung erfolgt durch zwei gekoppelte stochastische Prozesse: Der erste stochastische Prozess beschreibt die Abhängigkeit des zum Zeitpunkt k erreichten Zustands $q_k = s_j$ von den vorausgegangenen Zuständen $q_{k-1}, \ldots, q_1$. Dies geschieht innerhalb der HMM durch eine Markovkette erster Ordnung mit S Zuständen s_j, $1 \leq j \leq S$. Für den Zustand $q_k = s_j$ zum Zeitpunkt k gilt somit

$$\begin{aligned} p(q_k = s_j | q_{k-1} = s_i, \ldots, q_1 = s_n) &= \\ = p(q_k = s_j | q_{k-1} = s_i) &= a_{ij},\ 1 \leq i, j \leq S, \end{aligned} \tag{2.1}$$

wobei die Übergangswahrscheinlichkeiten a_{ij} in der Matrix $\mathbf{A}$ zusammengefasst werden und für die Einsprungswahrscheinlichkeiten $\boldsymbol{\pi} = (\pi_1, \ldots, \pi_S)^{\mathrm{T}}$ mit $\pi_i = p(q_1 = s_i)$, gilt. Der zweite stochastische Prozess definiert die Wahrscheinlichkeit der Beobachtung $\mathbf{f}_k$ im Zustand $q_k = s_i$ (die sog. Emissionswahrscheinlichkeit):

$$p(\mathbf{f}_k | q_k = s_i) = b_{q_k}(\mathbf{f}_k). \tag{2.2}$$

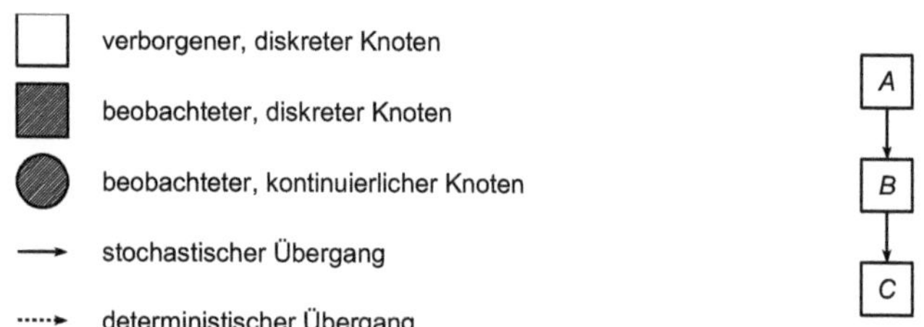

Abbildung 2.1: Die in dieser Arbeit verwendete Notation für die Knoten und Kanten (links) zur Beschreibung von GM sowie ein einfaches GM bestehend aus drei Zufallsvariablen. Die Darstellung folgt [Mur02].

Da es sich bei $b_{q_k}(\cdot)$ im Allgemeinen um Funktionen handelt, werden sie hier in der Menge $\mathcal{B} = \{b_{q_k}(\cdot)\}$, $1 \leq k \leq K$ zusammengefasst[2]. Durch den Parametersatz $\lambda = (\boldsymbol{\pi}, \mathbf{A}, \mathcal{B})$ ist ein HMM vollständig charakterisiert. Für jede Zustandsfolge $\mathbf{q} = (q_1, \ldots, q_K)$ erhält man so die Produktionswahrscheinlichkeit $p(\mathbf{F}, \mathbf{q}|\lambda)$ für die Sequenz $\mathbf{F}$. Die gesamte Produktionswahrscheinlichkeit, also die *Beobachtungswahrscheinlichkeit*, der Sequenz $\mathbf{F}$ ergibt sich durch Summation über alle Zustandsfolgen $\mathcal{Q}$, d. h.

$$p(\mathbf{F}|\lambda) = \sum_{\mathbf{q} \in \mathcal{Q}} p(\mathbf{F}, \mathbf{q}|\lambda). \tag{2.3}$$

Durch die Marginalisierung nach Gleichung 2.3 bleiben die Zustandsfolgen, die für die jeweilige Beobachtung durchlaufen wurden, verborgen (engl. *hidden*), wovon sich die Bezeichnung „Hidden-Markov-Modell" ableitet.

2.1.1 Darstellung als Graphische Modelle

Zur besseren Vergleichbarkeit und einheitlichen Darstellung werden die in dieser Arbeit verwendeten HMM und davon abgeleiteten Modelle (siehe Abschnitt 5.3) als Graphische Modelle (GM) beschrieben. Mit GM lassen sich statistische Abhängigkeiten zwischen Zufallsvariablen charakterisieren. Die Variablen werden als Knoten (kontinuierlich oder diskret und verborgen oder beobachtet) und ihre statistischen Abhängigkeiten mit Kanten (stochastisch oder deterministisch) bezeichnet [AH06]. Die in dieser Arbeit verwendete Notation der Knoten und Kanten folgt [Bil05; Mur02] und ist in Abbildung 2.1 links dargestellt.

Ein einfaches GM zeigt Abbildung 2.1 rechts. Es besteht aus den drei diskreten Zufallsvariablen $A, B,$ und C. Dabei ist der Zustand der Variable C vom Zustand der Variable B gemäß der Verteilung $p(C|B)$ und der Zustand der Variable B vom Zustand der Variable A gemäß der Verteilung $p(B|A)$ abhängig. Damit lässt sich die Verbundwahrscheinlichkeit $p(A,B,C)$ aus dem GM ableiten zu

$$p(A,B,C) = p(C|B) \cdot p(B|A) \cdot p(A). \tag{2.4}$$

Analog zu Gleichung 2.3 können aus dem GM weitere Verbundwahrscheinlichkeiten durch Marginalisierung gebildet werden. So erhält man beispielsweise

$$p(A,C) = \sum_{B \in \mathcal{B}} P(A,B,C), \tag{2.5}$$

[2] Im Gegensatz zu z. B. [Rab89], wo zur kompakten Darstellung die Emissionswahrscheinlichkeiten $b_{q_k}(\cdot)$ in einer Matrix zusammengefasst werden.

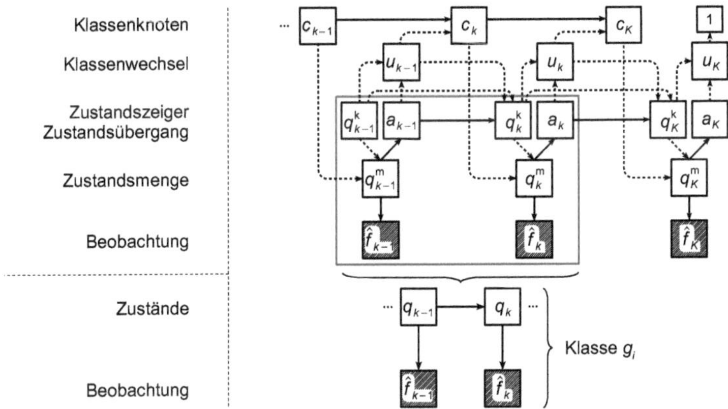

Abbildung 2.2: Gegenüberstellung des GM eines Erkenners zur gemeinsamen Segmentierung und Erkennung *aller* Klassen g_i mithilfe linearer diskreter HMM in Decodierstruktur (oben) und kompaktes GM *einer* Klasse g_i als diskretes HMM (unten). In der vollständigen Darstellung trennt das GM die aktuelle Beobachtung f_k von der Klasse g_i, die im Klassenknoten c_k enthalten ist, d. h. $c_k = g_i$. Die Beobachtung wird durch den Zustand der Zustandsmenge q_k^{m} gemäß dem Zustandszeiger q_k^{k} modelliert. Ein Wechsel der Zustände ist abhängig von den Übergangswahrscheinlichkeiten a_k. Ein Klassenwechsel wird durch den Knoten u_k angezeigt. Für die kompakte Darstellung werden Knoten und Übergänge, die von der Implementierung abhängen, nicht dargestellt. Für das Training der Parameter sind zusätzlich die Klassenknoten c_k beobachtet.

wobei $\mathcal{B}$ die Menge aller Realisierungen der Zufallsvariable B bezeichnet. Eine ausführlichere Beschreibung von GM findet sich in [AH08], die sich wiederum auf [Bil04; Jor01; Lau96] stützt.

Vollständige Darstellung

In Abbildung 2.2 oben ist das vollständige GM zur kombinierten Erkennung und Segmentierung mithilfe linearer diskreter HMM (siehe Abschnitt 2.1.2) illustriert. Dargestellt ist die *Decodierstruktur*, da die Klassenknoten c_k nicht beobachtet sind. Für das Training (siehe Abschnitt 2.1.3) werden dagegen die Klassenknoten beobachtet. Das GM aus Abbildung 2.2 oben faktorisiert die Beobachtungswahrscheinlichkeit zu

$$\begin{aligned} p(\hat{\mathbf{f}},\mathbf{a},\mathbf{q}^{\mathrm{k}},\mathbf{u},\mathbf{c}|\lambda) = \sum_{\mathbf{q}^{\mathrm{m}}\in\mathcal{Q}^{\mathrm{m}}} \prod_{k=1}^{K} & p(\hat{f}_k|q_k^{\mathrm{m}})p(q_k^{\mathrm{m}}|q_k^{\mathrm{k}},c_k)p(a_k|q_k^{\mathrm{m}})\cdot \\ & p(q_1^{\mathrm{k}})p(c_1)\prod_{k=2}^{K} p(q_k^{\mathrm{k}}|a_{k-1},q_{k-1}^{\mathrm{k}},u_{k-1})p(c_k|c_{k-1},u_{k-1})\cdot \\ & p(u_K=1|q_K^{\mathrm{k}},a_K)\prod_{k=1}^{K-1} p(u_k|q_k^{\mathrm{k}},a_k) \end{aligned} \tag{2.6}$$

mit den Substitutionen $\mathbf{q}^{\mathrm{m}} = (q_1^{\mathrm{m}},\ldots,q_k^{\mathrm{m}})$, $\mathbf{a} = (a_1,\ldots,a_K)$, $\mathbf{q}^{\mathrm{k}} = (q_1^{\mathrm{k}},\ldots,q_K^{\mathrm{k}})$, $\mathbf{u} = (u_1,\ldots,u_K)$ und $\mathbf{c} = (c_1,\ldots c_K)$.

In dem GM nach Gleichung 2.6 und Abbildung 2.2 oben wird die Produktionswahrscheinlichkeit $p(\hat{f}|q_k^{\mathrm{m}})$ in Abhängigkeit der Knoten q_k^{m} zur Beschreibung der Menge aller Zustände des Modells berechnet. Zur Auswahl eines Zustands aus dieser Menge dient die deterministische Verteilung $p(q_k^{\mathrm{m}}|q_k^{\mathrm{k}},c_k)$. Die Verteilung $p(q_k^{\mathrm{m}}|q_k^{\mathrm{k}},c_k)$ ist vom Zustandszeiger q_k^{k} und der aktuellen Klasse g_i gemäß $p(c_k = g_i)$ mit c_k der aktuelle Klassenknoten, der die zum Zeitpunkt k gewählte Klasse g_i enthält, abhängig. Durch den deterministischen Zusammenhang zwischen der Klasse bzw. des Klassenknotens und den Zuständen wird diese Beziehung nicht aus den Daten des Trainings-Datensatzes gelernt: Die Struktur wird bereits zu Beginn festgelegt.

Die Übergänge zwischen zwei Zuständen werden durch die Übergangswahrscheinlichkeit $p(a_k|q_k^{\mathrm{m}})$ nach Gleichung 2.1 bestimmt und in der HMM-Notation in der Matrix $\mathbf{A}$ zusammengefasst. Für die hier betrachteten linearen Modelle sind nur die Werte der Haupt- und der ersten Nebendiagonale verschieden von ‚null', d. h. es sind nur Selbstübergänge oder Übergänge zum jeweiligen nächsten Zustand möglich. Der aktuelle Zustand des Modells wird durch den Zustandszeiger q_k^{k} festgelegt. Dabei wird im ersten Zeitschritt (d. h. $k = 1$) und zu jedem Klassenwechsel, angezeigt durch den Knoten u_k, stets in den ersten Zustand gesprungen. Anschließend wird der Zustandszeiger abhängig von der Übergangswahrscheinlichkeit und vom vorherigen Zustand q_{k-1}^{k} gesetzt. Diese Abhängigkeiten werden durch die Verteilung $p(q_k^{\mathrm{k}}|a_{k-1},q_{k-1}^{\mathrm{k}},u_{k-1})$ beschrieben. Der Klassenwechsel u_k ist abhängig vom Zustandszeiger p_k^{k} und der Übergangswahrscheinlichkeit a_k gemäß der Verteilung $p(u_k|q_k^{\mathrm{k}},a_k)$. Dabei gilt für lineare HMM, dass ein Klassenwechsel stets nur im letzten Zustand S innerhalb einer Klasse möglich ist, d. h. $p(u_k = 0|q_k^{\mathrm{k}} = i,a_k)$, $1 \leq i < N$. Findet ein Klassenwechsel statt, so wird die neue Klasse g_i gemäß der Verteilung $p(c_k = g_i|c_{k-1},u_{k-1})$ gewählt.

Kompakte Darstellung

Aus Gründen der Übersichtlichkeit werden die GM in dieser Arbeit stets in kompakter Form beschrieben. Sämtliche Knoten und Kanten, die nicht durch das Modell, sondern durch die Implementierung eingeführt werden, treten dabei nicht in Erscheinung. Die kompakte Form des GM nach Gleichung 2.6, in der die Knoten für den Zustandszeiger, für die Übergangswahrscheinlichkeiten und für die Zustandsmenge in einem gemeinsamen Zustandsknoten q_k zusammengefasst werden, zeigt Abbildung 2.2 unten für eine *einzelne* Klasse. Durch die Definition von nur einer Klasse werden auch die Knoten zur Beschreibung der aktuellen Klasse g_i und des Klassenwechsels u_k nicht benötigt und deswegen nicht abgebildet. Es sei an dieser Stelle darauf hingewiesen, dass die beiden Darstellungen äquivalent sind – jedoch erleichtert die kompakte Form die Übersicht und das Ableiten der Beobachtungswahrscheinlichkeiten.

2.1.2 HMM-Varianten

Abbildung 2.3 zeigt drei HMM in kompakter GM-Notation: ein kontinuierliches HMM links, ein diskretes HMM in der Mitte und einen Vertreter der diskreten Hidden-Markov-Modelle mit mehreren, parallelen Observierungen (MOHMM) rechts. Sie unterscheiden sich durch die Modellierung der Emissionswahrscheinlichkeiten.

Kontinuierliche Hidden-Markov-Modelle

Für kontinuierliche HMM, dargestellt in Abbildung 2.3 links, wird die Wahrscheinlichkeitsdichtefunktion (WDF) $b_{q_k}(\mathbf{f}_k)$ der Beobachtung durch Mixtur- oder Mischmodelle, im hier gezeigten

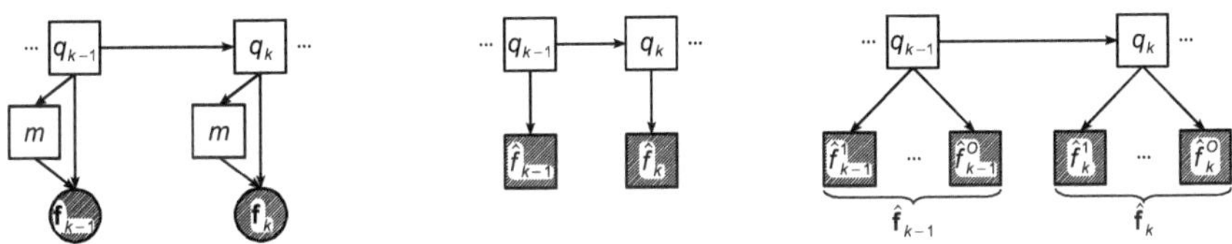

Abbildung 2.3: Kontinuierliches HMM (links), diskretes HMM (Mitte) und diskretes MOHMM (rechts) als GM zur Modellierung der Merkmale. Das erste HMM modelliert die Beobachtungen kontinuierlich mit sog. GMM, die restlichen HMM ermöglichen eine diskrete Modellierung. Die Darstellung erfolgt in kompakter Form.

Fall sog. Gauß-Mixtur-Modelle (GMM), beschrieben [Fin03]. Für jeden Zustand s_i besteht die WDF aus M_{q_k} mit dem Faktor $\alpha_{q_k}^m$ gewichteten Normalverteilungen[3] $b_{q_k}(\mathbf{f}_k) = \mathcal{N}(\mathbf{f}_k, \mu_{q_k}^m, \Sigma_{q_k}^m)$ (den Mixturen), wobei $\mu_{q_k}^m$ den Mittelwertsvektor und $\Sigma_{q_k}^m$ die Kovarianzmatrix der m-ten Mixtur beschreiben:

$$b_{q_k}(\mathbf{f}_k) = \sum_{m=1}^{M_{q_k}} \alpha_{q_k}^m \cdot \mathcal{N}(\mathbf{f}_k, \mu_{q_k}^m, \Sigma_{q_k}^m) \text{ mit } \sum_{m=1}^{M_{q_k}} \alpha_{q_k}^m = 1. \tag{2.7}$$

Das in Abbildung 2.3 links dargestellte Modell faktorisiert die Beobachtungswahrscheinlichkeit $p(\mathbf{F}|\lambda_\mathrm{k})$ demnach zu

$$p(\mathbf{F}|\lambda_\mathrm{k}) = \sum_{\mathbf{q}\in\mathcal{Q}} p(\mathbf{F},\mathbf{q}|\lambda_\mathrm{k}) = \sum_{\mathbf{q}\in\mathcal{Q}} p(q_1) \sum_{m=1}^{M_{q_1}} p(\mathbf{f}_1|q_1,m)p(m|q_1) \prod_{k=2}^{K} p(q_k|q_{k-1}) \cdot \tag{2.8}$$
$$\sum_{m=1}^{M_{q_k}} p(\mathbf{f}_k|q_k,m)p(m|q_k) = \sum_{\mathbf{q}\in\mathcal{Q}} \pi_{q_1} \sum_{m=1}^{M_{q_1}} \alpha_{q_1}^m \mathcal{N}(\mathbf{f}_1, \mu_{q_1}^m, \Sigma_{q_1}^m) \prod_{k=2}^{K} a_{q_{k-1}q_k} \sum_{m=1}^{M_{q_k}} \alpha_{q_k}^m \mathcal{N}(\mathbf{f}_k, \mu_{q_k}^m, \Sigma_{q_k}^m).$$

Um die Anzahl der zu schätzenden Parameter zu reduzieren, werden diagonale Kovarianzmatrizen $\Sigma_{q_k}^m$ verwendet, d. h. die einzelnen Dimensionen des Beobachtungsvektors $\mathbf{f}_k$ werden als unkorreliert vorausgesetzt.

Diskrete Hidden-Markov-Modelle

Die Optimierung der Parameter der kontinuierlichen HMM ist rechenaufwendig (siehe Abschnitt 2.3.3): Zum einen wird für eine geeignete Anpassung der GMM die Anzahl der Mixturen schrittweise erhöht [Nor95], zum anderen ist die Leistungsfähigkeit des auf kontinuierlichen HMM basierenden Erkenners von der Anzahl der Iterationen des Trainings abhängig [Gün04b]. Eine zu geringe Anzahl an Mixturen erhöht somit die Verarbeitungsgeschwindigkeit, führt jedoch mitunter zu einer unzureichenden Modellierung der WDF der Beobachtung $b_{q_k}(\mathbf{f}_k)$ [Rig96]. Die WDF wird für diskrete HMM (siehe Abbildung 2.3 Mitte) deswegen durch die relative Häufigkeit $h_{q_k}^v$ der Symbole $\hat{f}_k = v$ mit $v \in \{1;\ldots;N_\mathrm{cdb}\}$, die durch Vektorquantisierung (siehe Abschnitt 2.2.1) aus den mehrdimensionalen Vektoren $\mathbf{f}_k$ entstehen und zur Sequenz $\hat{\mathbf{f}} = (\hat{f}_1,\ldots,\hat{f}_K)$ zusammengefasst sind, dargestellt [Rab89]. So lassen sich beliebige Verteilungen annähern und die rechenzeitintensiven Wahrscheinlichkeitsberechnungen in kontinuierlichen HMM durch eine effiziente

[3] Es gilt für eine kontinuierliche WDF $p(x) = 0$, $\forall x$ (siehe [Båd00]), jedoch wird der Wert der WDF als Wahrscheinlichkeit interpretiert (siehe z. B. [Bil98]) und in der Praxis verwendet [Bil02; You02].

Tabellensuche ersetzen [Sch08h]. Für die Emissionswahrscheinlichkeit ergibt sich

$$b_{q_k}(\hat{f}_k = v) = h^{v}_{q_k}, \tag{2.9}$$

und für die Beobachtungswahrscheinlichkeit $p(\hat{\mathbf{f}}|\lambda_{\mathrm{d}})$ der diskreten HMM erhält man

$$p(\hat{\mathbf{f}}|\lambda_{\mathrm{d}}) = \sum_{\mathbf{q}\in\mathcal{Q}} \pi_{q_1} h^{\hat{f}_1}_{q_1} \prod_{k=2}^{K} a_{q_{k-1}q_k} h^{\hat{f}_k}_{q_k}. \tag{2.10}$$

Diskrete Hidden-Markov-Modelle mit mehreren, parallelen Observierungen

In jedem Zeitschritt k besteht jede Beobachtung $\hat{\mathbf{f}}_k$ der diskreten MOHMM (siehe Abbildung 2.3 rechts) aus O *statistisch unabhängigen* Beobachtungen $\hat{\mathbf{f}}_k = (\hat{f}^1_k = v^1, \ldots, \hat{f}^O_k = v^O)$ mit $v^1 \in \{1;\ldots;N^1_{\mathrm{cdb}}\}, \ldots, v^O \in \{1;\ldots;N^O_{\mathrm{cdb}}\}$, die durch separate Vektorquantisierung gebildet und in der Sequenz $\hat{\mathbf{F}} = (\hat{\mathbf{f}}_1, \ldots, \hat{\mathbf{f}}_K)$ zusammengefasst werden [Ale06]. Die statistische Unabhängigkeit folgt aus der „d-Separierung" der Beobachtungsknoten bei gegebenem Zustand q_k [Jen96; Pea86; Sch08h]. Aufgrund der zur Modellierung angenommenen statistischen Unabhängigkeit der Beobachtungen folgt mit $h^{v^o}_{q_k}$ die relative Häufigkeit des Symbols $\hat{f}^o_k = v^o$

$$b_{q_k}(\hat{\mathbf{f}}_k = (v^1, \ldots, v^O)) = \prod_{o=1}^{O} h^{v^o}_{q_k} \tag{2.11}$$

und für die Beobachtungswahrscheinlichkeit

$$p(\hat{\mathbf{F}}|\lambda_{\mathrm{m}}) = \sum_{\mathbf{q}\in\mathcal{Q}} \pi_{q_1} \prod_{o=1}^{O} h^{\hat{f}^o_1}_{q_1} \prod_{k=2}^{K} a_{q_{k-1}q_k} \prod_{o=1}^{O} h^{v^o}_{q_k}. \tag{2.12}$$

2.1.3 Schätzung und Wahl der Parameter

Unabhängig von der Art der Modellierung der Emissionswahrscheinlichkeit erfolgt die Optimierung der Parameter $\lambda^*(\boldsymbol{\pi}, \mathbf{A}, \mathcal{B})$ zur Maximierung der Produktionswahrscheinlichkeit $p(\mathbf{F}|\lambda^*)$ für gewöhnlich mithilfe der Maximum-Likelihood Methode (ML)

$$\lambda^* = \operatorname*{argmax}_{\lambda} \mathcal{L}(\lambda|\mathbf{F}) = \operatorname*{argmax}_{\lambda} p(\mathbf{F}|\lambda). \tag{2.13}$$

Wegen der Summation über Produkte in den Produktionswahrscheinlichkeiten (siehe Gleichungen 2.8, 2.10 und 2.12) ist eine direkte Maximierung des Ausdrucks $p(\mathbf{F}|\lambda)$ in Gleichung 2.13 nicht möglich [Bil98]. Eine Optimierung gelingt z. B. mithilfe des Expectation-Maximization (EM)-Algorithmus, der in seiner Realisierung für HMM auch unter der Bezeichnung „Baum-Welch-Algorithmus" bekannt ist [Bau66; Rab89].

In GM wird für die Parameterschätzung i. d. R. ebenfalls der EM-Algorithmus verwendet. Dabei wird der Schätzschritt (engl. *expectation*) durch den Verbund-Baum (VB)-Algorithmus berechnet [Mur02]. Der Maximierungsschritt (engl. *maximization*) hängt von der zu modellierenden WDF ab; es finden sich jedoch geschlossene Lösungen für Gaußknoten in [Bil98] und für diskrete

Knoten in [Mur02]. In diesem Fall ergeben sich für die GM Trainingsstrukturen, die sich von der Decodierstruktur aus Abbildung 2.2 durch zusätzlich beobachtete Klassenknoten unterscheiden.

Es werden in dieser Arbeit, gestützt auf [Bra02; Kos00; Liw06], ausschließlich *lineare* HMM zur Erkennung verwendet, die in kausaler zeitlicher Reihenfolge durchlaufen werden [Fin03]. Zusätzlich wird die Anzahl an Zuständen für sämtliche Modelle auf $S = 12$ festgelegt. Eigene Untersuchungen im Vorfeld dieser Arbeit zeigten, dass die gewählte Topologie zu einer größtmöglichen Erkennungsleistung des Erkennungssystems führt.

2.1.4 Erkennung von Zeichen

Für die Erkennung von handgeschriebenen Notizen wird jedes der N_M zu erkennenden Zeichen, die Grapheme g_i, durch ein HMM repräsentiert, dem sog. Graphem-HMM. Durch geeignete Verkettung der Graphem-HMM können Wörter und ganze Textzeilen segmentiert und erkannt werden. Abhängig davon, ob die Erkennung auf Graphem- (Buchstaben-) oder Wortebene erfolgt, wird als Ergebnis die erkannte Graphemfolge $\hat{\mathbf{g}} = (g_1, \ldots, g_K)$ mit g_κ das zum Zeitpunkt κ erkannte Graphem und die Anzahl K der erkannten Grapheme oder die erkannte Wortfolge $\hat{\mathbf{w}} = (w_1, \ldots, w_I)$ mit w_i das zum Zeitpunkt i erkannte Wort und I die Anzahl der erkannten Wörter erhalten. Die in Abschnitt 3.1 vorgestellte Datenbank umfasst die in Tabelle 2.1 aufgeführten 52 Buchstaben und drei Satzzeichen der englischen Sprache. Zusammen mit einem Pausenmodell (`sp`), das zur Detektion von Wortgrenzen dient, und einem „Garbage"-Modell (`ga`) zur Modellierung von Zeichen, die nicht zum Alphabet der Datenbank gehören, ergeben sich $N_\mathrm{M} = 57$ Modelle.

a a	b b	c c	d d	e e	f f	g g	h h	i i	j j	k k	l l	m m	n n
o o	p p	q q	r r	s s	t t	u u	v v	w w	x x	y y	z z	A A	B B
C C	D D	E E	F F	G G	H H	I I	J J	K K	L L	M M	N N	O O	P P
Q Q	R R	S S	T T	U U	V V	W W	X X	Y Y	Z Z	. pt	, km	; sc	␣ sp

Tabelle 2.1: Grapheme der englischen Sprache (52 Buchstaben, drei Satzzeichen und das Pausenmodell `sp`: jeweils links) und ihre Modellbezeichnungen (jeweils rechts). Nicht aufgelistet ist das „Garbage"-Modell (`ga`) zur Modellierung weiterer Zeichen.

Zur Erkennung der in einer Sequenz $\mathbf{F}$ enthaltenen Buchstabenfolge wird die wahrscheinlichste (verborgene) Zustandsfolge $\hat{\mathbf{q}}$ der Modelle für die Sequenz $\mathbf{F}$ mit dem Viterbi-Algorithmus ermittelt [Rab89; Vit67]. Diese ist der wahrscheinlichste Pfad in einem Trellisdiagramm, welches die möglichen Zustandsfolgen enthält:

$$\hat{\mathbf{q}} = \operatorname*{argmax}_{\mathbf{q} \in \mathcal{Q}} p(\mathbf{F}, \mathbf{q} | \lambda). \tag{2.14}$$

Für die Sequenz der Buchstabenfolge „`Me`" ist dies exemplarisch in Abbildung 2.4 dargestellt. Die wahrscheinlichste Zustandsfolge $\hat{\mathbf{q}}$, ermittelt über alle verbundenen Buchstabenmodelle, liefert dabei die Buchstaben (bei einem Verlauf innerhalb eines Modells) und die Buchstabengrenzen (bei einem Übergang zwischen zwei Modellen).

2.1.5 Wörterbuch und statistisches Sprachmodell

Um eine höhere Erkennungsleistung zu erzielen, werden die möglichen Übergänge im Trellisdiagramm (siehe Abbildung 2.4) eingeschränkt. Dies erfolgt einerseits über ein Wörterbuch, in

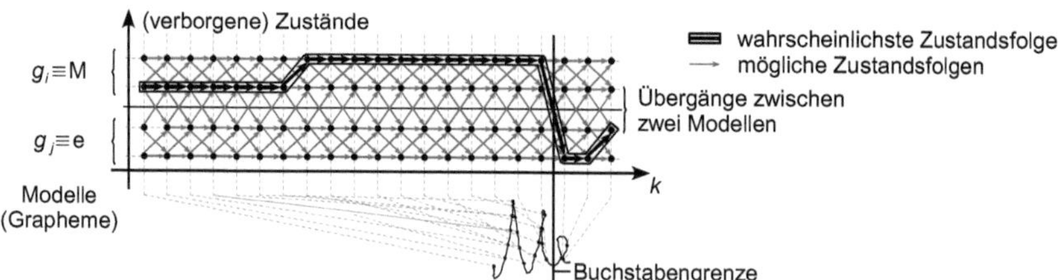

Abbildung 2.4: Buchstabenerkennung (Zustandsfolge innerhalb eines Modells) und Segmentierung von Buchstabengrenzen (Zustandsfolge zwischen zwei Modellen) mithilfe der wahrscheinlichsten Zustandsfolge innerhalb eines Trellisdiagramms. Der wahrscheinlichste Pfad im Trellisdiagramm wird mit dem Viterbi-Algorithmus gefunden.

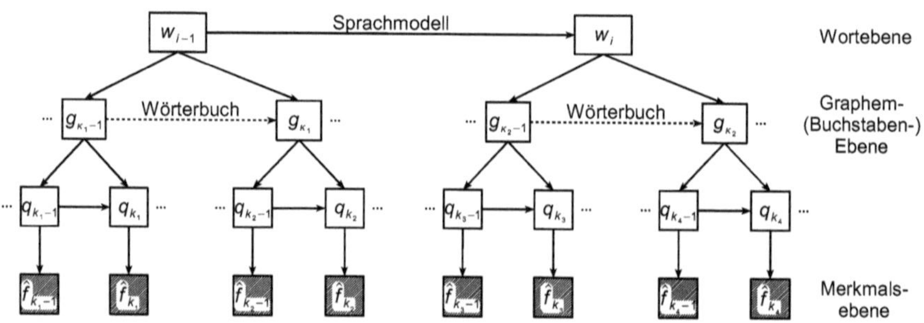

Abbildung 2.5: Kompakte Darstellung des zur Erkennung verwendeten diskreten HMM (unten), erweitert um ein Wörterbuch (Mitte) und ein Sprachmodell (oben). Die Übergänge zwischen einzelnen Graphemen erfolgen aufgrund des Wörterbuchs deterministisch. Durch das Sprachmodell werden die Wortübergänge stochastisch modelliert.

dem nur bestimmte Wörter und somit nur Kombinationen aus bestimmten Buchstaben zugelassen werden, andererseits durch die Beschreibung der Wortfolgen durch ein statistisches Sprachmodell[4]. Abbildung 2.5 zeigt das bereits in Abbildung 2.3 Mitte dargestellte und um ein Wörterbuch und ein Sprachmodell erweiterte GM eines diskreten HMM, das zur *Erkennung* verwendet wird. Das Sprachmodell definiert die Wahrscheinlichkeit $p(\mathbf{w}) = p(w_1, \ldots, w_I)$ für das Auftreten der Wortfolge $\mathbf{w}$, bestehend aus den I Wörtern $w_1, \ldots, w_I$, $w_i \in \mathcal{W}$ mit $\mathcal{W}$ der Menge aller Wörter des $N_{\text{dict}} = |\mathcal{W}|$ Wörter umfassenden Wörterbuchs[5]. Mithilfe des Satzes von Bayes [Båd00] erhält man

$$p(\mathbf{w}) = p(w_1) \cdot \prod_{i=2}^{I} p(w_i | w_1, \ldots, w_{i-1}) \approx \underbrace{p(w_1) \cdot \prod_{i=2}^{I} p(w_i | w_{i-(n-1)}, \ldots, w_{i-1})}_{n\text{-Gramm}} \tag{2.15}$$

[4]Ein Sprachmodell eignet sich auch zur Modellierung von Buchstabenfolgen und ergänzt oder ersetzt somit das Wörterbuch; hier wird diese Verwendung jedoch nicht weiter betrachtet.

[5]Der Umstand, dass nicht jeder Merkmalsvektor $\mathbf{f}_k$ genau ein Wort w_i repräsentiert, wird durch die Änderung der Indizes (k, i) angezeigt.

und bei Berücksichtigung der n vorausgegangenen Wörter ein sog. n-Gramm. Für $n = 2$ liegen die hier betrachteten Bigramme vor [Fin03]. Die Wahrscheinlichkeiten $p(w_1)$ und $p(w_i|w_{i-1})$, $w_1, w_i, w_{i-1} \in \mathcal{W}$ werden aus einem Trainings-Datensatz, der typische Sätze der jeweiligen Sprache enthält, geschätzt. Es bezeichnen $N(w_i|w_{i-1})$ die Anzahl der Wortfolgen $w_{i-1}w_i$ und $N(w_i)$ die Anzahl der Worte w_i im Trainings-Datensatz. Um eine Bigrammstatistik auch für Wortkombinationen $w_{i-1}w_i$ zu erhalten, die im Trainings-Datensatz nicht vorkommen (d. h. $N(w_i|w_{i-1}) = 0$), wird in dieser Arbeit das sog. Absolute Discounting (ADC) nach [Kat87] verwendet: Die absolute Anzahl $N(w_i|w_{i-1})$ der tatsächlich vorkommenden Wortpaare wird um einen festen Wert β verringert, was zu einer Reduktion der Randwahrscheinlichkeit, d. h. $\sum_{w_i \in \mathcal{W}} p(w_i|w_{i-1}) < 1$, führt. Die entstehende Differenz $1 - \sum_{w_i \in \mathcal{W}} p(w_i|w_{i-1})$ wird gemäß der Wahrscheinlichkeit $p(w_i)$ auf die verbleibenden, nicht im Trainings-Datensatz gefundenen Wortpaare aufgeteilt, und man erhält eine Statistik für die nicht beobachteten Bigramme. Zusätzlich wird ein backing-off Faktor c eingeführt, der die minimale Anzahl $N(w_i|w_{i-1})$ für die Berechnung der Bigrammstatistik festlegt [Kat87]. Man erhält so

$$p(w_i|w_{i-1}) = \begin{cases} (N(w_i|w_{i-1}) - \beta)/N(w_{i-1}) & \text{wenn } N(w_i|w_{i-1}) > c \\ b(w_i, w_{i-1}) \cdot p(w_i) & \text{sonst.} \end{cases} \quad (2.16)$$

Mit $b(w_i, w_{i-1}) = \frac{1 - \sum_{w_i \in \mathcal{B}(w_{i-1})} p(w_i|w_{i-1})}{1 - \sum_{w_i \in \mathcal{B}(w_{i-1})} p(w_i)}$ wird die Bedingung $\sum_{w_{i-1} \in \mathcal{W}} p(w_i|w_{i-1}) = 1$ eingehalten. Es gilt ferner $\mathcal{B}(w_{i-1}) = \{w_i | w_i, w_{i-1} \in \mathcal{W} \wedge N(w_i|w_{i-1}) > c\}$. Für das in dieser Arbeit verwendete Sprachmodell gilt für das ADC $\beta = 0.5$ und für den backing-off Faktor $c = 1$.

2.1.6 Perplexität

Sprachmodelle unterscheiden sich z. B. bei Verwendung unterschiedlicher Datensätze für das Training, aber auch in der Modellierung nicht im Trainings-Datensatz vorkommender Wortkombinationen. Um dennoch Sprachmodelle untereinander in ihrer Leistung vergleichen zu können, eignet sich das Maß der Perplexität $P(\mathbf{w})$ einer gegebene Wortfolge $\mathbf{w}$ [Jel82]. Die folgende Darstellung der Perplexität erfolgt nicht, wie z. B. in [Hau90; Rab93] mithilfe informationstheoretischer Begriffe, sondern anschaulich in Anlehnung an [Fin03]. Die Perplexität ist so zu

$$P(\mathbf{w}) = \frac{1}{\sqrt[I]{p(\mathbf{w})}} \overset{\text{Bigramm}}{=} p(w_1)^{-1/I} \cdot \prod_{i=2}^{I} p(w_i|w_{i-1})^{-1/I} \quad (2.17)$$

definiert und beschreibt die Anzahl der *im Mittel* durch das Sprachmodell zur Verfügung gestellten Wörter w_i, die auf das Wort w_{i-1} folgen[6]. Für eine gedächtnislose Quelle, die alle Wörter mit der gleichen Wahrscheinlichkeit $p(w_i) = p(w_{i-1}) = p(w_i|w_{i-1}) = p(w) = 1/N_{\text{dict}}$ generiert, gilt $p(\mathbf{w}) = p(w)^I$. Die Perplexität nach Gleichung 2.17 ergibt sich dann zu $P(\mathbf{w}) = N_{\text{dict}}$; jedes Wort w_{i-1} besitzt N_{dict} mögliche Folgewörter. Bei Verwendung eines (wohl trainierten) Bigramm-Sprachmodells existieren stochastisch bedingte Einschränkungen in Bezug auf die möglichen Wortpaare. Diese werden angezeigt durch eine verringerte Perplexität $P_{\text{bi}}(\mathbf{w})$, die der Perplexität $P^*(\mathbf{w})$ einer gedächtnislosen Quelle mit gleichverteilten Wortemissionen aus einem auf $N^*_{\text{dict}} = P_{\text{bi}}(\mathbf{w})$ reduzierten Wörterbuch $\mathcal{W}^*$ zur Generierung derselben Wortfolge $\mathbf{w}$ entspricht.

[6]Da es sich bei einem Sprachmodell um ein statistisches Modell handelt, kann jedes der N_{dict} Wörter w_i auf das Wort w_{i-1} folgen. Um die bedingten Wahrscheinlichkeiten $p(w_i|w_{i-1})$ zu berücksichtigen, wird deswegen die Bezeichnung „im Mittel“ verwendet.

2.2 Vektorquantisierung

Wie in Abschnitt 2.1.2 beschrieben ist, kann die Beobachtungswahrscheinlichkeit der HMM u. a. durch die relative Häufigkeit der einzelnen als diskret angenommenen Beobachtungen (Symbole) modelliert werden. Dazu wurde implizit vorausgesetzt, dass die Beobachtungen durch eindimensionale (bzw. im Falle der diskreten MOHMM: mehrdimensionale), diskrete Sequenzen beschrieben werden. Dies ist nach der Merkmalsextraktion jedoch nicht der Fall (siehe Abschnitt 3.3): Die Beobachtungen sind Sequenzen $\mathbf{F} = (\mathbf{f}_1, \ldots, \mathbf{f}_K)$ bestehend aus D-dimensionalen Merkmalsvektoren $\mathbf{f}_k \in \mathbb{R}^D$, die sowohl binäre als auch diskrete und kontinuierliche Werte enthalten. Die Zuordnung der kontinuierlichen Merkmalsvektoren zu einer Sequenz $\hat{\mathbf{f}} = (\hat{f}_1, \ldots, \hat{f}_K)$ von Skalaren $\hat{f}_k \in \mathbb{N}$ wird für $D = 1$ als *skalare* und in allen anderen Fällen ($D \geq 2$) als *Vektor*quantisierung durch den Vektorquantisierer (VQ) bezeichnet.

2.2.1 Quantisierung

Die Abbildung des Vektors $\mathbf{f}_k \mapsto \hat{f}_k$ auf einen Skalar (die Quantisierung) erfolgt über die Codebucheinträge $\mathbf{c}_i \in \mathbb{R}^D$ (auch Prototypen oder Zentroiden genannt), die das Codebuch $\mathcal{C} = \{\mathbf{c}_1; \ldots; \mathbf{c}_{N_\text{cdb}}\}$ bilden, gemäß der Zuordnung

$$\hat{f}_k = \underset{1 \leq i \leq N_\text{cdb}}{\operatorname{argmin}}\, d(\mathbf{f}_k, \mathbf{c}_i) \tag{2.18}$$

durch Minimierung des Abstandsmaßes $d(\cdot,\cdot)$. Alle Vektoren $\mathbf{f}$, die dem Codebucheintrag $\mathbf{c}_i$ zugeordnet werden, liegen innerhalb der Voronoi-Zellen V_i mit $\mathbf{c}_i$ als Repräsentanten [Aur91; Ber00]. Diese lassen sich unter der Annahme, dass die Beobachtungen $\mathbf{f}_k$ der Verteilung $p(\mathbf{f})$ entstammen, wie folgt definieren:

$$V_i = \{\mathbf{f} | d(\mathbf{f}, \mathbf{c}_i) \leq d(\mathbf{f}, \mathbf{c}_j), \forall j \neq i,\ 1 \leq i, j \leq N_\text{cdb}\}. \tag{2.19}$$

Die Verteilung der Codebucheinträge $p(\mathbf{c})$ bildet die Verteilung $p(\mathbf{f})$ nach [Mak85; Sch08j] d. h. $p(\mathbf{c}) \equiv p(\mathbf{f})$. Die Qualität des Quantisierers wird durch den mittleren Quantisierungsfehler $\bar{\varepsilon}$ bzw. unter Berücksichtigung der Signalleistung als Signal- zu Rauschleistungsverhältnis (SNR) zu

$$\begin{aligned} \bar{\varepsilon} &= {}^1\!/\!_K \sum_{k=1}^{K} (\mathbf{f}_k - \mathbf{c}_{\hat{\mathbf{f}}_k})^\mathrm{T} \cdot (\mathbf{f}_k - \mathbf{c}_{\hat{\mathbf{f}}_k}), \\ \mathrm{SNR} &= 10 \cdot \log_{10} \frac{{}^1\!/\!_K \sum_{k=1}^{K} ||\mathbf{f}_k||_2^2}{\bar{\varepsilon}} \overset{\text{norm}}{\underset{\mu,\text{Var}}{=}} 10 \cdot [\log_{10} D - \log_{10} \sum_{d=1}^{D} \bar{\tilde{\varepsilon}}_d] \end{aligned} \tag{2.20}$$

angegeben [Gra84]. Im Falle einer Normierung der einzelnen Dimensionen der Vektoren $\mathbf{f}_k$ auf den Mittelwert $\mu = 0$ und die Varianz $\text{Var} = 1$ (siehe Abschnitt 3.3.4) lässt sich das SNR direkt aus der Summe der mittleren Quantisierungsfehler $\bar{\tilde{\varepsilon}}_d$ in jeder Dimension d der normierten Vektoren $\tilde{\mathbf{f}}_k$ berechnen. In dieser Arbeit werden elliptisch-symmetrische Abstände der Form

$$d(\mathbf{x}, \mathbf{y}) = (\mathbf{x} - \mathbf{y})^\mathrm{T} \cdot \mathbf{G} \cdot (\mathbf{x} - \mathbf{y}) \tag{2.21}$$

gewählt, wobei $\mathbf{G}$ eine diagonale Gewichtsmatrix bezeichnet. Insbesondere findet der sich für $\mathbf{G} = \mathbf{1}$, der Einheitsmatrix, ergebende quadratische Abstand $d_\mathrm{Q}(\mathbf{x}, \mathbf{y}) = ||\mathbf{x} - \mathbf{y}||_2^2$ Verwendung. Eine Zuordnung der Codebucheinträge nach Gleichung 2.18 stellt eine optimale Wahl der Codebucheinträge zur Minimierung des mittleren Quantisierungsfehlers $\bar{\varepsilon}$ dar [Fin03]. Abbildung 2.6

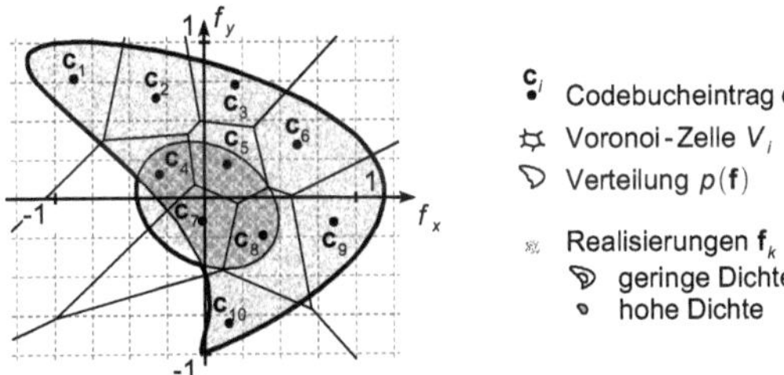

Abbildung 2.6: Codebucheinträge $\mathbf{c}_i$ und die zugehörigen Voronoi-Zellen V_i, angepasst auf einer (hypothetischen) Verteilung $p(\mathbf{f})$, die durch ihre Realisierungen $\mathbf{f} = (f_x, f_y)^{\mathrm{T}}$ repräsentiert ist. Hervorgehoben ist der Bereich hoher Dichte an kontinuierlichen Merkmalsvektoren in der Nähe des Koordinatenursprungs. Dieser wird mit einer größeren Anzahl von Codebucheinträgen repräsentiert als die Bereiche geringerer Dichte.

zeigt die Codebucheinträge $\mathbf{c}_i$ eines $N_{\text{cdb}} = 10$ Einträge umfassenden Codebuchs und die sich ergebenen Voronoi-Zellen V_i für eine (hypothetische) zweidimensionale Verteilung $p(\mathbf{f})$ sowie die Realisierungen $\mathbf{f}_k$. In einem Bereich hoher Dichte der $\mathbf{f}_k$ (nahe dem Achsenkreuz) werden mehr Codebucheinträge zur Repräsentation von $p(\mathbf{f})$ benötigt als für die Randbereiche, um die Verteilung $p(\mathbf{f})$ durch die Verteilung $p(\mathbf{c})$ zu beschreiben.

2.2.2 Codebuchgenerierung

Zum Finden der Codebucheinträge $\mathbf{c}_i$ existieren verschiedene Methoden. In dieser Arbeit kommen die folgenden vier Verfahren zur Codebuchgenerierung zum Einsatz, die sich in ihrem Rechenaufwand und ihrer Qualität unterscheiden. Da die Quantisierungsvorschrift für alle Quantisierer gemäß Gleichung 2.18 identisch ist, liegt ihr einziger Unterschied in der Generierung des Codebuchs. Deswegen werden die im Folgenden vorgestellten Methoden der Generierung des Codebuchs mit dem Begriff des VQ gleichgesetzt.

k-Means Algorithmus

Der *k*-Means-Algorithmus, ursprünglich in [For65; Mac67] vorgestellt zur Repräsentation von Daten durch *k*-Mittelwerte, betrachtet jeden Vektor $\mathbf{f}_k$ genau einmal zum Bilden der Codebucheinträge $\mathbf{c}_i$. Für jeden neu betrachteten Vektor $\mathbf{f}_k$ wird dabei *ein* Codebucheintrag angepasst. Dies wird durch das Superskript $\mathbf{c}_i^{\kappa}$ gekennzeichnet. Die Initialisierung erfolgt über die ersten N_{cdb} Vektoren $\mathbf{f}_k$, d. h. $\mathbf{c}_1^0 = \mathbf{f}_1, \ldots, \mathbf{c}_{N_{\text{cdb}}}^0 = \mathbf{f}_{N_{\text{cdb}}}$ und eine Hilfsvariable $w_i^{\kappa - N_{\text{cdb}}}$, die die Anzahl der zum Zeitpunkt $\kappa - N_{\text{cdb}}$ dem Codebucheintrag $\mathbf{c}_i^{\kappa - N_{\text{cdb}}}$ zugeordneten Vektoren $\mathbf{f}_i$ enthält, d. h. $w_i^0 = 1$, $1 \leq i \leq N_{\text{cdb}}$. Diese Beschreibung folgt der ursprünglichen Veröffentlichung des *k*-Means aus [Mac67]. Für die Sequenzen in der Handschrifterkennung führt dies im Allgemeinen zu einer unbrauchbaren Initialisierung: Die zu Beginn einer Sequenz gefundenen Beobachtungen gleichen sich mitunter stark oder sind sogar identisch, da sie beispielsweise das Aufsetzen des Stifts beschreiben. Für die tatsächliche Implementierung werden deswegen die Beobachtungen der Sequenz entweder verwürfelt oder die sequenzielle Wahl wird durch ein zufälliges „Ziehen ohne Zurücklegen“ ersetzt. Für die verbleibenden $N - N_{\text{cdb}}$ Vektoren $\mathbf{f}_{\kappa}$, $N_{\text{cdb}} < \kappa \leq K$ wird zunächst der Index $\hat{f}_\kappa$ des Codebucheintrags $\mathbf{c}^{\kappa}_{\hat{f}_\kappa}$ mit geringstem Abstand gemäß Gleichung 2.18 gefunden und anschließend sowohl der Codebucheintrag als auch die Hilfsvariable angepasst:

$$\begin{aligned} &\mathbf{c}^{\kappa-N_{\text{cdb}}}_{\hat{f}_\kappa} = \mathbf{c}_{\hat{f}_\kappa} + 1/w^{\kappa-N_{\text{cdb}}-1}_{\hat{f}_\kappa} \cdot (\mathbf{f}_\kappa - \mathbf{c}^{\kappa-N_{\text{cdb}}-1}_{\hat{f}_\kappa}),\ w^{\kappa-N_{\text{cdb}}}_{\hat{f}_\kappa} = w^{\kappa-N_{\text{cdb}}-1}_{\hat{f}_\kappa} + 1 \text{ und} \\ &\mathbf{c}^{\kappa-N_{\text{cdb}}}_i = \mathbf{c}^{\kappa-N_{\text{cdb}}-1}_i,\ w^{\kappa-N_{\text{cdb}}}_i = w^{\kappa-N_{\text{cdb}}-1}_i,\ N_{\text{cdb}} < \kappa \le K,\ 1 \le i \le N_{\text{cdb}} \text{ und } i \neq \hat{f}_\kappa. \end{aligned} \tag{2.22}$$

Wurden alle Vektoren $\mathbf{f}_k$ einmal berücksichtigt, so erhält man die Codebucheinträge zu $\mathbf{c}_i = \mathbf{c}_i^{K-N_{\text{cdb}}}$, $1 \le i \le N_{\text{cdb}}$. In [Mac67] wird das asymptotisch optimale Verhalten des k-Means-Algorithmus für unendlich viele Vektoren $\mathbf{f}$ gezeigt. In dieser Arbeit dient der k-Means-Algorithmus als Initialisierung für die nachfolgend beschriebenen VQ.

Lloyd-Vektorquantisierer

Im oben beschriebenen k-Means-Algorithmus wird jeder Vektor $\mathbf{f}_k$ zur Erstellung der Codebucheinträge $\mathbf{c}_i$ stets nur einmal betrachtet. Im Gegensatz dazu erfolgt die Schätzung der Codebucheinträge im Lloyd-VQ [Ger92; Lin80; Llo82] durch abwechselnde Partitionierung des Merkmalsraums und Optimierung der Codebucheinträge. Ausgehend von einer anfänglichen Verteilung $\mathbf{c}_i^0$ der Codebucheinträge, die hier mithilfe des k-Means-Algorithmus nach Gleichung 2.22 ermittelt wird, werden zunächst sämtliche Vektoren $\mathbf{f}_k$ den Codebucheinträgen gemäß Gleichung 2.18 zugeordnet. Anschließend werden die neuen Codebucheinträge $\mathbf{c}_i^j$ durch Mittelung der Koordinaten der jeweiligen zugeordneten Vektoren $\mathbf{f}_k$ bestimmt. Es gilt somit

$$\mathbf{c}_i^j = \frac{1}{N(\mathbf{c}_i^{j-1})} \sum_{k=1}^{K} \begin{cases} \mathbf{f}_k & \text{wenn } \hat{f}_k^{j-1} = i \text{ und } \hat{f}_k^j = \underset{1 \le i \le N_{\text{cdb}}}{\operatorname{argmin}}\, d(\mathbf{f}_k, \mathbf{c}_i^j) \\ 0 & \text{sonst} \end{cases} \tag{2.23}$$

mit $N(\mathbf{c}_i^{j-1})$ der Anzahl der dem Codebucheintrag $\mathbf{c}_i^{j-1}$ zugeordneten Vektoren $\mathbf{f}_k$. Die iterative Partitionierung und Optimierung gemäß Gleichung 2.23 wird so lange fortgesetzt, bis ein Abbruchkriterium erreicht ist[7]. Ein mögliches Abbruchkriterium stellt das Fallen der Veränderung des SNR unter eine bestimmte Schranke dar.

Vektorquantisierer basierend auf einem „Winner-Takes-All"-Neuronalen Netz

In einer weiteren Möglichkeit der Codebucherstellung wird ein Neuronales Netz (NN) [Gro69; Gro89; Hof98] verwendet. Diesem Ansatz liegt die Interpretation der Codebucheinträge als Gewichte $\mathbf{w}_i$ zwischen der Eingangs- und der Ausgangsschicht eines zweischichtigen NN (siehe z. B. [Rig94; Sch94]) zugrunde, das durch das sog. Competitive Learning (CL) trainiert wird [Buh93]. Die Eingangsschicht des NN repräsentiert die einzelnen Einträge des Vektors $\mathbf{f}_k = (f_{1,k}, \ldots, f_{D,k})^{\mathrm{T}}$, und jeder Codebucheintrag korrespondiert mit einem Neuron der Ausgangsschicht. Im ersten Schritt des CL wird dasjenige Ausgangsneuron $\hat{f}_k$ ermittelt, dessen Gewichte die aktuelle Beobachtung $\mathbf{f}_k$ am besten beschreiben [Hof98]. Dies gilt für das Neuron $\hat{f}_k$, dessen Gewichte den geringsten Abstand zum Vektor $\mathbf{f}_k$ aufweisen, und wird über Gleichung 2.18 (man

[7] In der Literatur (siehe z. B. [Fur97; Hua01; Jel98; Rab93]) wird die hier verwendete Kombination aus Initialisierung mit dem k-Means-Algorithmus und der anschließenden Codebuchgenerierung nach Gleichung 2.23 häufig als „k-Means-VQ" bezeichnet [Fin03]. Jedoch ist diese Verallgemeinerung irreführend: In der erstmaligen Erwähnung des k-Means-Algorithmus in [Mac67] wird jeder Merkmalsvektor genau einmal betrachtet, während die Sequenz der Merkmalsvektoren nach Gleichung 2.23 mehrfach durchlaufen wird. In dieser Arbeit wird deswegen die Bezeichnung „Lloyd-VQ" gewählt.

ersetze $\mathbf{c}_i$ durch $\mathbf{w}_i$ [Mar93]) ermittelt. Nach einer Initialisierung der Gewichte $\mathbf{w}_i^{0,0}$, $1 \leq i \leq N_{\text{cdb}}$ (hier mit dem k-Means-Algorithmus nach Gleichung 2.22) werden im sog. Winner-Takes-All (WTA)-NN-VQ in einem zweiten Schritt in der j-ten Iteration nur die Gewichte $\mathbf{w}_{\hat{f}_k}^{k,j}$ des Neurons $\hat{f}_k$ durch die Beobachtung $\mathbf{f}_k$ gemäß

$$\begin{aligned} \mathbf{w}_{\hat{f}_k}^{k,j} &= \mathbf{w}_{\hat{f}_k}^{k-1,j} + \alpha_{\hat{f}_k}^{k-1,j} \cdot (\mathbf{f}_k - \mathbf{w}_{\hat{f}_k}^{k-1,j}), && 1 \leq k \leq K \text{ und} \\ \mathbf{w}_i^{k,j} &= \mathbf{w}_i^{k-1,j} && 1 \leq i \leq N_{\text{cdb}} \text{ und } i \neq \hat{f}_K \end{aligned} \tag{2.24}$$

mit der Lernrate $\alpha_i^{k,j}$ beeinflusst [Her91; Hof98; Koh90]. Hier wird die Lernrate konstant innerhalb einer Iteration gewählt, d. h. $\alpha_i^{k,j} = \alpha^j$. Sind alle Beobachtungen $\mathbf{f}_k$ der Sequenz $\mathbf{F} = (\mathbf{f}_1, \ldots, \mathbf{f}_K)$ durchlaufen, dienen die ermittelten Gewichte bis zum Erreichen eines Abbruchkriteriums als Initialisierung für eine weitere Iteration, d. h. $\mathbf{w}_{\hat{f}_k}^{0,j} = \mathbf{w}_{\hat{f}_k}^{K-N_{\text{cdb}},j-1}$. Für die Codebucheinträge gilt dann $\mathbf{c}_i = \mathbf{w}_{\hat{f}_k}^{K-N_{\text{cdb}},j}$, $1 \leq i \leq N_{\text{cdb}}$. Das Abbruchkriterium gilt hier als erreicht, falls die Änderung des mittleren Quantisierungsfehlers $\Delta\bar{\varepsilon} = \bar{\varepsilon}_j - \bar{\varepsilon}_{j-1}$ zwischen zwei Iterationen $j-1 \rightarrow j$ unterhalb einer bestimmten Schranke $\Delta\varepsilon_{\min}$ liegt. Ein Vergleich der Gleichungen 2.22 und 2.24 zeigt, dass bei Wahl der Lernrate zu $\alpha_i^{k,j} = 1/w_i^k$ (mit w_i^k der Anzahl der zum Zeitpunkt k dem Neuron i bereits zugeordneten Vektoren $\mathbf{f}_k$) und $j = 1$ der k-Means-Algorithmus einen Spezialfall des WTA-NN-VQ darstellt und bei gleicher Initialisierung zu identischen Ergebnissen führt [Gra84; Mar93]. Durch die Möglichkeit einer weiteren iterativen Anpassung der Codebucheinträge lässt sich mit dem WTA-NN-VQ der Quantisierungsfehler weiter reduzieren, jedoch mit höherem Rechenaufwand.

„Neural Gas"-Vektorquantisierer

Während der Codebuchgenerierung wird mit dem k-Means-Algorithmus, dem Lloyd-VQ und dem WTA-NN-VQ für jede Beobachtung $\mathbf{f}_k$ nur ein Codebucheintrag beeinflusst. Diese Beschränkung wird bei dem Neural Gas (NG)-VQ aufgehoben [Gro89; Mar93]. Auch dem NG-VQ liegt, wie dem WTA-NN-VQ, ein CL-NN zugrunde. Jedoch werden in jeder Iteration j nicht nur die Gewichte $\mathbf{w}_{\hat{f}_K}$, sondern *alle* Gewichte in Abhängigkeit ihrer „Entfernung" zur aktuellen Beobachtung $\mathbf{f}_k$ beeinflusst:

$$\mathbf{w}_i^{k,j} = \mathbf{w}_i^{k-1,j} + \alpha_i^{k-1,j} \cdot h_\nu(k_i(\mathcal{W}^{k,j}, \mathbf{f}_k)) \cdot (\mathbf{f}_k - \mathbf{w}_i^{k,j}), \; 1 \leq i \leq N_{\text{cdb}}, \; 1 \leq k \leq K. \tag{2.25}$$

Das Maß für die Entfernung zwischen den einzelnen Gewichten und der Beobachtung ist definiert durch

$$h_\nu(k_i(\mathcal{W}^{k,j}, \mathbf{f}_k)) = \exp\left(-\frac{k_i(\mathcal{W}^{k,j}, \mathbf{f}_k)}{\nu}\right), \; \mathcal{W}^{k,j} = \{\mathbf{w}_1^{k,j}; \ldots; \mathbf{w}_{N_{\text{cdb}}}^{k,j}\} \tag{2.26}$$

mit der Anzahl $k_i(\mathcal{W}^{k,j}, \mathbf{f}_k)$ an Neuronen n, für die $||\mathbf{w}_n^{k,j} - \mathbf{f}_k||_2^2 \leq ||\mathbf{w}_i^{k,j} - \mathbf{f}_k||_2^2$ gilt und ν, dem sog. Nachbarschaftsfaktor. Wie bereits für den WTA-NN-VQ erläutert, dienen die Gewichte $\mathbf{w}_i^{K,j}$ entweder als Initialisierung für eine weitere Iteration oder, bei Erreichen des Abbruchkriteriums, als Codebucheinträge. Ein mit dem WTA-NN nach Gleichung 2.24 erzeugtes Codebuch kann für $\nu \rightarrow 0$ und bei sonst gleichen Bedingungen auch mithilfe des NG-Ansatzes nach Gleichung 2.25 ermittelt werden. Somit enthält der NG-VQ sowohl den k-Means-Algorithmus als auch den WTA-NN-VQ als Sonderfälle. In Algorithmus 2.1 ist die Codebuchgenerierung im NG-VQ zusammenfassend beschrieben.

Algorithmus 2.1 Codebucherstellung mithilfe des NG-NN

Benötigt: Beobachtungen/Merkmale $\mathbf{F} = (\mathbf{f}_1, \ldots, \mathbf{f}_K)^{\mathrm{T}}$, Anzahl der Codebucheinträge N_{cdb}
Stellt sicher: Codebuch $\mathcal{C}$ mit N_{cdb} Codebucheinträgen $\mathbf{c}_i$

function NEURALGAS(Beobachtungen/Merkmale $\mathbf{F}$, Anzahl Codebucheinträge N_{cdb}, Schranke $\Delta\varepsilon_{\mathrm{min}}$, Nachbarschaftsfaktor ν)
  Initialisiere $\mathbf{c}_i^{0,j}$, $1 \leq i \leq N_{\mathrm{cdb}}$, $j = 0$ mit k-Means-Algorithmus
  $\bar{\varepsilon}_{\mathrm{alt}} = \infty$, $\bar{\varepsilon} = \infty$
  while $\bar{\varepsilon}_{\mathrm{alt}} - \bar{\varepsilon} > \Delta\varepsilon_{\mathrm{min}} \vee j == 0$ **do**
    $j = j + 1$, $\bar{\varepsilon}_{\mathrm{alt}} = \bar{\varepsilon}$
    for $k \in \{1; \ldots; K\}$ **do**
      for $i \in \{1; \ldots; N_{\mathrm{cdb}}\}$ **do**
        $\mathbf{w}_i^{k,j} = \mathbf{w}_i^{k-1,j} + \alpha_i^{k-1,j} \cdot \underbrace{h_\nu(k_i(\mathcal{W}^{k,j}, \mathbf{f}_k))}_{\text{siehe Gleichung 2.26}} \cdot (\mathbf{f}_k - \mathbf{w}_i^{k,j})$
      end for
    end for ▷ Berechne $\bar{\varepsilon}$ nach Gleichung 2.20
  end while
end function

2.3 Experimente

Ein Experiment dient der Überprüfung bestimmter Annahmen oder Vermutungen, die sich somit beweisen oder widerlegen lassen. Der Beweis ist jedoch nicht mathematischer, sondern empirischer Natur. Ausgehend von einem „Referenzsystem“ (siehe Kapitel 3), werden einzelne Bedingungen des Experiments verändert. Anschließend wird der Einfluss dieser Veränderung auf das Resultat bewertet oder „gemessen“ [Kro01]. Dabei ist die *Validität* des Experiments umso höher, je mehr der Einfluss von Störgrößen unterbunden wird. Dazu wird im Referenzsystem nur eine Variable verändert und so ein Zusammenhang zwischen Ursache (Veränderung der Variablen) und Wirkung (Ergebnis des Experiments) hergestellt. Neben der Validität sind für die Aussagekraft eines Experiments auch die *Objektivität* (die Unabhängigkeit des Ausgangs des Experiments vom Durchführenden) und die *Reliabilität* (die Erfassbarkeit desselben Ausgangs bei wiederholter Durchführung des Experiments) ausschlaggebend [Thi98]. In diesem Abschnitt wird die Versuchsdurchführung sowie die Bewertung der statistischen Signifikanz der Ergebnisse allgemein erläutert. Sie bilden die Grundlage für alle in dieser Arbeit durchgeführten Experimente.

2.3.1 Versuchsdurchführung

Als Messgröße dient hier die Akkuratheit (ACC), entweder gemessen auf Buchstaben- oder Wortebene. Sie errechnet sich zu

$$a = 100 \cdot \left(1 - \frac{N_{\mathrm{ein}} + N_{\mathrm{sub}} + N_{\mathrm{loe}}}{N_{\mathrm{sym}}}\right)\,\% = 100 \cdot \frac{N_{\mathrm{tre}} - N_{\mathrm{ein}}}{N_{\mathrm{sym}}}\,\%. \tag{2.27}$$

Gemessen in „Prozent“, berücksichtigt die ACC[8] nicht nur die Anzahl der richtig erkannten Symbole (Buchstaben oder Wörter), sondern auch die Anzahl der Symboleinfügungen N_{ein}, der

[8] Es wird die Bezeichnung $a_{\mathrm{D(atensatz)}}$ für die Beschreibung der Buchstaben-ACC und $A_{\mathrm{D(atensatz)}}$ zur Beschreibung der Wort-ACC, gemessen auf dem Datensatz $\mathcal{S}_{\mathrm{val}}$ bzw. $\mathcal{S}_{\mathrm{test}}$, verwendet.

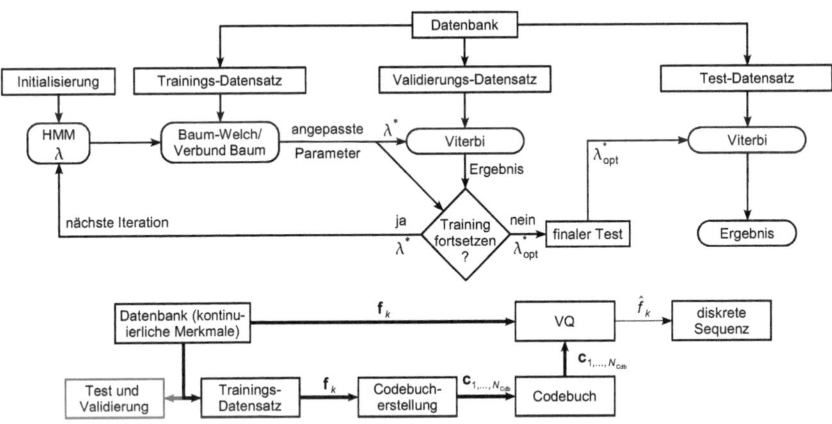

Abbildung 2.7: Oben: Nach jeder Iteration der Parameteranpassung (links) werden die neu gefundenen Parameter auf einem unabhängigen Validierungs-Datensatz $\mathcal{S}_{\text{val}}$ getestet (Mitte). Die Parameteranpassung wird so lange fortgesetzt, bis sich keine weitere Verbesserung der Erkennungsleistung auf dem Validierungs-Datensatz erreichen lässt. Die Parameter, die auf dem Validierungs-Datensatz die höchste Erkennungsleistung erzielt haben, werden für den unabhängigen finalen Test (rechts) auf dem Test-Datensatz $\mathcal{S}_{\text{test}}$ verwendet. Unten: Die Codebucheinträge werden aus den Daten des Trainings-Datensatzes ermittelt und anschließend die Datensätze $\mathcal{S}_{\text{train}}$, $\mathcal{S}_{\text{val}}$ und $\mathcal{S}_{\text{test}}$ quantisiert.

Symbolersetzungen N_{sub} und der Symbolauslöschungen N_{loe} bzw. der Symbolübereinstimmungen $N_{\text{tre}} = N_{\text{sym}} - (N_{\text{sub}} + N_{\text{loe}})$ im Verhältnis zu der Anzahl der vorhandenen Symbole N_{sym}. Zur Bestimmung dieser drei Fehlerarten wird die Levenshtein-Distanz (siehe [Lev66]) zwischen der tatsächlichen Zeichenfolge $\mathbf{g}$ bzw. $\mathbf{w}$ und der erkannten Zeichenfolge $\hat{\mathbf{g}}$ und $\hat{\mathbf{w}}$ mithilfe der dynamischen Programmierung (siehe [Bel57]) berechnet [You02].

Die Parameter der HMM werden aus einem Trainings-Datensatz $\mathcal{S}_{\text{train}}$, der charakteristische Beispiele handschriftlicher Daten enthält, geschätzt (siehe Abschnitt 2.1.3). Um eine Überanpassung der Parameter auf die Daten des Trainings-Datensatzes zu verhindern, wird nach jeder Iteration des Baum-Welch- bzw. VB-Algorithmus eine Erkennung auf den Daten des, vom Trainings-Datensatz unabhängigen Validierungs-Datensatzes $\mathcal{S}_{\text{val}}$ mit der aktuellen Parameterschätzung λ^* durchgeführt und die ACC a_{v} bestimmt. Die Parameteranpassung wird abgebrochen, wenn sich keine weitere Verbesserung der ACC a_{v} erreichen lässt. Der Parametersatz λ^*_{opt}, der zur höchsten ACC a_{v} geführt hat, wird für den finalen Test auf einem weiteren, von den vorherigen beiden Datensätzen unabhängigen Test-Datensatz $\mathcal{S}_{\text{test}}$ verwendet. In Abbildung 2.7 oben ist das hier betrachtete Vorgehen zum Training, zum Validieren und zum Testen schematisiert.

Damit zu keinem Zeitpunkt des Trainings Information über den Test-Datensatz verfügbar ist, werden die Codebucheinträge zur Quantisierung bei Verwendung von diskreten HMM ebenfalls aus den Daten des Trainings-Datensatz $\mathcal{S}_{\text{train}}$ geschätzt. Anschließend wird das ermittelte Codebuch zur Quantisierung aller Datensätze ($\mathcal{S}_{\text{train}}$, $\mathcal{S}_{\text{val}}$ und $\mathcal{S}_{\text{test}}$) verwendet und die diskrete Sequenz $\hat{\mathbf{f}}$ erhalten, wie in Abbildung 2.7 unten gezeigt ist.

2.3.2 Statistische Signifikanz

Werden zwei Erkennungssysteme (S_1 und S_2) verglichen, so stellt sich die Frage, welches der beiden Systeme, gemessen auf dem gemeinsamen Test-Datensatz $\mathcal{S}_{\text{test}}$, „besser“ ist. Dabei genügt i. d. R. ein Vergleich der jeweiligen ACC a_1 und a_2 *nicht*[9]. In dieser Arbeit wird die Ablehnung der Nullhypothese H_0 : „Erkennungssystem S_1 und S_2 sind identisch leistungsfähig“ bei der Beobachtung $a_1 > a_2$ bzw. $a_1 < a_2$ mithilfe eines statistischen Signifikanztests (siehe z. B. [Sac04; Zur65]) aus den beiden erkannten Folgen $\hat{\mathbf{w}}_1$ und $\hat{\mathbf{w}}_2$ gerechtfertigt. Da $\hat{\mathbf{w}}_1$ und $\hat{\mathbf{w}}_2$ i. d. R. korreliert sind, gilt für die gemeinsame ACC[10] $a_{12} \gg a_1 \cdot a_2$. Deswegen wird die Signifikanz in Anlehnung an den gepaarten t-Test überprüft [Gün04a; Sac04]. Für eine genügend hohe Stichprobenanzahl N_{sym} (bei gleichzeitigem Zutreffen der Hypothese H_0) ist die Zufallsvariable $X(\cdot)$ zur Beschreibung der gemeinsamen Erkennung[11] normalverteilt, wobei

$$X(i) = X(i-1) + \begin{cases} 1 & \text{falls } \hat{w}_{1,i} = \hat{w}_i \wedge \hat{w}_{2,i} \neq \hat{w}_i \\ 0 & \text{falls } \hat{w}_{1,i}, \hat{w}_{2,i} = \hat{w}_i \vee \hat{w}_{1,i}, \hat{w}_{2,i} \neq \hat{w}_i \\ -1 & \text{falls } \hat{w}_{1,i} \neq \hat{w}_i \wedge \hat{w}_{2,i} = \hat{w}_i \end{cases} \tag{2.28}$$

gilt. Man erhält so die normalverteilte Testgröße (siehe [DMK06; Gün04a])

$$Z = \frac{\mu_X}{\sqrt{\frac{\sigma_X}{N_{\text{sym}}}}} = \frac{(a_1 - a_2) \cdot \sqrt{N_{\text{sym}}}}{\sqrt{a_1 - 2 \cdot a_{12} + a_2 - (a_1 - a_2)^2}}. \tag{2.29}$$

Die Wahrscheinlichkeit $p_r = 1 - p_n$ entspricht dem Signifikanzniveau [Båd00]. Dabei bezeichnet $p_n = F(Z)$ die Wahrscheinlichkeit für das Annehmen der Nullhypothese H_0; $F(Z)$ ist die Fehlerfunktion. Für $p_r \geq 0.95$ ist der Unterschied in der Erkennungs-ACC der beiden Systeme S_1 und S_2 statistisch signifikant, für $p_r \geq 0.99$ statistisch hochsignifikant und in allen anderen Fällen statistisch *nicht* signifikant.

2.3.3 Parallelisierung

Bei Verwendung von kontinuierlichen HMM zur Erkennung stößt die serielle Implementierung des Trainings, der Validierung und des finalen Tests an die Grenzen der Berechenbarkeit: Für $N_{\text{M}} = 57$ Modelle mit je $S = 12$ Zuständen und je Zustand $M = 32$ Mixturen ergeben sich für das Training auf einem Trainings-Datensatz mit $N_{\text{c,train}} \approx 164 \cdot 10^3$ Buchstaben, die Validierung auf einem Validierungs-Datensatz mit $N_{\text{c,val}} \approx 72 \cdot 10^3$ Buchstaben und dem finalen Test auf einem Test-Datensatz mit $N_{\text{c,test}} \approx 114 \cdot 10^3$ Buchstaben, bedingt durch eine iterative Erhöhung der Anzahl der Mixturen (siehe [Nor95]), $O_{\text{kont}} \approx 4 \cdot 10^{15}$ Gleitpunktoperationen. Ein auf diskreten HMM basierender Erkenner benötigt für dieselbe Aufgabe und vergleichbarer Leistungsfähigkeit bei Verwendung von $N_{\text{cdb}} = 5\,000$ Codebucheinträgen lediglich $O_{\text{disk}} \approx 2 \cdot 10^{13}$ Gleitpunktoperationen[12]. Um dennoch Untersuchungen mit einem auf kontinuierlichen HMM basierenden Erkenner durchführen zu können, wird eine geeignete Parallelisierung des Trainings, der Validierung und der Erkennung angestrebt [Sch08a]. Zum einen erfolgt dies durch eine Unterteilung der

[9] Zur übersichtlicheren Darstellung entfällt hier die (korrekte) Bezeichnung $a_{\text{t},1}$ und $a_{\text{t},2}$.

[10] Die ACC a_{12} wird über Gleichung 2.27 (N_{tre} die Anzahl der Übereinstimmungen in $\hat{\mathbf{w}}_1$, $\hat{\mathbf{w}}_2$ *und* $\mathbf{w}$) ermittelt.

[11] Die Zeitvariable i in $X(\cdot)$ wird abhängig von der jeweiligen Erkennungsebene (Buchstaben- bzw. Wortebene) gewählt. Die Zufallsvariable $X(\cdot)$ entspricht der Paardifferenz [Sac04] oder „Effektcodierung“ [Bor93].

[12] Beide Angaben wurden empirisch ermittelt und geben die ungefähre Größenordnung an. Dabei sind statistische Schwankungen, die von der Initialisierung abhängen, nicht auszuschließen.

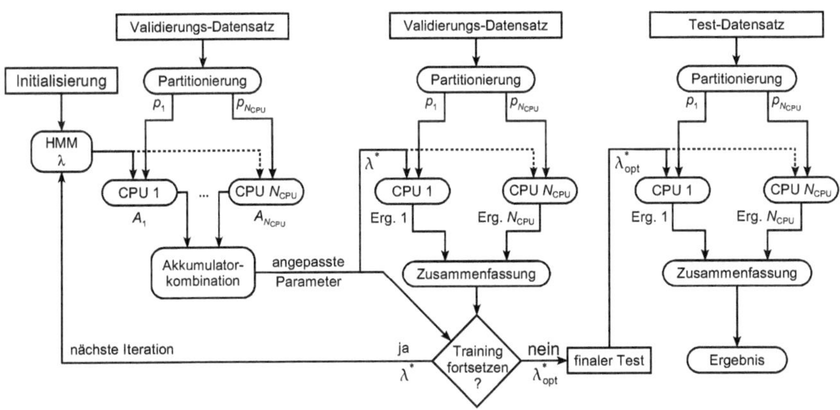

Abbildung 2.8: Nach der Aufteilung des Trainings-Datensatzes in N_{CPU} Partitionen p_i wird der aktuelle Parametersatz für jede Partition optimiert und das Ergebnis in einem Akkumulator A_i gespeichert (links). Anschließend werden sämtliche Akkumulatoren zu einem neuen Parametersatz kombiniert. Für die nach jeder Trainingsiteration stattfindende Evaluierung erfolgt die Parallelisierung über ein Aufspalten des Validierungs-Datensatzes und anschließender Zusammenfassung der Ergebnisse (Mitte). Der finale Test wird parallel für die einzelnen Partitionen des Test-Datensatzes durchgeführt und die Ergebnisse werden kombiniert und ausgewertet (rechts).

einzelnen Datensätze in N_{CPU} Partitionen p_i, $1 \leq i \leq N_{\mathrm{CPU}}$. Für die Validierung und Erkennung reicht dies bereits aus, um diese Schritte parallel durchzuführen. Die optimale Aufteilung der einzelnen Datensätze ist in [Sch08e; Sch08f] beschrieben. Zum anderen wird für die Parallelisierung des Trainings das Training separat für jede Partition p_i durchgeführt und das Ergebnis einer Trainingsiteration in einem sog. „Akkumulator" A_i, $1 \leq i \leq N_{\mathrm{CPU}}$ gespeichert. Nachdem sämtliche Partitionen und damit der gesamte Trainings-Datensatz durchlaufen sind, werden die einzelnen Akkumulatoren zu den neuen Modellparametern λ^* kombiniert [You02]. Abbildung 2.8 fasst die in dieser Arbeit verwendete Parallelisierung des Trainings, der Validierung und des finalen Tests zusammen. Möglichkeiten zur Parallelisierung der Vektorquantisierung finden sich in [Ju02].

2.4 Zusammenfassung des Kapitels

Dieses Kapitel befasste sich mit den theoretischen Grundlagen, auf denen die nachfolgenden Kapitel aufbauen. In Abschnitt 2.1 wurden die zur stochastischen Modellierung der handgeschriebenen Whiteboard-Notizen benötigten HMM erläutert und in GM-Notation dargestellt. Dabei wurde zwischen kontinuierlichen und diskreten HMM unterschieden. Der Übergang zwischen den Sequenzen kontinuierlicher Merkmalsvektoren zu diskreten Sequenzen erfolgt über die in Abschnitt 2.2.1 vorgestellten VQ. Die Durchführung der Experimente sowie deren Vergleich über die Abschätzung der statistischen Signifikanz wurden in Abschnitt 2.3 erläutert. Die hier beschriebenen theoretischen Grundlagen werden in den folgenden Kapiteln konkretisiert und für die Aufgabe der automatischen Whiteboard-Notizerkennung erweitert und angepasst.

3

Referenzsysteme

Verbesserungen, die im Rahmen dieser Arbeit beispielsweise durch Selektion bestimmter Merkmale (siehe Kapitel 4) oder durch die Einführung einer neuartigen Schriftbildentzerrung (siehe Kapitel 6) erzielt werden, sind quantitativer Natur. Sie werden nur durch den Vergleich mit einem Referenzsystem, das diese Veränderungen *nicht* aufweist, ermittelt und nachgewiesen (siehe Abschnitt 2.3). In diesem Kapitel werden dafür geeignete Referenzsysteme entwickelt. Dazu wird im folgenden Abschnitt zunächst die für die Evaluierung verwendete Datenbank vorgestellt und anschließend auf die zwei Referenzsysteme dieser Arbeit eingegangen. Sie enthalten die in Abschnitt 3.2 beschriebene Vorverarbeitung sowie die Merkmalsextraktion und die Normierung der Merkmale aus Abschnitt 3.3. Die beiden Systeme führen die Erkennung mithilfe von kontinuierlichen bzw. diskreten HMM durch (siehe Abschnitt 2.1). Zur Implementierung wird in beiden Fällen das Hidden-Markov Toolkit (HTK) verwendet [You02]. Die Vektorquantisierung erfolgt mit dem in Abschnitt 2.2.2 vorgestellten Lloyd-VQ[13].

Die nachfolgend präsentierten Erkennungssysteme wurden bereits in vorausgegangenen, eigenen Veröffentlichungen eingesetzt und etabliert [Sch08g; Sch08j; Sch08d]. Außerdem weisen sie Parallelen zu den in [Jae01; Liw06] verwendeten Systemen für die Handschrifterkennung auf. Daher spiegeln sie den aktuellen Stand der Technik wider.

3.1 Datenbank

Die in dieser Arbeit verwendeten Whiteboard-Notizen stammen aus der Online-Datenbank handgeschriebener Whiteboardnotizen, aufgezeichnet am Institut für Informatik und angewandte Mathematik der Universität Bern (IAM-OnDB) [Liw05b]. Sie enthält die *Online*-Informationen der Stifttrajektorien von $N_{\text{tot}} = 13\,049$ Textzeilen mit insgesamt $N_{\text{w}} = 86\,272$ Wörtern aus einem $N_{\text{dict}} = 11\,059$ Wörter umfassenden Wörterbuch. Die Textzeilen wurden von 221 Personen geschrieben und der Lancaster-Oslo/Bergen Textdatenbank (LOB) [Joh86] entnommen. Die LOB enthält 500 englischsprachige Texte mit je ca. 2 000 Wörtern aus 15 unterschiedlichen Genres wie Zeitungsartikeln, Populärliteratur und wissenschaftlichen Artikeln. Für die Erstellung der IAM-OnDB wurden für jeden Schreiber acht Textabschnitte, die je ca. 50 Wörter enthalten, mit dem EBEAM-System [Luc06] abgetastet und digitalisiert.

Zum Schreiben der Whiteboard-Notizen dient ein gewöhnlicher Stift, der in eine Hülle gesetzt wird. Die Hülle sendet Infrarotsignale zu den in einer beliebigen Ecke des Whiteboards befestigten Empfängern. Diese können aus den empfangenen Signalen die x- und y-Position in einem

[13]Die Wahl der Implementierung und des VQ wird in den Experimenten 3.7 und 3.8 begründet.

Abbildung 3.1: Versuchsaufbau zur Aufzeichnung der IAM-OnDB. Ein handelsüblicher Stift wird von einer Hülle umgeben. Die Hülle sendet Infrarotsignale zu den Empfängern, die sich innerhalb eines Gehäuses befinden. Das Gehäuse wird in einer beliebigen Ecke des Whiteboards befestigt. Die Aufzeichnung der Stifttrajektorie erfolgt nur bei aufgesetztem Stift und liefert eine Folge von Abtastpunkten $\mathbf{s}_{\mathrm{roh},n} = (x_{\mathrm{roh},n}, y_{\mathrm{roh},n}, p_{\mathrm{roh},n}, t_{\mathrm{roh},n})^{\mathrm{T}}$. Teile der Abbildung sind [Liw05b] entnommen.

Abbildung 3.2: Eine Textzeile aus der IAM-OnDB [Liw05b] (oben) und zugehörige Transkription (unten). Die für die Transkription verwendeten Grapheme sind in Tabelle 2.1 auf Seite 11 aufgeführt.

diskreten Wertebereich von $x \in \{1;\ldots;1600\}$ und $y \in \{1;\ldots;800\}$ sowie den Druck p als binären Wert $p \in \{0;1\}$ ermitteln (wobei $p = 1$ im Falle des aufgesetzten und $p = 0$ im Falle des abgesetzten Stifts gilt) und somit aufzeichnen. Es werden nur die Bewegungen des aufgesetzten Stifts registriert. Der zunächst kontinuierliche Schriftzug $\mathbf{s}_t$ wird mit der Abtastrate f_{S} abgetastet. Diese schwankt im Bereich von $f_{\mathrm{s}} \in [30\,\mathrm{Hz}; 70\,\mathrm{Hz}]$. Anschließend werden die Abtastpunkte zu einem Rechnersystem (z. B. einem gewöhnlichen „Personal Computer“) übertragen. Abbildung 3.1 skizziert den Versuchsaufbau.

Man erhält den abgetasteten Schriftzug $\mathbf{S}_{\mathrm{roh}} = (\mathbf{s}_{\mathrm{roh},1}, \ldots, \mathbf{s}_{\mathrm{roh},N_{\mathrm{roh}}})$, der N_{roh} Abtastpunkte $\mathbf{s}_{\mathrm{roh},n}$ enthält. Da neben der Abtastfrequenz auch die Bewegungsgeschwindigkeit des Stifts variiert, liegen benachbarte Abtastpunkte weder zeit- noch ortsäquidistant zueinander. Neben der x-, der y- und der Druckinformation liefert das Aufzeichnungsgerät den Zeitpunkt t der Aufzeichnung. Somit liegt in der IAM-OnDB jeder Abtastpunkt als vierdimensionaler Vektor $\mathbf{s}_{\mathrm{roh},n} = (x_{\mathrm{roh},n}, y_{\mathrm{roh},n}, p_{\mathrm{roh},n}, t_{\mathrm{roh},n})^{\mathrm{T}}$ vor.

Zu jeder aufgezeichneten Stifttrajektorie findet sich in der IAM-OnDB die Transkription des geschriebenen Texts. Eine Textzeile aus der IAM-OnDB samt Transkription zeigt Abbildung 3.2. Da die Abschnitte mit abgesetztem Stift nicht direkt vom EBEAM-System aufgezeichnet werden, wurden sie für die Darstellung in Abbildung 3.2 linear interpoliert und hervorgehoben.

Um die Erkennungsleistung der in dieser Arbeit entwickelten Systeme mit anderen Systemen vergleichen zu können, werden stets die gleichen Datensätze für das Training ($\mathcal{S}_{\mathrm{train}}$), für die

System	kontinuierliche HMM	diskrete HMM, $N_{\text{cdb}} =$ 10	100	500	1 000	2 000	5 000	7 500
$a_{\text{t,roh}}$	8,2 %	6,9 %	6,5 %	7,7 %	8,7 %	9,4 %	12,3 %	13,6 %

Tabelle 3.1: Ergebnisse des Experiments 3.1 bei Verwendung der nicht vorverarbeiteten Rohdaten aus der IAM-OnDB zur Erkennung mithilfe von kontinuierlichen und diskreten HMM mit unterschiedlichen Codebuchgrößen ($N_{\text{cdb}} \in \{10;100;500;1\,000;2\,000;5\,000;7\,500\}$). Dargestellt ist die Buchstaben-ACC, ermittelt auf dem Test-Datensatz $\mathcal{S}_{\text{test}}$.

Validierung ($\mathcal{S}_{\text{val}}$) und den finalen Test ($\mathcal{S}_{\text{test}}$) verwendet (siehe Abschnitt 2.3). Für die schreiberunabhängige Durchführung aller Experimente werden schreiberdisjunkte Datensätze benötigt. Dies bedeutet, dass Textzeilen eines Schreibers nur in einem der drei Datensätze enthalten sind. Diese Anforderung erfüllen die Datensätze aus der Online-Datenbank mit ausgewählten Textzeilen der IAM-OnDB (IAM-OnDB-t1) [Liw07a]. Die IAM-OnDB-t1 liefert einen Trainings-Datensatz mit $N_{\text{train}} = 5\,364$ Textzeilen, zwei Validierungs-Datensätze mit $N_{\text{val},1} = 1\,438$ bzw. $N_{\text{val},2} = 1\,518$ Textzeilen sowie einen Test-Datensatz mit $N_{\text{test}} = 3\,857$ Textzeilen. In dieser Arbeit werden die beiden Validierungs-Datensätze der IAM-OnDB-t1 zu einem gemeinsamen Validierungs-Datensatz kombiniert, der somit $N_{\text{val}} = 2956$ Textzeilen enthält. Insgesamt werden damit $N_{\text{t1}} = 12177$ Textzeilen aus der IAM-OnDB betrachtet.

3.2 Vorverarbeitung

Die Textzeilen der IAM-OnDB liegen als aufgezeichnete Stifttrajektorien, beschrieben durch vierdimensionale Abtastpunkte $\mathbf{s}_{\text{roh},n}$ mit $\mathbf{s}_{\text{roh},n} = (x_{\text{roh},n}, y_{\text{roh},n}, p_{\text{roh},n}, t_{\text{roh},n})^{\text{T}}$, den *Rohdaten*, vor. Die Rohdaten eignen sich nicht direkt zur Erkennung, wie das Experiment 3.1 verdeutlicht. Die Ergebnisse dieses Experiments, zusammengefasst in Tabelle 3.1, zeigen, dass sich weder mithilfe von kontinuierlichen HMM (man erhält eine Buchstaben-ACC, ermittelt auf dem Test-Datensatz $\mathcal{S}_{\text{test}}$, von $a_{\text{t,roh}} = 8,2\,\%$) noch mit diskreten HMM (es ergibt sich eine Buchstaben-ACC von $a_{\text{t,roh}} = 13,6\,\%$ für $N_{\text{cdb}} = 7500$) eine befriedigende Leistung erzielen lässt.

Experiment 3.1: *Verwendung von Rohdaten zur Erkennung*

In diesem Experiment werden die durch das EBEAM-System aufgezeichneten Rohdaten $\mathbf{s}_{\text{roh},n} = (x_{\text{roh},n}, y_{\text{roh},n}, p_{\text{roh},n}, t_{\text{roh},n})^{\text{T}}$ zur Erkennung mit kontinuierlichen und diskreten HMM (siehe Abschnitt 2.1) verwendet. Die Rohdaten dienen direkt als Beobachtung für die Modelle. Die auf dem Validierungs-Datensatz $\mathcal{S}_{\text{val}}$ ermittelte Buchstaben-ACC ist für die Erkennung mit kontinuierlichen HMM (—▽—) und mit diskreten HMM (—▼—) für Codebuchgrößen von $N_{\text{cdb}} \in \{10;100;500;1\,000;2\,000;5\,000;7\,500\}$ in Abbildung 3.12 auf Seite 44 eingetragen. Die Ergebnisse dieses Experiments sind in Tabelle 3.1 als Buchstaben-ACC, ermittelt auf dem Test-Datensatz $\mathcal{S}_{\text{test}}$, angegeben.

Die unzureichende Erkennungsleistung der Systeme aus Experiment 3.1 zeigt, dass die in der IAM-OnDB enthaltenen Rohdaten nicht direkt zur Erkennung geeignet sind – es ist eine Vorverarbeitung der Schriftzüge nötig. Deren Ziel ist, einen Teil der vom Schreibstil abhängigen Variationen, wie die Zeilenneigung (engl. *skew*), die Schriftneigung (engl. *slant*) und die

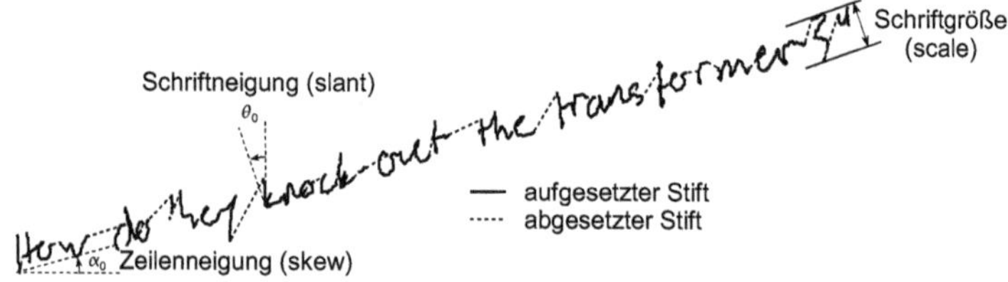

Abbildung 3.3: Durch die Vorverarbeitung zu korrigierende, schreiberabhängige Variationen in einem Schriftzug: die Zeilenneigung (engl. *skew*), die Schriftneigung (engl. *slant*) und die Schriftgröße (engl. *scale*).

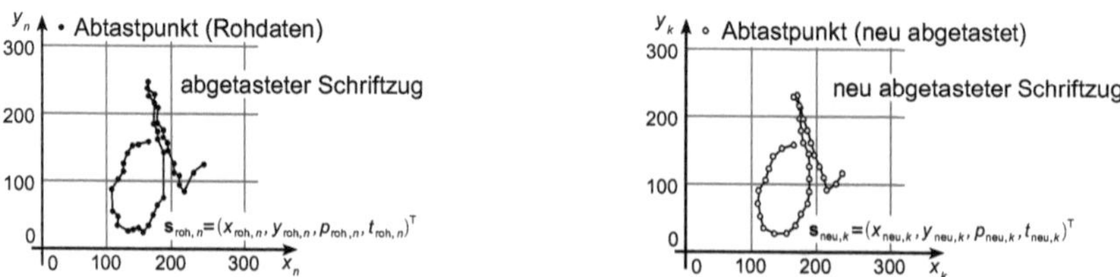

Abbildung 3.4: Weder zeit- noch ortsäquidistant abgetastetes Stück einer Stifttrajektorie (links) und Stifttrajektorie nach einer ortsäquidistanten Neuabtastung (rechts). Nach der Neuabtastung liegen benachbarte Abtastpunkte im selben räumlichen Abstand zueinander.

Skalierung (engl. *scale*), aus den Schriftzügen zu entfernen. Diese Variationen sind in Abbildung 3.3 exemplarisch dargestellt. Darüber hinaus wird in der Vorverarbeitung die weder zeit- noch ortsäquidistant abgetastete Stifttrajektorie neu abgetastet, damit zeitlich aufeinanderfolgende Abtastpunkte ortsäquidistant, also im gleichen räumlichen Abstand zueinander liegen. Diese *Neuabtastung* ist zugleich der erste Schritt der Vorverarbeitung.

3.2.1 Ortsäquidistante Neuabtastung

Wie in Abschnitt 3.1 erwähnt ist, liegen die Schriftzüge der IAM-OnDB weder in zeit- noch in ortsäquidistant abgetasteter Form vor. Die Lage der Abtastpunkte ist in Abbildung 3.4 links anhand eines Stücks der Stifttrajektorie gezeigt. Obwohl die ungefähren Abtastzeitpunkte vom Aufzeichnungsgerät geliefert werden, wird nicht versucht, eine zeitäquidistant abgetastete Folge zu erreichen: Zum einen ist die Genauigkeit der ermittelten Abtastzeitpunkte begrenzt, zum anderen besitzt ein Schriftabschnitt aufgrund von variierenden Stiftgeschwindigkeiten unterschiedlich nahe beieinanderliegende Abtastpunkte. So besitzen Schriftabschnitte mit hoher Stiftgeschwindigkeit (z. B. gerade Linien wie in „t") weniger Abtastpunkte, als Schriftabschnitte mit langsamer Stiftbewegung (z. B. enge Kurven wie in „e"). Deswegen werden die Schriftzüge so neu abgetastet, dass ihre Abtastpunkte anschließend *ortsäquidistant*, d. h. im gleichen räumlichen Abstand l zueinander liegen, wie in Abbildung 3.4 rechts dargestellt ist. Nach diesem ersten Schritt der Vorverarbeitung, der *ortsäquidistanten Neuabtastung*, liegen die benachbarten Punkte $\mathbf{s}_{\text{neu},k}$ des neu abgetasteten Schriftzugs $\mathbf{S}_{\text{neu}} = (\mathbf{s}_{\text{neu},1}, \dots, \mathbf{s}_{\text{neu},K})$ im selben räumlichen Abstand zueinander, wobei i. d. R. $K \neq N$ gilt[14]. Die Neuabtastung ist ein gängiger Teil der Vorverarbeitung in der automatischen Handschrifterkennung [Jae01; Liw06]. Eine ausführliche Beschreibung der in dieser Arbeit verwendeten Neuabtastung findet sich in Anhang A.1.

3.2.2 Korrektur der Zeilenneigung

Eine Variation in handschriftlichen Notizen, insbesondere innerhalb von Whiteboard-Notizen, ist die Zeilenneigung (engl. *skew*). Während für eine auf einem Papier handgeschriebene Notiz die Zeilenneigung als linear [Kos00] bzw. als Polynomfunktion zweiter Ordnung [Jae01] angenommen wird, ist dies bei Whiteboard-Notizen nicht der Fall: Da sich nicht nur die Hand bewegt, sondern der gesamte Arm und der Körper, treten mitunter Zeilenneigungen auf, die sich nicht linear oder mit Funktionen zweiter Ordnung annähern lassen [Liw06]. Ein geeignetes Verfahren zur Korrektur der, insbesondere bei Whiteboard-Notizen auftretenden, nichtlinearen Zeilenneigung und weiteren Verzerrungen wird in Kapitel 6 vorgestellt. Dieses benötigt jedoch eine möglichst horizontale Ausrichtung des Schriftzugs als Initialisierung. Deswegen wird für die Referenzsysteme die Zeilenneigung als konstant angesehen, d. h. es wird angenommen, dass die Textzeile um den Zeilenneigungswinkel α_0 gegen die Horizontale geneigt ist.

Ein Ansatz zur Abschätzung des Zeilenneigungswinkels α_0 verwendet die durch die Abtastpunkte definierte Regressionsgerade (siehe z. B. [Cae93; Sen96]). In dieser Arbeit wird der Zeilenneigungswinkel durch die Minimierung der Entropie des horizontalen Projektionsprofils (auch horizontales Verteilungshistogramm oder Richtungshistogramm genannt) nach [Kos00; Sch95; Sun97] ermittelt, wie in Anhang A.2 beschrieben ist. Die Schätzung des Zeilenneigungswinkels aus den Projektionsprofilen bietet im Gegensatz zu den auf Regressionsgeraden basierenden Ansätzen den Vorteil, den als Punktwolke zu verstehenden Schriftzug als Ganzes möglichst horizontal auszurichten. Fehlschätzungen des Zeilenneigungswinkels aufgrund von Ober- oder Unterlängen werden so vermieden. Das Ergebnis der Zeilenneigungskorrektur ist der um die Zeilenneigung korrigierte Schriftzug $\mathbf{S}_\mathrm{Z} = (\mathbf{s}_{\mathrm{Z},1}, \ldots, \mathbf{s}_{\mathrm{Z,K}})$ mit den zeilenneigungskorrigierten Abtastpunkten $\mathbf{s}_{\mathrm{Z},k}$.

3.2.3 Korrektur der Schriftneigung

Ein weiterer Freiheitsgrad bei der Eingabe von handschriftlichen Notizen ist die Schriftneigung (engl. *slant*), die durch die Schriftneigungskorrektur entfernt wird. Geht man von einer konstanten Schriftneigung innerhalb einer Textzeile aus, so lässt sich die Schriftneigung durch eine Scherung um den Winkel ϕ_0 beschreiben [Kos00; Kuv99]. Der Scherwinkel ϕ_0 wird hier, analog zu Abschnitt 3.2.2, mithilfe von Projektionsprofilen geschätzt [Kuv99]. Dabei wird dem Schriftzug eine konstante Schriftneigung unterstellt. Obwohl dies i. d. R. nicht der Fall ist, liefert dieses Verfahren dennoch befriedigende Ergebnisse. Der aus den Projektionsprofilen geschätzte Schriftneigungswinkel stellt demnach eine für alle Teile der Textzeile geeignete, mittlere Schriftneigung dar. Anders als bei den auf Wortebene arbeitenden Ansätzen aus z. B. [Liw06; Uch01], kann hier eine fehleranfällige, heuristische Unterteilung des Schriftzugs in Abschnitte konstanter Schriftneigung entfallen. Nach der Kompensation der Schriftneigung, die in Anhang A.3 beschrieben ist, erhält man den um die Schriftneigung korrigierten Schriftzug $\mathbf{S}_\mathrm{S} = [\mathbf{s}_{\mathrm{S},1}, \ldots, \mathbf{s}_{\mathrm{S},K}]$ mit den schriftneigungskorrigierten Abtastpunkten $\mathbf{s}_{\mathrm{S},k}$.

[14]Die Änderung der Anzahl der Abtastpunkte vor und nach der Neuabtastung wird durch den Wechsel der Bezeichnung der zeitlichen Veränderlichen (n,k) angezeigt.

3.2.4 Normierung der Schriftgröße

Der letzte Freiheitsgrad, der durch die Vorverarbeitung kompensiert wird, ist die Schriftgröße. Dazu werden die *Schriftlinien* (siehe z. B. [Ben94; Boz89; Bun95; Jae01]) in einem Schriftzug geschätzt. Man unterscheidet die Oberlängenlinie, Kernlinie, Basislinie und Unterlängenlinie. Diese charakteristischen Linien sind zusammen mit einem um die Zeilen- und Schriftneigung korrigierten Schriftzug in Abbildung 3.5 eingezeichnet.

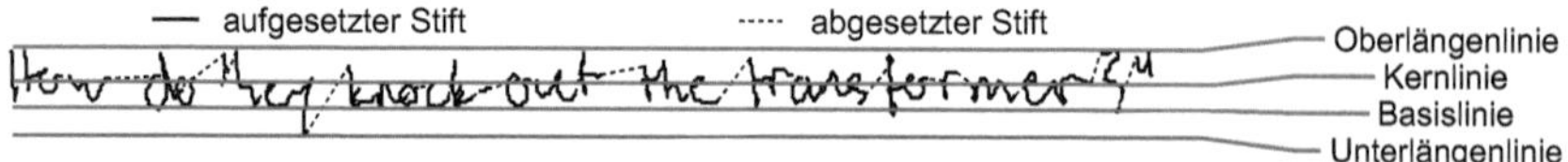

Abbildung 3.5: Schriftzug und zugehörige, horizontal verlaufende Schriftlinien des Referenzsystems. Die Oberlängenlinie durchläuft den Abtastpunkt mit größter y-Koordinate, während die Position der Unterlängenlinie durch den Abtastpunkt mit kleinster y-Koordinate festgelegt ist. Die Position der Basis- und Kernlinie wird mithilfe des horizontalen Projektionsprofils gefunden.

In der Literatur ist eine Reihe von Möglichkeiten bekannt, um die Schriftlinien zu schätzen. Eine Zusammenfassung gängiger Ansätze sowie eine neue, in dieser Arbeit entwickelte Methode findet sich in Kapitel 6. Da die Textzeilen durch die Zeilenneigungskorrektur (siehe Abschnitt 3.2.2) horizontal ausgerichtet sind, werden für die Referenzsysteme die Schriftlinien als horizontal angenommen und, wie in Anhang A.4 beschrieben ist, aus dem horizontalen Projektionsprofil des zeilen- und schriftneigungskorrigierten Schriftzugs geschätzt. Dieses Verfahren legt die Kern- und Basislinie horizontal durch den Schriftzug, wobei sämtliche Abtastpunkte des Schriftzugs berücksichtigt werden. Obwohl dieses Vorgehen nur eine ungenaue Schätzung des Verlaufs der Schriftlinien liefert, ist es im praktischen Einsatz robust gegen Kompensationsfehler der vorausgegangenen Vorverarbeitungsschritte und deswegen für die Referenzsysteme geeignet.

Nachdem jeder Schriftzug sowohl eine Basislinie als auch eine Kern- bzw. Oberlängenlinie enthält[15], wird der Abstand zwischen der Basis- und der Kern- bzw. der Basis- und der Oberlängenlinie, die sog. Kernhöhe

$$h_{\mathrm{K}} = |y_{\mathrm{K}} - y_{\mathrm{B}}| \text{ bzw. } h_{\mathrm{K}} = \frac{|y_{\mathrm{O}} - y_{\mathrm{B}}|}{2} \tag{3.1}$$

mit y_{B} die Position der Basislinie, y_{K} die Position der Kernlinie und y_{O} die Position der Oberlängenlinie zur Schriftgrößennormierung verwendet. Die nach Gleichung 3.1 rechts berechnete Kernhöhe kommt nur dann zum Einsatz, wenn für den Schriftzug keine Kernlinie ermittelt werden kann (z. B. der Schriftzug enthält nur Buchstaben wie „C“, „Z“ und „f“). Für das größennormierte Segment $\mathbf{S}_{\mathrm{norm}} = (\mathbf{s}_{\mathrm{norm},1}, \ldots, \mathbf{s}_{\mathrm{norm},K})$ mit den normierten Abtastpunkten $\mathbf{s}_{\mathrm{norm},k}$ gilt schließlich zusammen mit einer weiteren Translation zum Erreichen von $x_{\mathrm{norm}} \geq 0$ und $y_{\mathrm{norm}} \geq 0$ und mit h_{K} aus Gleichung 3.1

$$\mathbf{s}_{\mathrm{norm},k} = \left({}^{1}\!/\!_{h_{\mathrm{K}}} \cdot (x_{\mathrm{S},k} - \min_{1 \leq \kappa \leq K} x_{\mathrm{S},\kappa}), {}^{1}\!/\!_{h_{\mathrm{K}}} \cdot (y_{\mathrm{S},k} - \min_{1 \leq \kappa \leq K} y_{\mathrm{S},\kappa}), p_{\mathrm{S},k}, t_{\mathrm{S},k}\right)^{\mathrm{T}}, \ 1 \leq k \leq K. \tag{3.2}$$

Auch nach der Größennormierung einer Textzeile nach Gleichung 3.2 liegen die Abtastpunkte des Schriftzugs äquidistant zueinander, da die erforderliche Skalierung sowohl in y- als auch

[15]Diese Behauptung ist gültig für die Schriftzüge aus der IAM-OnDB, aber häufig auch darüber hinaus [Kos00].

x-Richtung gilt. Jedoch können die einzelnen aufgezeichneten Textzeilen untereinander vor der Normierung in ihrer Größe variieren, was nach der Normierung zu verschiedenen Abtastpunktabständen in den Textzeilen untereinander führt. Deswegen wird in dieser Arbeit in Anlehnung an [Jae01] der normierte Schriftzug $\mathbf{S}_{\mathrm{norm}}$ neu abgetastet, um denselben ortsäquidistanten Abstand l_2 zwischen allen Abtastpunkten der Datenbank zu erreichen. Man erhält so den vorverarbeiteten Schriftzug $\mathbf{S}_{\mathrm{n}} = (\mathbf{s}_{\mathrm{n},k}, \ldots, \mathbf{s}_{\mathrm{n},K})$.

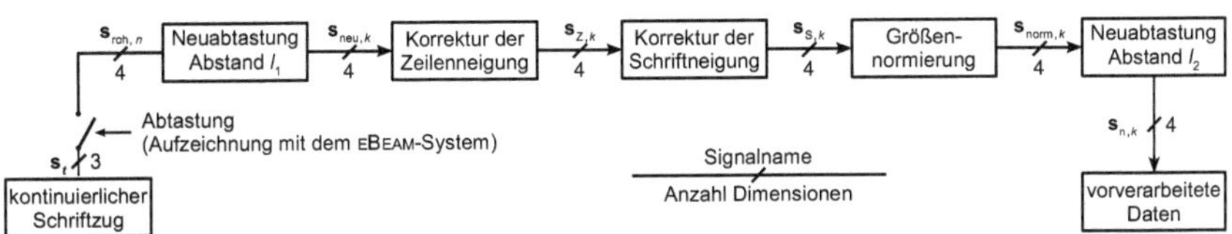

Abbildung 3.6: Vorverarbeitungskette für die automatische Erkennung von handgeschriebenen Notizen. Der kontinuierliche Schriftzug wird mithilfe des EBEAM-Systems abgetastet. Nach einer ortsäquidistanten Neuabtastung der Rohdaten werden die Schriftzüge von der Zeilen- und Schriftneigung befreit und ihre Größen normiert. Abschließend erfolgt eine weitere Neuabtastung, damit sämtliche Abtastpunkte der Datenbank ortsäquidistant zueinander liegen.

3.2.5 Vorverarbeitungskette

Die einzelnen Schritte der Vorverarbeitung sind als Vorverarbeitungskette in Abbildung 3.6 zusammenfassend dargestellt. Die beiden Längen l_1 und l_2 für die Neuabtastung wurden hier, sich auf Voruntersuchungen stützend, zu $l_1 = 10{,}00$ und $l_2 = 0{,}12$ gewählt. Dadurch werden einerseits unnötig viele Abtastpunkte vermieden, andererseits alle bedeutungstragenden Teile des Schriftzugs berücksichtigt. Der Einfluss der Vorverarbeitung auf die Erkennungsleistung wird in Experiment 3.2 evaluiert, dessen Ergebnisse in Tabelle 3.2 aufgeführt sind. Zwar zeigt sich eine relative, mitunter statistisch hochsignifikante Verbesserung ($p_r = 0{,}99$), jedoch ist selbst die höchste Buchstaben-ACC, ermittelt auf dem Test-Datensatz $\mathcal{S}_{\mathrm{test}}$, von $a_{\mathrm{t,vor}} = 14{,}5\,\%$ bei Verwendung von $N_{\mathrm{cdb}} = 7\,500$ Codebucheinträgen zur Erkennung mit diskreten HMM nicht zufriedenstellend.

Experiment 3.2: *Verwendung der vorverarbeiteten Schriftzüge zur Erkennung*

Um den Einfluss der Vorverarbeitung auf die Erkennungsleistung zu ermitteln, werden in diesem Experiment die vom EBEAM-System aufgezeichneten Rohdaten der in Abschnitt 3.2 vorgestellten und in Abbildung 3.6 zusammengefassten Vorverarbeitung unterzogen. Zur Erkennung werden dafür kontinuierliche und diskrete HMM und die vorverarbeiteten Rohdaten als Beobachtungen verwendet. Die Buchstaben-ACC, ermittelt auf dem Validierungs-Datensatz $\mathcal{S}_{\mathrm{val}}$, ist in Abbildung 3.12 auf Seite 44 für die Erkennung mit kontinuierlichen HMM (—△—) und mit diskreten HMM (—▲—) für Codebuchgrößen von $N_{\mathrm{cdb}} \in \{10; 100; 500; 1\,000; 2\,000; 5\,000; 7\,500\}$ eingetragen. Die Ergebnisse dieses Experiments sind in Tabelle 3.2 als Buchstaben-ACC, ermittelt auf dem Test-Datensatz $\mathcal{S}_{\mathrm{test}}$, zusammengefasst.

System	kontinuierliche HMM	diskrete HMM, $N_{\text{cdb}} =$ 10	100	500
$a_{\text{t,vor}}$	8,8 %	8,9 %	6,9 %	8,3 %
Δr (Exp. 3.1)	6,8 % (0,75)	22,5 % (0,99)	5,8 % (0,69)	7,2 % (0,75)
System	diskrete HMM, $N_{\text{cdb}} =$ 1 000	2 000	5 000	7 500
$a_{\text{t,vor}}$	9,5 %	11,6 %	13,8 %	14,5 %
Δr (Exp. 3.1)	8,4 % (0,81)	19,0 % (0,99)	10,9 % (0,92)	6,2 % (0,79)

Tabelle 3.2: Ergebnisse des Experiments 3.2 bei Verwendung der Rohdaten aus der IAM-OnDB nach der Vorverarbeitung nach Abschnitt 3.2 zur Erkennung mithilfe von kontinuierlichen und diskreten HMM mit unterschiedlichen Codebuchgrößen ($N_{\text{cdb}} \in \{10;100;500;1\,000;2\,000;5\,000;7\,500\}$). Dargestellt ist die Buchstaben-ACC, ermittelt auf dem Test-Datensatz $\mathcal{S}_{\text{test}}$. Zusätzlich ist die relative Veränderung Δr, bezogen auf das in Experiment 3.1 evaluierte System, sowie das Signifikanzniveau $(\cdot)$ angegeben.

3.3 Merkmalsextraktion

Die Ergebnisse des Experiments 3.2 zeigen, dass die in Abschnitt 3.2 beschriebene Vorverarbeitung eine relative, mitunter statistisch signifikante Steigerung der Erkennungsleistung bewirkt. Jedoch ist selbst die höchste Buchstaben-ACC von $a_{\text{t,vor}} = 14,5\,\%$ nicht zufriedenstellend. Deswegen werden weitere Merkmale aus dem vorverarbeiteten Schriftzug $\mathbf{S}_{\text{n}}$ extrahiert, und aus jedem Abtastpunkt wird ein Merkmalsvektor $\mathbf{f}_k$ gebildet. Die Wahl der im Referenzsystem verwendeten Merkmale stützt sich auf die Arbeiten [Jae01; Liw06], jedoch wurden vereinzelt Anpassungen vorgenommen.

Im Folgenden werden die in den Referenzsystemen verwendeten Merkmale für die automatische Erkennung von Whiteboard-Notizen vorgestellt. Diese lassen sich in Online-Merkmale ($\mathbf{f}_k^{\text{on}}$) und Offline-Merkmale ($\mathbf{f}_k^{\text{off}}$) unterteilen. Die Online-Merkmale verwenden nur die Informationen der Stifttrajektorie, die Offline-Merkmale werten hingegen ein Abbild der Stifttrajektorie um den aktuellen Abtastpunkt aus. Da sich auch die Offline-Merkmale auf einen oder mehrere Punkte der Stifttrajektorie beziehen, sind sie geeignete Merkmale für die Online-Handschrifterkennung[16].

3.3.1 Online-Merkmale $\mathbf{f}^{\text{on}}$

Bevor die Online-Merkmale von der Stifttrajektorie abgeleitet werden, erfolgt eine zusätzliche Vorverarbeitung. Diese betrifft die für die handgeschriebenen Texte typischen, verzögerten Schriftabschnitte, sog. Rücksprünge. Sie treten z. B. bei dem Buchstaben „t" auf: Die horizontale Linie, die den Buchstaben „t" vom Buchstaben „l" unterscheidet, wird schreiberabhängig entweder im Anschluss an den Buchstaben oder am Ende des Worts eingefügt. Da dies zu unterschiedlichen Merkmalsrepräsentationen von sonst gleichen Buchstaben führt, werden diese verzögerten Schriftabschnitte heuristisch ermittelt [Bra02] und für die Extraktion der Online-Merkmale entfernt [Liw06]. Die Modellierung dieser Schriftabschnitte erfolgt mithilfe der Offline-Merkmale.

[16] In der Offline-Handschrifterkennung wird lediglich das Abbild des Schriftzugs zur Erkennung verwendet. Die Information über die zeitliche Abfolge der Bildpunkte liegt nicht vor [Pla00].

Die Online-Merkmale können in zwei Kategorien unterteilt werden: Merkmale, die die Stifttrajektorie charakterisieren, und Merkmale, die die Nachbarschaftsverhältnisse zwischen einzelnen Abtastpunkten beschreiben.

Merkmale zur Beschreibung der Stifttrajektorie

Zur Beschreibung der Differenz in x- bzw. y-Richtung zweier benachbarter Punkte $\mathbf{s}_{n,k}$ und $\mathbf{s}_{n,k-1}$ gelten die Substitutionen $\Delta x_n = x_{n,k} - x_{n,k-1}$ und $\Delta y_{n,k} = y_{n,k} - y_{n,k-1}$, $1 \leq k \leq K$. Die Entfernung dieser Punkte l_2 lässt sich über

$$l_2 = \sqrt{\Delta x_{n,k}^2 + \Delta y_{n,k}^2} \tag{3.3}$$

berechnen und entspricht dem Wert l_2 der zweiten Neuabtastung in Abschnitt 3.2.

Druck f_1: Für jeden Abtastpunkt wird die Information über den Druck des Stifts (engl. *pressure*) in den Merkmalsvektor übernommen. Wie in Abschnitt 3.1 bereits erwähnt wurde, liefert das EBEAM-System eine binäre Druckinformation. Es gilt

$$f_{1,k} = p_{n,k} = \begin{cases} 1 & \text{wenn Stift das Whiteboard berührt} \\ 0 & \text{sonst.} \end{cases} \tag{3.4}$$

Stiftgeschwindigkeit f_2: Die Stiftgeschwindigkeit (engl. *pen velocity*) ist das zweite aus der abgetasteten Stifttrajektorie ermittelte Merkmal. Da das EBEAM-System (siehe Abschnitt 3.1) den Abtastzeitpunkt liefert und dieser bei der Neuabtastung nach Gleichung A.4 linear interpoliert wird, lässt sich die Geschwindigkeit zu

$$f_{2,k} = \frac{l_2}{t_{n,k} - t_{n,k-1}} \tag{3.5}$$

angeben. Es sei an dieser Stelle darauf hingewiesen, dass die zeitliche Auflösung des EBEAM-Systems gering ist. Zusätzliche Ungenauigkeiten ergeben sich durch die Interpolation der linearen Abtastzeitpunkte während der Neuabtastungen.

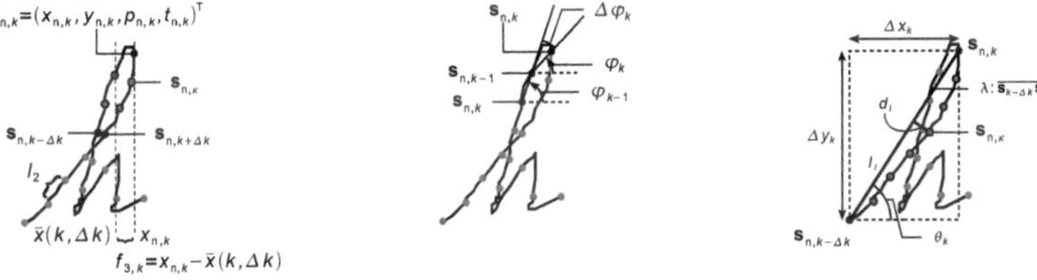

Abbildung 3.7: Um den gleitenden Mittelwert $\bar{x}_k$ befreites x-Positionsmerkmal f_3 (links), die die Stifttrajektorie beschreibenden Online-Merkmale (Mitte) und Online-Merkmale zur Beschreibung der Nachbarschaftsverhältnisse (rechts). Die Stifttrajektorie wird u. a. mit dem Sekantensteigungswinkel φ_k und der Differenz $\Delta\varphi_k = \phi_k - \phi_{k-1}$ erfasst.

Positionsmerkmale f_3, f_4: Zwei weitere Merkmale, die für die Referenzsysteme extrahiert werden, sind die x- und y-Koordinate (engl. *position*) jedes Abtastpunkts. Während die y-Koordinate aufgrund der Vorverarbeitung direkt als Merkmal übernommen wird, kann die x-Koordinate nicht direkt als Merkmal verwendet werden, da sie von der absoluten Position des Abtastpunkts in der Textzeile abhängt. Deswegen wird der gleitende Mittelwert $\bar{x}(k, \Delta k)$ der benachbarten x-Werte in einem Bereich $\pm\Delta k$ um den aktuellen Abtastpunkt von der absoluten x-Koordinate subtrahiert, wie in Abbildung 3.7 links verdeutlicht ist. Man erhält für die beiden Positionsmerkmale

$$f_{3,k} = x_{\mathrm{n},k} - \bar{x}(k, \Delta k), \text{ und } f_{4,k} = y_{\mathrm{n},k} \text{ mit } \bar{x}(k, \Delta k) = \frac{1}{2\Delta k + 1} \sum_{\kappa=-\Delta k}^{\Delta k} x_{\mathrm{n},k+\kappa}. \tag{3.6}$$

Schreibrichtung f_5, f_6: Die Schreibrichtung (engl. *writing direction*), die zwei benachbarte Abtastpunkte $s_{\mathrm{n},k-1}$ und $s_{\mathrm{n},k}$ definieren, wird mithilfe des Sekantensteigungswinkels φ_k, den die Verbindungslinie $\overline{s_{\mathrm{n},k-1} s_{\mathrm{n},k}}$ mit der Horizontalachse einschließt, beschrieben (siehe [Guy91]) und ist in Abbildung 3.7 Mitte gezeigt:

$$\varphi_k = \pi/2 + \begin{cases} \pi/2 \cdot (1 - \mathrm{sgn}(\Delta y_\mathrm{n})) & \text{für } \Delta x_\mathrm{n} = 0 \\ \arctan\left(\frac{\Delta y_\mathrm{n}}{\Delta x_\mathrm{n}}\right) - \pi/2 \cdot \mathrm{sgn}(\Delta x_\mathrm{n}) & \text{sonst} \end{cases}, 2 \leq k \leq K. \tag{3.7}$$

Dabei wird mit $\mathrm{sgn}(x)$ die Signumfunktion (siehe z. B. [Båd00]) bezeichnet und $\varphi_1 = 0$ gewählt. Der nach Gleichung 3.7 definierte Sekantensteigungswinkel weist als Eigenschaft der Arkustangensfunktion eine Unstetigkeit bei $\varphi_k = 3\pi/2$ auf: Für kleine Änderungen der x-Koordinate bei annähernd senkrechter Bewegung in negative, vertikale Richtung „springt" der Wert der Funktion im Intervall $[-\pi/2, 3\pi/2]$. Deswegen werden aufgrund der Punktsymmetrie der Kosinusfunktion bzw. der Achsensymmetrie der Sinusfunktion um den Punkt $3\pi/2$, die Merkmale

$$f_{5,k} = \sin(\varphi_k) = \frac{\Delta y_{\mathrm{n},k}}{l_2} \text{ und } f_{6,k} = \cos(\varphi_k) = \frac{\Delta x_{\mathrm{n},k}}{l_2}, \ 2 \leq k \leq K \tag{3.8}$$

zur Beschreibung der Schreibrichtung gebildet. Man erhält so einen stetigen Verlauf der Merkmale im Wertebereich $f_5, f_6 \in [-1; 1]$.

Krümmung f_7, f_8: Neben der Schreibrichtung, charakterisiert durch den Sekantensteigungswinkel φ_k, wird auch dessen zeitliche Differenz $\Delta\varphi_k = \varphi_k - \varphi_{k-1}$ zur expliziten Modellierung von Richtungsänderung als Merkmal herangezogen und als Krümmung (engl. *curvature*) bezeichnet [Guy91; Kos00]. In Abbildung 3.7 Mitte ist der Krümmungswinkel $\Delta\varphi_k$ durch drei Abtastpunkte verdeutlicht. Zur Vermeidung von sprunghaften Änderungen, hervorgerufen durch die Unstetigkeit der Arkustangensfunktion, wird nicht $\Delta\varphi_k$, sondern werden

$$f_{7,k} = \sin(\Delta\varphi_k) \text{ und } f_{8,k} = \cos(\Delta\varphi_k) \tag{3.9}$$

mit $3 \leq k \leq K$ und $\Delta\varphi_1 = 0$ als Merkmal verwendet [Jae01; Kos00].

Merkmale zur Beschreibung der Nachbarschaftsverhältnisse

Neben den Merkmalen zur Beschreibung der Stifttrajektorie werden auch Merkmale zur Beschreibung der Verhältnisse zwischen benachbarten Punkten (engl. *vicinity features*) $\mathbf{s}_{\mathrm{n},k}$ und

$\mathbf{s}_{n,k-\Delta k}$ mit $\Delta k > 1$ extrahiert. Es gelten, analog zu Abschnitt 3.3.1, die Substitutionen $\Delta x_{v,k} = x_{n,k} - x_{n,k-\Delta k}$ und $\Delta y_{v,k} = y_{n,k} - y_{n,k-\Delta k}$ sowie, analog zu Abschnitt 3.2.1, $\mathbf{x}_{n,k} = (x_{n,k}, y_{n,k})^T$ und $\Delta \mathbf{x}_{v,k} = \mathbf{x}_{n,k} - \mathbf{x}_{n,k-\Delta k}$. Die Länge l_k der Verbindungslinie $\lambda_{k,\Delta k}$: $\overline{\mathbf{s}_{nk-\Delta k}\mathbf{s}_{n,k}}$ der beiden Punkte ergibt sich zu

$$l_k = \sqrt{\Delta \mathbf{x}_{v,k}^T \Delta \mathbf{x}_{v,k}} = \sqrt{\Delta x_{n,k}^2 + \Delta y_{n,k}^2}. \tag{3.10}$$

Seitenverhältnis f_9: Mit dem Seitenverhältnis zwischen zwei Abtastpunkten (engl. *vicinity aspect*) [Sch95] wird das Verhältnis

$$v_k = \frac{\Delta y_{v,k} - \Delta x_{v,k}}{\Delta y_{v,k} + \Delta x_{v,k}} \tag{3.11}$$

beschrieben [Jae01], also das Verhältnis zwischen der Höhe und der Breite des zwei benachbarte Punkte $\mathbf{s}_{n,k}$ und $\mathbf{s}_{n,k-\Delta k}$ umschreibenden Rechtecks. Da für kleine Werte von $\Delta y_{v,k} + \Delta x_{v,k}$ das Verhältnis v_k unhandhabbar große Werte annimmt[17], wird in dieser Arbeit v_k logarithmisch transformiert und als Merkmal verwendet. Es gilt somit (siehe [Sch08j])

$$f_{9,k} = \operatorname{sgn}(v_k) \cdot \log(1 + |v_k|). \tag{3.12}$$

Steigung f_{10}, f_{11}: Der Steigungswinkel θ_k zwischen der Verbindungslinie $\lambda_{k,\Delta k}$ und der Horizontalachse (engl. *vicinity slope*) berechnet sich analog zu Gleichung 3.7. Da auch hier aufgrund der Unstetigkeit der Arkustangensfunktion ein „Sprung" im Wertebereich bei direkter Verwendung als Merkmal auftritt, werden der Sinus und der Kosinus des Steigungswinkels θ_k als Merkmal übernommen:

$$f_{10,k} = \sin(\theta_k) = \frac{\Delta y_k}{l_k} \text{ und } f_{11,k} = \cos(\theta_k) = \frac{\Delta x_k}{l_k},\ 1 \leq k \leq K. \tag{3.13}$$

Krümmung f_{12}: Um ein Maß für die Krümmung des Schriftzugs zwischen den Abtastpunkten $\mathbf{s}_{n,k-\Delta k}$ und $\mathbf{s}_{n,k}$ zu erhalten, wird die größte Abweichung in x- oder y-Richtung eines Punkts $\mathbf{s}_{n,i}$, $k - \Delta k \leq i \leq k$ von der Verbindungslinie $\lambda_{k,\Delta k}$ betrachtet und in das Verhältnis zu der Länge $L_{k,\Delta k}$ der durch die Abtastpunkte $\mathbf{s}_{n,k-\Delta k}, \ldots, \mathbf{s}_{n,k}$ definierten, linear interpolierten Stifttrajektorie mit

$$L_{k,\Delta k} = \sum_{\kappa=k-\Delta k}^{k-1} \sqrt{d_Q(\mathbf{s}_{n,\kappa}, \mathbf{s}_{n,\kappa+1})} = \Delta k \cdot l_2 \tag{3.14}$$

gesetzt (engl. *vicinity curliness*) [Jae01; Liw06]. Man erhält so für dieses Merkmal

$$f_{12,k} = \frac{L_{k,\Delta k}}{\max(|\Delta x_{v,k}|, |\Delta y_{v,k}|)}. \tag{3.15}$$

Linearität f_{13}: Der mittlere quadratische Abstand jedes einzelnen Punkts $\mathbf{s}_{n,\kappa}$, $k - \Delta k \leq \kappa \leq k$ von der Verbindungslinie $\lambda_{k,\Delta k}$ beschreibt die Linearität (engl. *vicinity linearity*) des Stücks der Stifttrajektorie [Jae01; Liw06]. Sie stellt das letzte in dieser Arbeit für die Referenzsysteme verwendete Online-Merkmal dar:

$$f_{13,k} = \frac{1}{\Delta k + 1} \sum_{\kappa=k-\Delta k}^{k} d_\kappa^2, \tag{3.16}$$

[17] Es gilt $\lim_{z \to 0} v_k|_z \to \infty$ mit $z = \Delta y_{v,k} + \Delta x_{v,k}$.

wobei d_κ^2 den quadratischen Abstand des Abtastpunkts $\mathbf{s}_{\mathrm{n},\kappa}$ von der Verbindungslinie $\lambda_{k,\Delta k}$ bezeichnet, d. h.

$$d_\kappa^2 = \frac{|\mathbf{B}_k|^2}{\Delta\mathbf{x}_{\mathrm{v},k}^{\mathrm{T}} \cdot \Delta\mathbf{x}_{\mathrm{v},k}} \text{ mit } \mathbf{B}_k = [\mathbf{x}_{\mathrm{v},k} - \mathbf{x}_{\mathrm{v},\kappa}, \Delta\mathbf{x}]. \tag{3.17}$$

3.3.2 Offline-Merkmale $\mathbf{f}^{\mathrm{off}}$

Zusätzlich zu den Online-Merkmalen werden in dieser Arbeit auch sog. Offline-Merkmale betrachtet. Sie lassen sich vom zweidimensionalen Abbild $\mathbf{b}_k[n_1,n_2]$ des Schriftzugs[18] in einem Fenster um den aktuellen Abtastpunkt $\mathbf{s}_{\mathrm{n},k}$ ableiten. Zur Generierung des Abbilds werden die Bildpunkte aller Abtastpunkte $\mathbf{s}_{\mathrm{n},k}$ mit $p_k = 1$ und aller Verbindungslinien $\overline{\mathbf{s}_{\mathrm{n},k-1}\mathbf{s}_{\mathrm{n},k}}$ zwischen je zwei Abtastpunkten $\mathbf{s}_{\mathrm{n},k-1}$ und $\mathbf{s}_{\mathrm{n},k}$ mit $\mathbf{s}_{\mathrm{n},k-1} = 1 \wedge \mathbf{s}_{\mathrm{n},k} = 1$ „schwarz" (d. h. $\mathbf{b}_k[n_1,n_2] = 1$), alle verbleibenden Bildpunkte „weiß" (d. h. $\mathbf{b}_k[n_1,n_2] = 0$) eingefärbt.

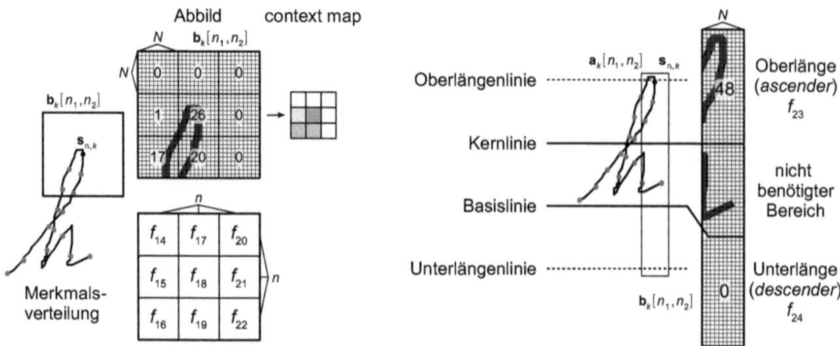

Abbildung 3.8: Schriftbild (links) und daraus abgeleitetes unterabgetastetes Bild (engl. *context map*), aus der die Offline-Merkmale $f_{14} - f_{22}$ gebildet werden, sowie Oberlänge (engl. *ascender*) und Unterlänge (engl. *descender*), die die Offline-Merkmale f_{23} und f_{24} darstellen (jeweils rechts). Als Merkmal wird die Anzahl der interpolierten Bildpunkte der Stifttrajektorie verwendet. Da sich die Merkmale auf Abtastpunkte der Stifttrajektorie beziehen, sind die dargestellten Offline-Merkmale gültige Merkmale in der Online-Erkennung.

Schriftbild $f_{14} - f_{22}$: Mit neun Merkmalen wird die Pixelinformation des quadratischen Abbilds $\mathbf{b}_k[n_1,n_2]$ beschrieben. Jedoch dient nicht jeder einzelne Bildpunkt des Bilds $\mathbf{b}_k[n_1,n_2]$ als Merkmal. Das Bild $\mathbf{b}_k[n_1,n_2]$ wird in $n \cdot n = n^2$ gleich große Bereiche $\mathbf{b}_{k,i}[n_1,n_2]$ der Größe $N \times N$ unterteilt, und die Summe b_i der schwarzen Bildpunkte wird in jedem Bereich als Merkmal verwendet, d. h.

$$f_{13+i,k} = b_i \text{ mit } b_i = \sum_{n_1=1}^{N} \sum_{n_2=1}^{N} \mathbf{b}_{k,i}[n_1,n_2],\ 1 \leq i \leq n^2, \tag{3.18}$$

[18] Bei $\mathbf{b}_k[n_1,n_2]$ handelt es sich um eine diskrete, zweidimensionale Sequenz in den zwei Raumrichtungen n_1 und n_2 entsprechend der x- und y-Richtung.

wobei $n = 3$ und $N = 10$ gewählt wird [Kos00]. Man erhält so für jeden Abtastpunkt $\mathbf{s}_{n,k}$ ein 3×3 unterabgetastetes Bild (engl. *context map*) eines 30×30 Bildpunkte messenden Abbilds $\mathbf{b}_k[n_1, n_2]$ der Stifttrajektorie um den jeweiligen Abtastpunkt [Man94]. Die Ermittlung der einzelnen, das Schriftbild beschreibenden Merkmale ist in Abbildung 3.8 links verdeutlicht.

Oberlänge f_{23} und Unterlänge f_{24}: Die Oberlänge (engl. *ascender*) und die Unterlänge (engl. *descender*) stellen die letzten beiden Merkmale dar. Sie werden aus dem rechteckigen Abbild $\mathbf{b}_k[n_1, n_2]$ um den aktuellen Abtastpunkt gewonnen. Es werden für die Oberlänge die Anzahl der Abtastpunkte oberhalb der Kernlinie und für die Unterlänge die Anzahl der Abtastpunkte unterhalb der Basislinie (siehe jeweils Abbildung 3.5 rechts auf Seite 28 und Abbildung 3.8 rechts) gezählt und als Merkmal übernommen [Jae01]. Die Breite d des Abbilds $\mathbf{b}_k[n_1, n_2]$ wird zu $d = N = 10$ gewählt. Die Höhe des Abbilds entspricht der maximalen Höhe des Schriftzugs. So gilt unter Berücksichtigung der Gleichungen A.22, A.23, A.24 und 3.1

$$f_{23+i,k} = \sum_{n_1} \sum_{n_2} \begin{cases} \mathbf{b}_k[n_1, n_2] & \text{wenn } n_2 > \frac{y_K - y_{\min,L}}{h_K},\ i = 0 \\ \mathbf{b}_k[n_1, n_2] & \text{wenn } n_2 < \frac{y_B - y_{\min,L}}{h_K},\ i = 1 \\ 0 & \text{sonst} \end{cases} \tag{3.19}$$

mit $i \in \{0; 1\}$.

3.3.3 Merkmalszusammenfassung

Nach der Merkmalsextraktion werden die $N_{\text{on}} = 13$ Online-Merkmale (siehe Abschnitt 3.3.1) $\mathbf{f}_k^{\text{on}} = (f_{1,k}, \dots, f_{11,k})^{\text{T}}$ und $N_{\text{off}} = 11$ Offline-Merkmale (siehe Abschnitt 3.3.2) $\mathbf{f}_k^{\text{off}} = (f_{14,k}, \dots, f_{24,k})^{\text{T}}$ zum *kontinuierlichen*[19], $D = 24$-dimensionalen Merkmalsvektor $\mathbf{f}_k = (f_{1,k}, \dots, f_{24,k})^{\text{T}}$ zusammengefasst. In Abbildung 3.9 ist die Bildung des kontinuierlichen Merkmalsvektors $\mathbf{f}_k$ aus dem Online- und Offline-Merkmalsvektor $\mathbf{f}_k^{\text{on}}$ und $\mathbf{f}_k^{\text{off}}$ illustriert. In Experiment 3.3 werden die Merkmale des Merkmalsvektors $\mathbf{f}_k$ evaluiert. Die Ergebnisse zeigt Tabelle 3.3.

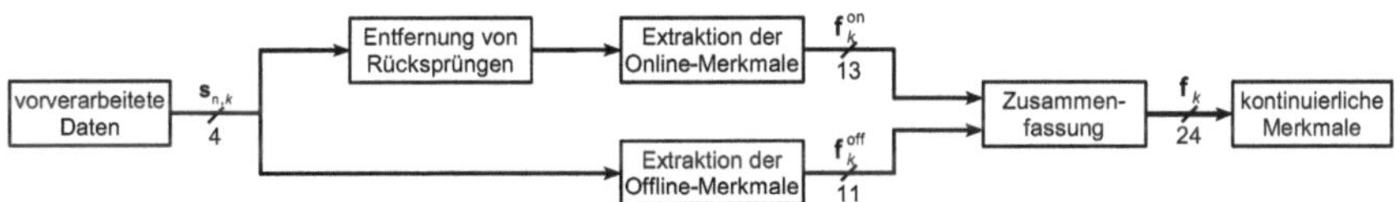

Abbildung 3.9: Zusammenfassung der Merkmalsextraktion. Aus den vorverarbeiteten Daten $\mathbf{s}_{n,k}$ werden $N_{\text{on}} = 13$ Online-Merkmale $\mathbf{f}_k^{\text{on}}$ und $N_{\text{off}} = 11$ Offline-Merkmale $\mathbf{f}_k^{\text{off}}$ extrahiert und zum $D = 24$-dimensionalen kontinuierlichen Merkmalsvektor $\mathbf{f}_k$ zusammengefasst. Für die Extraktion der Online-Merkmale ist eine vorherige, heuristische Entfernung von schreiberabhängigen Rücksprüngen, wie sie z. B. bei den Buchstaben „t“ und „i“ auftreten, notwendig.

[19] Die Bezeichnung *kontinuierlich* ist nicht auf die einzelnen Merkmale bezogen (die Hälfte der Merkmale haben einen diskreten oder binären Charakter), sondern ist in Abgrenzung zu den Merkmalsvektoren nach einer Vektorquantisierung nach Abschnitt 2.2.1 zu verstehen.

System	kontinuierliche HMM	diskrete HMM, $N_{\text{cdb}} =$ 10	100	500
$a_{\text{t,mer}}$	63,9 %	20,3 %	50,1 %	59,3 %
Δr (Exp. 3.2)	86,2 % $(0,99^{+})$	56,2 % $(0,99^{+})$	86,2 % $(0,99^{+})$	86,0 % $(0,99^{+})$
System	diskrete HMM, $N_{\text{cdb}} =$ 1 000	2 000	5 000	7 500
$a_{\text{t,mer}}$	62,2 %	63,6 %	64,2 %	63,8 %
Δr (Exp. 3.2)	84,7 % $(0,99^{+})$	81,8 % $(0,99^{+})$	78,5 % $(0,99^{+})$	77,3 % $(0,99^{+})$

Tabelle 3.3: Ergebnisse des Experiments 3.3 nach Durchlaufen der Vorverarbeitung und der Merkmalsextraktion. Die Erkennung erfolgt mit kontinuierlichen und diskreten HMM mit unterschiedlichen Codebuchgrößen ($N_{\text{cdb}} \in \{10;100;500;1\,000;2\,000;5\,000;7\,500\}$). Dargestellt ist die Buchstaben-ACC, ermittelt auf dem Test-Datensatz $\mathcal{S}_{\text{test}}$. Zusätzlich ist die relative Veränderung Δr, bezogen auf das in Experiment 3.2 evaluierte System, sowie das Signifikanzniveau $(\cdot)$ angegeben, wobei $(0,99^{+})$ ein Signifikanzniveau von $p_r > 0,99$ anzeigt.

Experiment 3.3: *Erkennung mit den extrahierten Merkmalen nach Abschnitt 3.3*

Dieses Experiment ermittelt die Leistungsfähigkeit des Erkennungssystems unter Verwendung der nach Abschnitt 3.2 vorverarbeiteten Schriftzüge und der nach Abschnitt 3.3 extrahierten $D = 24$ Merkmale. Als Beobachtung dienen die $D = 24$ extrahierten Merkmale, die im Merkmalsvektor $\mathbf{f}_k = (f_{1,k}, \ldots, f_{24,k})^{\mathrm{T}}$ für jeden Abtastpunkt $\mathbf{s}_{\mathrm{n},k}$ zusammengefasst sind. Zur Erkennung werden sowohl kontinuierliche als auch diskrete HMM verwendet. In Abbildung 3.12 auf Seite 44 ist die Buchstaben-ACC, ermittelt auf dem Validierungs-Datensatz $\mathcal{S}_{\text{val}}$, für die Erkennung mit kontinuierlichen HMM (—o—) und diskreten HMM (—•—) für Codebuchgrößen von $N_{\text{cdb}} \in \{10; 100; 500; 1\,000; 2\,000; 5\,000; 7\,500\}$ eingetragen. Die Ergebnisse dieses Experiments sind in Tabelle 3.3 als Buchstaben-ACC, ermittelt auf dem Test-Datensatz $\mathcal{S}_{\text{test}}$, zusammengefasst.

Wie Tabelle 3.3 zeigt, lässt sich sowohl bei kontinuierlicher als auch bei diskreter Modellierung eine statistisch hochsignifikante ($p_r > 0,99$) Steigerung der Buchstaben-ACC, ermittelt auf dem Test-Datensatz $\mathcal{S}_{\text{test}}$, verglichen mit der Erkennung unter Einsatz der Rohdaten (siehe Experimente 3.1 und 3.2), erreichen. Es ergibt sich eine Buchstaben-ACC von $a_{\text{t,mer}} = 63,9\,\%$ bei Verwendung von kontinuierlichen HMM und $a_{\text{t,mer}} = 64,2\,\%$ bei Verwendung von diskreten HMM und $N_{\text{cdb}} = 5\,000$ Codebucheinträgen zur Erkennung. Wird im diskreten Fall die Anzahl der Codebücher von $N_{\text{cdb}} = 5\,000$ auf $N_{\text{cdb}} = 7\,500$ erhöht, reduziert sich die Buchstaben-ACC relativ um $\Delta r = -0,6\,\%$ auf $a_{\text{t,mer}} = 63,8\,\%$. Dieser Rückgang lässt sich mit dem „Sparse-Data"-Effekt [Rab89; Sch08j] erklären: Der Umfang des Trainings-Datensatzes reicht nicht aus, um eine zuverlässige Statistik für jedes Symbol zu liefern. Darüber hinaus erfolgt eine Überanpassung der Codebücher an die Merkmalsverteilungen der Schriftzüge aus dem Trainings-Datensatz. Dadurch werden die Modelle auf Symbole hin trainiert, die nur im Trainings-Datensatz, nicht aber im Validierungs- oder Test-Datensatz vorkommen. Der Sparse-Data-Effekt und die Überanpassung zeigen sich auch in allen folgenden Experimenten, mitunter aber für eine andere Anzahl von Codebucheinträgen.

3.3.4 Normierung der Merkmale

Da die Wertebereiche der einzelnen Dimensionen der Merkmalsvektoren $\mathbf{f}_k$ schwanken[20], wird, auch im Hinblick auf eine Vektorquantisierung der Merkmale, eine Normierung ihrer Wertebereiche vorgenommen. Aus den zuvor extrahierten Merkmalsvektoren $\mathbf{f}_k$ erhält man durch die Transformation

$$\mathbf{f}_k \xrightarrow{\text{norm}} \tilde{\mathbf{f}}_k,\ 1 \leq k \leq K \tag{3.20}$$

die normierten Merkmalsvektoren $\tilde{\mathbf{f}}_k = (\tilde{f}_{1,k}, \ldots, \tilde{f}_{D,k})^{\mathrm{T}}$. Es werden hier zwei Möglichkeiten für die Normierung jeder Dimension des Merkmalsvektors untersucht: zum einen die Normierung auf denselben Wertebereich, zum anderen auf denselben Mittelwert $\mu_d = 0$ und dieselbe Varianz $\mathrm{Var}_d = 1$.

Wertebereich-Normierung Bei der Wertebereich-Normierung wird der Wertebereich jedes Merkmals so transformiert, dass nach der Transformation für die normierten Merkmale $f_{d,k} \in [w_{\min}, w_{\max}]$, $1 \leq d \leq D$ und $1 < k \leq K$ gilt, mit $w_{\min}$ der minimale und $w_{\max}$ der maximale Wert des Wertebereichs. Für die Transformation erhält man

$$\mathbf{f}_k \xrightarrow[\min,\max]{\text{norm}} \tilde{\mathbf{f}}_k \colon \tilde{f}_{d,k} = \frac{(f_{d,k} - w_{\min,d})(w_{\max} - w_{\min})}{w_{\max,d} - w_{\min,d}} + w_{\min}, \quad \begin{aligned} w_{\min,d} &= \min_{1\leq\kappa\leq K} f_{d,\kappa} \\ w_{\max,d} &= \max_{1\leq\kappa\leq K} f_{d,\kappa} \end{aligned} \tag{3.21}$$

mit $w_{\min} = -1$ und $w_{\max} = 1$. Abbildung 3.10 links veranschaulicht die Transformation des Wertebereichs auf $[w_{\min}, w_{\max}]$. Um eine explizite Anpassung an die im Validierungs-Datensatz $\mathcal{S}_{\text{val}}$ und im Test-Datensatz $\mathcal{S}_{\text{test}}$ enthaltenen Schriftzüge zu vermeiden, werden die jeweiligen Wertebereiche $[w_{\min,d}; w_{\max,d}]$ in Gleichung 3.21 ausschließlich aus den Schriftzügen des Trainings-Datensatzes $\mathcal{S}_{\text{train}}$ ermittelt. Anschließend werden sämtliche Schriftzüge der Datenbank mit den betreffenden Werten transformiert. Es ist möglich, dass der Wertebereich $[w_{\min}, w_{\max}]$ von den Merkmalen, die von den Schriftzügen aus dem Validierungs- oder Test-Datensatz extrahiert werden, verlassen wird.

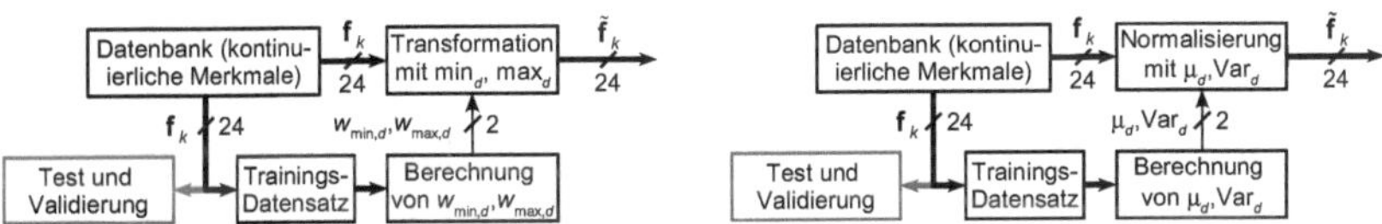

Abbildung 3.10: Normierung der Merkmale auf einen bestimmten Wertebereich (links) und auf denselben Mittelwert $\mu_d = 0$ und dieselbe Varianz $\mathrm{Var}_d = 1$ (rechts). Um eine implizite Anpassung an den Test-Datensatz $\mathcal{S}_{\text{test}}$ zu vermeiden, werden in beiden Fällen die zur Normierung relevanten Größen ($w_{\min,d}$ und $w_{\max,d}$ bzw. μ_{d} und Var_d) aus den Schriftzügen des Trainings-Datensatzes $\mathcal{S}_{\text{train}}$ geschätzt und mit ihnen die Merkmale der gesamten Datenbank normiert.

In Experiment 3.4 wird das Erkennungssystem, das auf Merkmalsvektoren basiert, die auf einen festen Wertebereich normiert sind, evaluiert. Die Ergebnisse zeigt Tabelle 3.4. Es lässt sich eine statistisch signifikante Steigerung ($p_r > 0{,}95$) der Buchstaben-ACC, ermittelt auf dem

[20]Die erste Dimension (das Druckmerkmal) kann die beiden Werte $f_{1,k} \in \{0;1\}$ annehmen, während für $f_{9,k} \in [0;\infty[$ und für die Merkmale $f_{i,k} \in \{0;1;\ldots;100\}$, $14 \leq i \leq 22$ gilt.

System	kontinuierliche HMM	diskrete HMM, $N_{\text{cdb}} =$ 10	100	500
$a_{\text{t,wert}}$	64,5 %	44,2 %	59,8 %	63,9 %
Δr (Exp. 3.3)	0,9 % (0,92)	54,1 $(0,99^{+})$	16,2 % $(0,99^{+})$	7,2 % $(0,99^{+})$
System	diskrete HMM, $N_{\text{cdb}} =$ 1 000	2 000	5 000	7 500
$a_{\text{t,wert}}$	65,2 %	66,4 %	67,3 %	67,2 %
Δr (Exp. 3.3)	4,6 % (0,98)	4,2 % (0,98)	4,6 % (0,99)	5,1 % (0,99)

Tabelle 3.4: Ergebnisse des Experiments 3.4 bei Verwendung der auf den festen Wertebereich $[w_{\min}, w_{\max}]$ transformierten Merkmalsvektoren zur Erkennung mithilfe von kontinuierlichen und diskreten HMM mit unterschiedlichen Codebuchgrößen ($N_{\text{cdb}} \in \{10; 100; 500; 1\,000; 2\,000; 5\,000; 7\,500\}$). Dargestellt ist die Buchstaben-ACC, ermittelt auf dem Test-Datensatz $\mathcal{S}_{\text{test}}$. Zusätzlich ist die relative Verbesserung Δr, bezogen auf das in Experiment 3.3 evaluierte System, sowie das Signifikanzniveau $(\cdot)$ angegeben, wobei $(0,99^{+})$ ein Signifikanzniveau von $p_r > 0,99$ anzeigt.

Test-Datensatz $\mathcal{S}_{\text{test}}$, für die Verwendung von diskreten HMM auf bis zu $a_{\text{t,wert}} = 67,3\,\%$ bei einer Codebuchgröße von $N_{\text{cdb}} = 5\,000$ Codebucheinträgen erreichen, was einer relativen, statistisch hochsignifikanten Verbesserung von $\Delta r = 4,6\,\%$ gegenüber den nicht normierten Merkmalen entspricht. Eine Erklärung liegt in einer gleichmäßigeren Gewichtung der Merkmale bei der Berechnung der Codebucheinträge. Auch bei Verwendung von kontinuierlichen HMM zur Erkennung lässt sich eine geringe, relative Verbesserung der Buchstaben-ACC von $\Delta r = 0,9\,\%$ auf $a_{\text{t,wert}} = 64,5\,\%$ beobachten. Jedoch ist diese Steigerung statistisch nicht signifikant.

Experiment 3.4: *Normierung der Merkmalsvektoren auf denselben Wertebereich*

In diesem Experiment wird der Einfluss der Transformation des Wertebereichs der Merkmale auf ein festes Intervall $[w_{\min}, w_{\max}]$ untersucht. Die aus dem vorverarbeiteten Schriftzug extrahierten Merkmale werden nach Gleichung 3.21 und gemäß Abbildung 3.10 so transformiert, dass $f_{d,k} \in [w_{\min}, w_{\max}]$, $1 \leq d \leq D$ und $1 \leq k \leq K$ gilt. Wie in den vergangenen Experimenten wird die Erkennung sowohl mit kontinuierlichen als auch diskreten HMM durchgeführt. Abbildung 3.12 auf Seite 44 zeigt die auf dem Validierungs-Datensatz $\mathcal{S}_{\text{val}}$ ermittelte Buchstaben-ACC für die Erkennung mit kontinuierlichen HMM (—◇—) und mit diskreten HMM (—◆—) für Codebuchgrößen von $N_{\text{cdb}} \in \{10; 100; 500; 1\,000; 2\,000; 5\,000; 7\,500\}$. Die Ergebnisse sind in Tabelle 3.4 als Buchstaben-ACC, ermittelt auf dem Test-Datensatz $\mathcal{S}_{\text{test}}$, zusammengefasst.

Mittelwert-Varianz-Normierung Im Gegensatz zur Normierung des Wertebereichs nach Gleichung 3.21 entsprechen sich nach der Mittelwert-Varianz-Normierung lediglich die statistischen Kenngrößen Mittelwert μ_d und Varianz Var_d der einzelnen Dimensionen des normierten Merkmalsvektors, ohne den Wertebereich einzuschränken. Die notwendige Transformation lautet

$$\mathbf{f}_k \xrightarrow[\mu,\mathrm{Var}]{\mathrm{norm}} \tilde{\mathbf{f}}_k\colon \tilde{f}_{d,k} = \frac{f_{d,k} - \mu_d}{\sqrt{\mathrm{Var}_d}}, 1 \leq k \leq K \text{ mit } \begin{aligned} \mu_d &= {}^1\!/\!_K \sum_k^K f_{d,k} \text{ und} \\ \mathrm{Var}_d &= {}^1\!/\!_K \sum_k^K (f_{d,k} - \mu_d)^2. \end{aligned} \tag{3.22}$$

Wie bei der Normierung des Wertebereichs werden auch bei der Mittelwert-Varianz-Normierung der Mittelwert μ_d und die Varianz Var_d der einzelnen Dimensionen nur aus den Merkmalsvektoren des Trainings-Datensatzes ermittelt und anschließend zur Normierung der gesamten Datenbank verwendet, wie in Abbildung 3.10 rechts dargestellt ist. Der Einfluss der Mittelwert-Varianz-Normierung nach Gleichung 3.22 wird in Experiment 3.5 untersucht. Die Ergebnisse sind in Tabelle 3.5 zusammengefasst. Wie die Ergebnisse aus Tabelle 3.5 zeigen, führt eine Transformation des Wertebereichs gemäß Gleichung 3.22 auf den Mittelwert $\mu_d = 0$ und $\mathrm{Var}_d = 1$ für jede Dimension $1 \leq d \leq D$ zu einer deutlichen, wenn auch nicht in allen Fällen statistisch signifikanten Verbesserung der Buchstaben-ACC, ermittelt auf dem Test-Datensatz $\mathcal{S}_{\mathrm{test}}$, gegenüber den in Experiment 3.4 evaluierten, auf denselben Wertebereich normierten Merkmalen. Jedoch lässt sich sowohl für die kontinuierliche als auch für die diskrete Modellierung eine statistisch signifikante ($p_r > 0{,}95$) Verbesserung der Buchstaben-ACC bei Verwendung von mittelwert- und varianznormierten Merkmalen, bezogen auf die nicht normierten Merkmale, beobachten. Für eine Erkennung mit kontinuierlichen HMM wird eine Buchstaben-ACC von $a_{\mathrm{t,ref}} = 66{,}8\,\%$ und bei Verwendung von diskreten HMM eine Buchstaben-ACC von $a_{\mathrm{t,ref}} = 68{,}2\,\%$ bei einer Codebuchgröße von $N_{\mathrm{cdb}} = 7\,500$ erreicht.

Während sich die Verbesserung für die diskrete Modellierung des Merkmalsvektors wieder mit der gleichmäßigen Gewichtung aller Merkmale erklären lässt, ist die deutliche Verbesserung der Erkennungsleistung bei einer kontinuierlichen Modellierung bemerkenswert. Eine naheliegende Erklärung der Verbesserung im kontinuierlichen Fall ist eine Verringerung der Auslöschungseffekte bei den in Abschnitt 2.1 mit beschränkter Rechengenauigkeit implementierten Gleichungen für das Training und die Erkennung. Die Verbesserung ist also auf numerische Effekte zurückzuführen.

Experiment 3.5: *Normierung aller Dimensionen des Merkmalsvektors auf den Mittelwert* $\mu_d = 0$ *und die Varianz* $\mathrm{Var}_d = 1$

Die Untersuchung des Einflusses der Normierung der Merkmale auf denselben Mittelwert $\mu_d = 0$ und dieselbe Varianz $\mathrm{Var}_d = 1$ aller Merkmale $f_{d,k}$ mit $1 \leq d \leq D$ und $1 \leq k \leq K$ ist Ziel dieses Experiments. Die mittelwert- und varianznormierten Merkmalsvektoren $\tilde{\mathbf{f}}_k = (\tilde{f}_{1,k}, \ldots, \tilde{f}_{D,k})^{\mathrm{T}}$ dienen als Beobachtungen für die zur Erkennung verwendeten kontinuierlichen und diskreten HMM. Die Buchstaben-ACC, ermittelt auf dem Validierungs-Datensatz $\mathcal{S}_{\mathrm{val}}$, ist in Abbildung 3.12 auf Seite 44 für die Erkennung mit kontinuierlichen HMM (—□—) und diskreten HMM (—■—) für Codebuchgrößen $N_{\mathrm{cdb}} \in \{10; 100; 500; 1\,000; 2\,000; 5\,000; 7\,500\}$ eingetragen. Die Ergebnisse dieses Experiments sind in Tabelle 3.5 als Buchstaben-ACC, ermittelt auf dem Test-Datensatz $\mathcal{S}_{\mathrm{test}}$, zusammengefasst.

3.3.5 Dekorrelation mithilfe der Hauptachsentransformation

Durch die im vorherigen Abschnitt vorgestellte Normierung der Merkmalsvektoren bleiben die statistischen Bindungen zwischen den Merkmalen erhalten – insbesondere die Korrelation

System	kontinuierliche HMM	diskrete HMM, $N_{\text{cdb}} =$ 10	100	500
$a_{\text{t,ref}}$	66,8 %	47,0 %	61,3 %	65,1 %
Δr_1 (Exp. 3.4)	3,4 % (0,93)	6,0 % (0,97)	2,4 % (0,85)	1,8 % (0,80)
Δr_2 (Exp. 3.3)	4,3 % (0,97)	56,8 % $(0,99^{+})$	18,3 % $(0,99^{+})$	8,9 % $(0,99^{+})$
System	**diskrete HMM, $N_{\text{cdb}} =$ 1 000**	**2 000**	**5 000**	**7 500**
$a_{\text{t,ref}}$	66,4 %	67,4 %	68,1 %	68,2 %
Δr_1 (Exp. 3.4)	1,8 % (0,80)	1,5 % (0,76)	1,2 % (0,72)	1,5 % (0,76)
Δr_2 (Exp. 3.3)	6,3 % $(0,99^{+})$	5,6 % (0,99)	5,7 % (0,99)	6,5 % $(0,99^{+})$

Tabelle 3.5: Ergebnisse des Experiments 3.5 bei Verwendung von Merkmalsvektoren, die in jeder Dimension auf den Mittelwert $m_d = 0$ und die Varianz $\text{Var}_d = 1$ normiert sind. Die Erkennung erfolgt mithilfe von kontinuierlichen und diskreten HMM mit unterschiedlichen Codebuchgrößen ($N_{\text{cdb}} \in \{10; 100; 500; 1\,000; 2\,000; 5\,000; 7\,500\}$). Dargestellt ist die Buchstaben-ACC, ermittelt auf dem Test-Datensatz $\mathcal{S}_{\text{test}}$. Zusätzlich ist die relative Veränderung Δr_1, bezogen auf das in Experiment 3.4 evaluierte System, und Δr_2, bezogen auf das in Experiment 3.3 evaluierte System, sowie die jeweilige Signifikanz $(\cdot)$ angegeben, wobei $0,99^{+}$ eine Signifikanz von $p_{x,r} > 0,99$ anzeigt.

zwischen den Merkmalen. Bei den in Abschnitt 2.1.2 vorgestellten kontinuierlichen HMM werden die einzelnen Merkmale jedoch als unkorreliert vorausgesetzt. Durch die Anwendung der Hauptachsentransformation (HAT) [Dev82; Nie03], auch mit Kahunen-Loève-Transformation [Kar47; Loè78] im Falle mittelwertbefreiter Daten bezeichnet, auf die Merkmale, werden diese dekorreliert [Sch08i]. Die Achsen des neuen, dekorrelierten Koordinatensystems sind die Eigenvektoren

$$\mathbf{\Phi} \cdot \mathbf{U} = \mathbf{U} \cdot \mathbf{\Lambda} \tag{3.23}$$

mit $\mathbf{U}$ die Matrix der Eigenvektoren $\mathbf{U} = [\mathbf{u}_1, \ldots, \mathbf{u}_D]$ und Λ die Diagonalmatrix der Eigenwerte der Kovarianzmatrix $\mathbf{\Phi}$ der *mittelwertbefreiten* Merkmale:

$$\mathbf{\Phi} = [\mathbf{f}_1 - \bar{\mathbf{f}}, \ldots, \mathbf{f}_K - \bar{\mathbf{f}}]^{\mathrm{T}} \cdot [\mathbf{f}_1 - \bar{\mathbf{f}}, \ldots, \mathbf{f}_T - \bar{\mathbf{f}}] \text{ und } \bar{\mathbf{f}} = (\mu_1, \ldots, \mu_D)^{\mathrm{T}}. \tag{3.24}$$

Für die dekorrelierten Merkmale $\dot{\mathbf{f}}_k$ erhält man

$$\dot{\mathbf{f}}_k = \mathbf{U}^{\mathrm{T}} \cdot (\mathbf{f}_k - \bar{\mathbf{f}}). \tag{3.25}$$

Durch eine zusätzliche Normierung der Varianz der dekorrelierten Merkmale auf $\text{Var}_d = 1$ (dem sog. „Whitening" [Fin03; ST95]) ergeben sich die normierten, dekorrelierten Merkmale $\ddot{\mathbf{f}}$. In Abbildung 3.11 ist die Bildung der normierten, dekorrelierten Merkmale $\ddot{\mathbf{f}}_k$ zusammengefasst und ihr Einfluss auf die Buchstaben-ACC in Experiment 3.6 evaluiert. Wie die Ergebnisse aus Tabelle 3.6 zeigen, lässt sich durch die Dekorrelation und Normierung der Merkmale in vielen Fällen eine Verbesserung der Erkennungsleistung erzielen, diese ist jedoch statistisch nicht signifikant: Die Merkmale weisen statistische Abhängigkeiten auf (z. B. f_3 und f_4), sind aber wenig korreliert. Die Verringerung der Buchstaben-ACC bei Verwendung der Dekorrelation und von

$N_{\mathrm{cdb}} = 10$ lässt sich mit der Veränderung der Merkmalscharakteristik erklären: Während vor der Dekorrelation der Merkmalsvektor sowohl binäre als auch diskrete und kontinuierliche Merkmale enthält, besitzen alle Dimensionen des dekorrelierten Merkmalsvektors $\ddot{\mathbf{f}}_k$ einen kontinuierlichen Wertebereich. Eine Bevorzugung bestimmter Komponenten durch den VQ entfällt. Für die Erkennung mit kontinuierlichen HMM ergibt sich eine Buchstaben-ACC, ermittelt auf dem Test-Datensatz $\mathcal{S}_{\mathrm{test}}$, von $a_{\mathrm{t,HAT}} = 67,4,\%$. Dies entspricht einer relativen, statistisch signifikanten Verbesserung um $\Delta r = 0,9\,\%$ $(p_r = 0,97)$ und stellt die größte Verbesserung in diesem Experiment dar. Eine Begründung dafür liefert die in Abschnitt 2.1.2 gemachte Einschränkung, dass für die kontinuierliche Modellierung mit den GMM diagonale Kovarianzmatrizen eingesetzt werden. Erst nach der Dekorrelation mithilfe der HAT ist die Verwendung der diagonalen Kovarianzmatrizen gerechtfertigt.

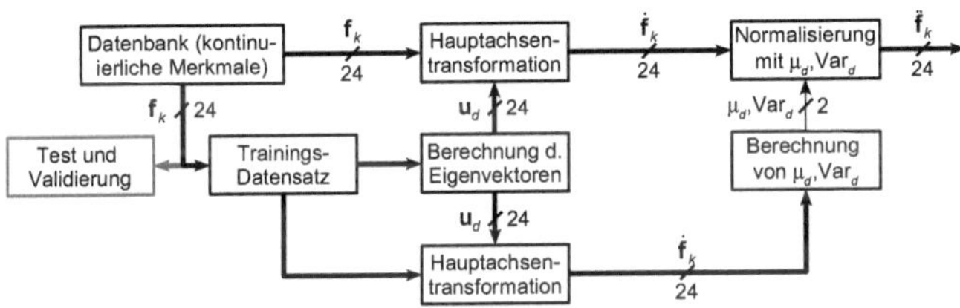

Abbildung 3.11: Dekorrelation durch die HAT und anschließende Normierung der Merkmale. Um eine implizite Anpassung an den Test-Datensatz $\mathcal{S}_{\mathrm{test}}$ zu vermeiden, werden die zur Dekorrelation benötigten Eigenvektoren $(\mathbf{u}_d)$ und die zur Normierung benötigten Mittelwerte und Varianzen (μ_{d} und Var_d) aus den Schriftzügen des Trainings-Datensatzes $\mathcal{S}_{\mathrm{train}}$ geschätzt und mit diesen Parametern die Merkmale der gesamten Datenbank dekorreliert und anschließend normiert.

Experiment 3.6: *Dekorrelation und Normierung der Merkmale*

In diesem Experiment werden die normierten, dekorrelierten Merkmale (siehe Abbildung 3.11) evaluiert. Die Buchstaben-ACC, ermittelt auf dem Validierungs-Datensatz $\mathcal{S}_{\mathrm{val}}$, ist in Abbildung 3.12 auf Seite 44 für die Erkennung mit kontinuierlichen HMM (—▷—) und diskreten HMM (—▶—) für Codebuchgrößen von $N_{\mathrm{cdb}} \in \{10; 100; 500; 1\,000; 2\,000; 5\,000; 7\,500\}$ eingetragen. Die Ergebnisse dieses Experiments sind in Tabelle 3.5 als Buchstaben-ACC, ermittelt auf dem Test-Datensatz $\mathcal{S}_{\mathrm{test}}$, zusammengefasst.

3.4 Implementierungs- und Vektorquantisiererwahl

Wie zu Beginn dieses Kapitels erläutert, wird zur Implementierung der auf HMM basierenden Erkennungssysteme das HTK nach [You02] und ein Lloyd-VQ im Falle der diskreten HMM verwendet. Eine weitere Form der Implementierung der HMM stellt das Graphical-Model Toolkit (GMTK) nach [Bil02] zur Verfügung. Mithilfe des GMTK lassen sich HMM als GM darstellen. Während im HTK das Training der HMM direkt durch den Baum-Welch-Algorithmus (siehe Abschnitt 2.1.3) realisiert ist, kommt im GMTK eine allgemeine Formulierung mithilfe des VB-Algorithmus zum Einsatz. Damit ist die HTK-Implementierung auf die HMM optimiert, während

System	kontinuierliche HMM	diskrete HMM, $N_{\text{cdb}} =$ 10	100	500
$a_{\text{t,HAT}}$	67,4 %	41,0 %	61,5 %	65,5 %
Δr (Exp. 3.5)	0,9 % (0,97)	-14,6 (0,99⁺)	0,3 % (0,73)	0,6 % (0,89)
System	diskrete HMM, $N_{\text{cdb}} =$ 1 000	2 000	5 000	7 500
$a_{\text{t,HAT}}$	66,9 %	67,6 %	68,3 %	68,3 %
Δr (Exp. 3.5)	0,7 % (0,94)	0,3 % (0,73)	0,3 % (0,74)	0,1 % (0,62)

Tabelle 3.6: Ergebnisse des Experiments 3.6 bei Verwendung von dekorrelierten, normierten Merkmalen zur Erkennung mithilfe von kontinuierlichen und diskreten HMM mit unterschiedlichen Codebuchgrößen ($N_{\text{cdb}} \in \{10; 100; 500; 1\,000; 2\,000; 5\,000; 7\,500\}$). Dargestellt ist die Buchstaben-ACC, ermittelt auf dem Test-Datensatz $\mathcal{S}_{\text{test}}$. Zusätzlich ist die relative Veränderung Δr, bezogen auf das in Experiment 3.5 evaluierte System, sowie das Signifikanzniveau $(\cdot)$ angegeben, wobei $(0,99^{+})$ ein Signifikanzniveau von $p_r > 0,99$ anzeigt.

die GMTK-Implementierung allgemeine Modelle in GM-Notation zulässt. Eine Gegenüberstellung der mathematisch identischen Implementierungen erfolgt in Experiment 3.7. Wie die in Tabelle 3.7 dargestellten Ergebnisse zeigen (siehe auch [Sch09a; Sch09d]), führt die allgemeine Implementierung mithilfe des GMTK zu einer statistisch hochsignifikanten Verringerung der Buchstaben-ACC. Dies macht deutlich, dass die Leistungsfähigkeit eines Systems stark von seiner Implementierung abhängt. Es fällt zudem auf, dass die höchste Buchstaben-ACC, ermittelt auf dem Test-Datensatz $\mathcal{S}_{\text{test}}$, von $a_{\text{t,GMTK}} = 64,0\,\%$ bereits für $N_{\text{cdb}} = 2\,000$ erreicht wird, was auf einen Mangel an Trainingsmaterial zum optimalen Training der Parameter hinweist.

Experiment 3.7: *Wahl der Implementierung*

Dieses Experiment dient dem Vergleich der beiden Implementierungen (durch das HTK und das GMTK) der zur Erkennung benötigten HMM. Aufgrund des hohen Rechenaufwands bei Verwendung von kontinuierlichen HMM beschränkt man sich in diesem Experiment auf diskrete HMM und die Codebuchgrößen $N_{\text{cdb}} \in \{10; 1\,000; 2\,000; 5\,000\}$. Dieses Experiment verwendet dieselben Parameter wie das Experiment 3.5, die HMM werden jedoch mithilfe des GMTK implementiert. Die Buchstaben-ACC, ermittelt auf dem Validierungs-Datensatz $\mathcal{S}_{\text{val}}$, ist in Abbildung 3.12 auf Seite 44 für die Erkennung mit diskreten HMM (—✱—) eingetragen. Die Ergebnisse dieses Experiments sind in Tabelle 3.7 als Buchstaben-ACC, ermittelt auf dem Test-Datensatz $\mathcal{S}_{\text{test}}$, zusammengefasst. Eine ausführlichere Darstellung der Ergebnisse findet sich in [Sch09a].

Bereits in der Nachbesprechung des Experiments 3.3 wurde der Sparse-Data-Effekt angesprochen. Auch dieser lässt sich bei Verwendung des GMTK beobachten. Aufgrund der speziellen Implementierung der GM im GMTK – das GMTK verwendet dafür große Wahrscheinlichkeitstabellen – wird für das adäquate Training der Modelle mehr Trainingsmaterial benötigt [Bil02]. Deswegen tritt der Sparse-Data-Effekt bereits bei einer Codebuchgröße von $N_{\text{cdb}} = 2\,000$ auf: Eine weitere Vergrößerung des Codebuchs auf $N_{\text{cdb}} = 5\,000$ Codebucheinträge führt zu einer Verschlechterung der Erkennungsleistung. Bei Verwendung des HTK kann der Sparse-Data-Effekt erst ab einer Codebuchgröße von $N_{\text{cdb}} > 5\,000$ beobachtet werden.

	diskrete HMM, $N_{\text{cdb}} =$			
	10	1 000	2 000	5 000
$a_{\text{t,GMTK}}$	35,5 %	63,5 %	64,0 %	61,3 %
Δr (Exp. 3.5)	-32,8 % $(0,99^{+})$	-4,6 % $(0,99^{+})$	-5,3 % $(0,99^{+})$	-11,1 % $(0,99^{+})$

Tabelle 3.7: Ergebnisse des Experiments 3.7 bei Verwendung des GMTK zur Umsetzung der diskreten HMM mit unterschiedlichen Codebuchgrößen ($N_{\text{cdb}} \in \{10;1\,000;2000;5\,000\}$). Dargestellt ist die Buchstaben-ACC, ermittelt auf dem Test-Datensatz $\mathcal{S}_{\text{test}}$. Zusätzlich ist die relative Veränderung Δr, bezogen auf das in Experiment 3.5 evaluierte System, sowie das Signifikanzniveau $(\cdot)$ angegeben. Alle Veränderungen sind statistisch hochsignifikant, d. h. $p_r > 0,99$.

	diskrete HMM, $N_{\text{cdb}} =$				
	10	1 000	2 000	5 000	7 500
$a_{\text{t,WTA-NN}}$	46,0 %	67,5 %	68,8 %	68,6 %	68,5 %
Δr (Exp. 3.5)	-2,2 % (0,99)	1,6 %(0,99)	0,9 % (0,95)	0,7 % (0,84)	0,4 % (0,59)
$a_{\text{t,NG}}$	44,0 %	66,5 %	67,7 %	68,4 %	68,6 %
Δr (Exp. 3.5)	-8,8 % $(0,99^{+})$	0,2 %(0,63)	0,4 % (0,63)	0,4 % (0,62)	0,6 % (0,80)

Tabelle 3.8: Ergebnisse des Experiments 3.8 bei Verwendung des WTA-NN-VQ (oben) und NG-NN-VQ (unten) zur Quantisierung mit unterschiedlichen Codebuchgrößen ($N_{\text{cdb}} \in \{10;1\,000;2000;5000;7500\}$). Dargestellt ist die Buchstaben-ACC, ermittelt auf dem Test-Datensatz $\mathcal{S}_{\text{test}}$. Zusätzlich ist die relative Veränderung Δr, bezogen auf das in Experiment 3.5 evaluierte System, sowie das Signifikanzniveau $(\cdot)$ angegeben, wobei $(0,99^{+})$ ein Signifikanzniveau von $p_r > 0,99$ anzeigt.

Neben der Implementierung der HMM ist auch die Wahl des VQ entscheidend. In Experiment 3.8 werden der WTA-NN-VQ und der NG-VQ (siehe Abschnitt 2.2.2) evaluiert. Wie die zugehörigen Ergebnisse aus Tabelle 3.8 zeigen (siehe auch [Sch08g]), ergibt sich sowohl für den WTA-NN-VQ als auch den NG-VQ eine relative, statistisch nicht signifikante Verbesserung von $\Delta r = 0,7\,\%$ ($p_r = 0,84$) bzw. $\Delta r = 0,4\,\%$ ($p_r = 0,64$), die jedoch auch einen gestiegenen Rechenaufwand bedeutet.

Experiment 3.8: *Verwendung des WTA-NN-VQ und NG-VQ zur Quantisierung*

In diesem Experiment werden anstelle des Lloyd-VQ der WTA-NN-VQ und NG-VQ zur Quantisierung der kontinuierlichen Merkmalsvektoren verwendet und für die Codebuchgrößen $N_{\text{cdb}} \in \{10;1\,000;2000;5\,000;7\,500\}$ evaluiert. Die Buchstaben-ACC, ermittelt auf dem Validierungs-Datensatz $\mathcal{S}_{\text{val}}$, ist zusammen mit den Ergebnissen aus [Sch08g] in Abbildung 3.12 auf Seite 44 für die Verwendung des WTA-NN-VQ (—◁—) und NG-VQ (—◀—) eingetragen. Die Ergebnisse zeigt Tabelle 3.8 als Buchstaben-ACC, ermittelt auf dem Test-Datensatz $\mathcal{S}_{\text{test}}$. Eine ausführlichere Übersicht der Ergebnisse dieses Experiments findet sich in [Sch08g].

3.5 Wahl der Referenzsysteme

Die Ergebnisse der Experimente 3.3 bis 3.8 (aufgeführt in den Tabellen 3.3 bis 3.8) dienen als Grundlage für die Referenzsysteme. Jedoch können sie nicht unmittelbar für die Konstruktion des Referenzsystems gewählt werden: Da nur die Ergebnisse auf dem Test-Datensatz $\mathcal{S}_{\text{test}}$ verglichen wurden, würde die Wahl der besten Konfiguration zu einer impliziten Anpassung auf den Test-Datensatz führen. Aus diesem Grund wird zur Bildung der Referenzsysteme die Erkennungsleistung, angegeben als Buchstaben-ACC, ermittelt auf dem Validierungs-Datensatz $\mathcal{S}_{\text{val}}$, der einzelnen Systeme verglichen. Eine Zusammenfassung aller Experimente ist in Abbildung 3.12 dargestellt. Es zeigt sich, dass die höchste Buchstaben-ACC von $a_{\text{v,PCA}} = 61,7\,\%$ (—▷—) und $a_{\text{v,ref}} = 61,2\,\%$ (—□—) bei Verwendung von kontinuierlichen HMM und von $a_{\text{v,WTA-NN}} = 63,2\,\%$ (—◁—), $a_{\text{v,NG}} = 63,0\,\%$ (—◀—), $a_{\text{v,HAT}} = 62,8\,\%$ (—▶—) und $a_{\text{v,ref}} = 62,6\,\%$ (—■—) bei Verwendung von diskreten HMM zur Erkennung erreicht wird. Für die Wahl des Referenzsystems ist jedoch auch der nötige Realisierungsaufwand entscheidend. So rechtfertigt die statistisch nicht signifikante Verbesserung von $\Delta r = 0,8\,\%$ ($p_r = 0,93$) im kontinuierlichen und $\Delta r = 0,3\,\%$ ($p_r = 0,73$) im diskreten Fall *nicht* den mit einem Mehraufwand verbundenen Einsatz der HAT. Auch die sich für diskrete HMM einstellende Verbesserung von $\Delta r = 0,9\,\%$ (bei Verwendung eines WTA-NN-VQ) und $\Delta r = 0,6\,\%$ (bei Verwendung eines NG-VQ) steht in keinem Verhältnis zum Mehraufwand, verglichen mit dem Lloyd-VQ. Deswegen werden das „kontinuierliche

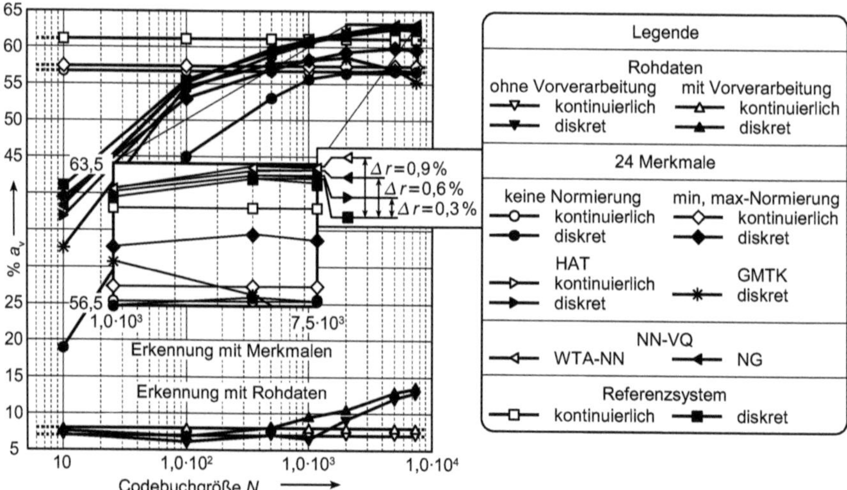

Abbildung 3.12: Graphische Zusammenfassung der Ergebnisse der in diesem Kapitel durchgeführten Experimente. Dargestellt ist die Buchstaben-ACC, ermittelt auf dem Validierungs-Datensatz $\mathcal{S}_{\text{val}}$, in Abhängigkeit der verwendeten Codebuchgröße $N_{\text{cdb}} \in \{10; 100; 500; 1\,000; 2\,000; 5\,000; 7\,500\}$ im Falle einer Erkennung mithilfe von diskreten HMM und kontinuierlichen HMM. Zusätzlich sind die Bereiche gekennzeichnet, die die Ergebnisse bei Verwendung der Rohdaten (siehe Experimente 3.1 und 3.2) und der extrahierten Merkmale (siehe Abschnitt 3.3) zur Erkennung beinhalten.

Referenzsystem“ und das „diskrete Referenzsystem“ wie folgt gewählt: Sie verwenden $D = 24$ Merkmale, die im 24-dimensionalen Merkmalsvektor

$$\tilde{\mathbf{f}}_k = (\underbrace{\overbrace{\tilde{f}_{1,k}}^{\text{Druck}}, \tilde{f}_{2,k}, \ldots, f_{13,k},}_{\substack{\text{normierte} \\ \text{Online-Merkmale}}} \quad \underbrace{\tilde{f}_{14}, \ldots, \tilde{f}_{24}}_{\text{normierte Offline-Merkmale}} \quad) \tag{3.26}$$

für jeden Abtastpunkt $\mathbf{s}_{\mathrm{n},k}$ zusammengefasst sind, keine HAT und im diskreten Fall den Lloyd-VQ zur Quantisierung. Die beiden Referenzsysteme zeigt Abbildung 3.13. Die Implementierung

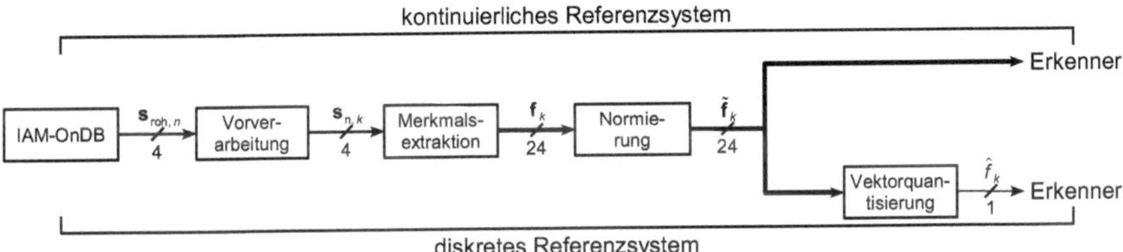

Abbildung 3.13: Zusammenfassung des kontinuierlichen Referenzsystems (oben) und des diskreten Referenzsystems (unten). In beiden Fällen werden die aus der Datenbank stammenden Rohdaten zunächst vorverarbeitet und aus den vorverarbeiteten Daten $D = 24$ Merkmale extrahiert. Die so entstandenen Merkmalsvektoren werden anschließend auf den Mittelwert $\mu_d = 0$ und die Varianz $\mathrm{Var}_d = 1$ in jeder Dimension d normiert. Im kontinuierlichen Fall dienen die so gewonnenen normierten Merkmalsvektoren direkt als Beobachtung. Das diskrete Erkennungssystem benötigt eine zusätzliche Vektorquantisierung zur Generierung der diskreten Daten aus den kontinuierlichen Merkmalsvektoren. Aus Gründen der Übersichtlichkeit ist die Erkennereinheit nicht dargestellt.

erfolgt mit dem HTK. Beide Referenzsysteme dienen den in den nächsten Kapiteln entworfenen Systemen zum Vergleich.

In Experiment 3.9 wird die Konkurrenzfähigkeit der Referenzsysteme dieser Arbeit auf Wortebene zum aktuellen System aus [Liw07a] gezeigt. In Tabelle 3.9 sind die Ergebnisse des Experiments 3.9 und die jeweilige zugehörige Buchstaben-ACC aus Tabelle 3.5 zusammengefasst.

Wie die Ergebnisse aus Tabelle 3.9 zeigen, liegt die Erkennungsleistung der Referenzsysteme unterhalb des in [Liw07a] vorgestellten Systems. Gründe für die Abweichung finden sich in der Verwendung von einer geringeren Anzahl und den zum Teil leicht modifizierten Merkmalen in den Referenzsystemen dieser Arbeit. Außerdem werden in [Liw07a] eine höhere Anzahl von Mixturen zur kontinuierlichen Modellierung der Beobachtung sowie ein anderes Vorgehen bei dem Training der HMM verwendet. Darüber hinaus wurde bereits in Experiment 3.7 gezeigt, dass die Erkennungsleistung eines Systems statistisch signifikant von der jeweiligen Implementierung abhängt.

Experiment 3.9: *Leistungsfähigkeit und Konkurrenzfähigkeit des Referenzsystems*

Da Vergleichszahlen nur auf Wortebene und unter Verwendung eines Sprachmodells (siehe Abschnitt 2.1.5) zur Verfügung stehen, wird der finale Test auf Wortebene unter Verwendung

System	kontinuierliches Referenzsystem (kontinuierliche HMM)	diskretes Referenzsystem (diskrete HMM, $N_{\mathrm{cdb}} = 5\,000$)	Erkennungssystem aus [Liw07a]
$a_{\mathrm{t,ref}}$	66,8 %	68,1 %	—
$A_{\mathrm{t,ref}}$	62,2 %	63,5 %	65,2 %

Tabelle 3.9: Ergebnisse des Experiments 3.9, bei dem das auf kontinuierlichen bzw. auf diskreten HMM basierende Referenzsystem mit dem in [Liw07a] vorgestellten Erkennungssystem verglichen wird, zusammen mit einigen Ergebnissen aus Experiment 3.5. Dargestellt ist die Buchstaben-ACC (oben) und die Wort-ACC unten, jeweils ermittelt auf dem Test-Datensatz $\mathcal{S}_{\mathrm{test}}$.

des Sprachmodells aus [Liw07a] (Perplexität $P(w) = 784$), des Test-Datensatzes $\mathcal{S}_{\mathrm{test}}$ und der Parameter, die auf dem Validierungs-Datensatz die höchste Buchstaben-ACC liefern, durchgeführt. Die Ergebnisse sind zusammen mit der Wort-ACC des auf kontinuierlichen HMM basierenden Erkennungssystems aus [Liw07a] in Tabelle 3.9 zusammengefasst.

Die relative Abweichung von $\Delta r = 4{,}6\,\%$ im Falle des kontinuierlichen und $\Delta r = 2{,}6\,\%$ im Falle des diskreten Referenzsystems lässt jedoch zum einen den Schluss zu, dass die Referenzsysteme vergleichbar zum in [Liw07a] vorgestellten System sind, zum anderen ist wegen der oben angesprochenen Gründe für die Abweichung in der Erkennungsleistung die Einführung des Referenzsystems gerechtfertigt: Nur durch unveränderte Beibehaltung aller Versuchsbedingungen bei gleichzeitiger Variation nur eines Parameters ist eine eindeutige Aussage über dessen Einfluss auf die Erkennungsleistung möglich.

3.6 Zusammenfassung des Kapitels

In diesem Kapitel wurden zwei Referenzsysteme – das kontinuierliche Referenzsystem bei Verwendung von kontinuierlichen HMM und das diskrete Referenzsystem bei Verwendung von diskreten HMM zur Erkennung – zusammenfassend vorgestellt. Sie sind mit ihren wesentlichen Bestandteilen in Abbildung 3.13 gezeigt: Die von der IAM-OnDB (siehe [Liw05b]) zur Verfügung gestellten, auf einem Whiteboard handgeschriebenen und mit dem EBEAM-System aufgezeichneten Textzeilen – die Rohdaten – werden zunächst einer Vorverarbeitung unterzogen (siehe Abschnitt 3.2). Die Schriftzüge werden neu abgetastet, um ortsäquidistant zueinander liegende Abtastpunkte zu erhalten. Anschließend werden mit histogrammbasierten Verfahren die Zeilenneigung, die Schriftneigung und die Position der Schriftlinien aus dem Schriftzug geschätzt und zur Normalisierung des Schriftzugs verwendet.

Wie anhand der Experimente 3.1 und 3.2, jeweils durchgeführt auf der IAM-OnDB-t1 (siehe [Liw07a]), gezeigt wurde, ist eine befriedigende Buchstaben-ACC mit kontinuierlichen oder diskreten HMM weder bei Verwendung der Rohdaten noch bei Verwendung der vorverarbeiteten Rohdaten zur Erkennung zu erreichen. Deswegen werden aussagekräftige Merkmale aus den vorverarbeiteten Daten, wie in Abschnitt 3.3 beschrieben ist, extrahiert. Die so gebildeten $D = 24$-dimensionalen Merkmalsvektoren $\mathbf{f}_k$ werden anschließend auf den Mittelwert $\mu_d = 0$ und $\mathrm{Var}_d = 1$ in jeder Dimension normiert (siehe Abschnitt 3.3.4) und schließlich, ggf. nach einer

Quantisierung mithilfe des Lloyd-VQ, den Erkennern zugeführt. Die Implementierung der Erkenner erfolgt mit dem HTK. Es wird so eine Buchstaben-ACC, ermittelt auf dem Test-Datensatz $\mathcal{S}_{\text{test}}$, von $a_{\text{t,ref}} = 66,8\,\%$ bei kontinuierlicher und $a_{\text{t,ref}} = 68,1\,\%$ bei diskreter Modellierung mit $N_{\text{cdb}} = 5\,000$ Codebucheinträgen erreicht. Auf Wortebene wird eine Wort-ACC von $A_{\text{t,ref}} = 62,2\,\%$ mit dem kontinuierlichen und $A_{\text{t,ref}} = 63,5\,\%$ mit dem diskreten Referenzsystem erzielt.

Vergleicht man die Ergebnisse des kontinuierlichen und des diskreten Referenzsystems, so liefern für Codebuchgrößen $N_{\text{cdb}} \geq 2\,000$ die diskreten Systeme eine höhere Erkennungsleistung. Bei einer Verwendung von $N_{\text{cdb}} = 5\,000$ Codebucheinträgen ist die relative Verbesserung der Buchstaben-ACC um $\Delta r = 1,3\,\%$ statistisch signifikant ($p_r = 0,98$). Eine Begründung lieferte bereits das Ergebnis des Experiments 3.6: Werden die Merkmale dekorreliert, so steigt die Erkennungsrate des kontinuierlichen Erkennungssystems deutlich. Dies weist darauf hin, dass die hier vorgeschlagene kontinuierliche Modellierung ohne Dekorrelation der Merkmale deren Verteilung im Merkmalsraum nur unzureichend nachbildet und deswegen der diskreten Modellierung unterlegen ist. Diese Beobachtung wird im nächsten Kapitel bestätigt. Dort und in den folgenden Kapiteln werden Verbesserungen der Erkennungsleistung stets in Bezug auf die hier vorgestellten Referenzsysteme als Buchstaben-ACC angegeben. Diese wird sowohl auf dem Validierungs-Datensatz $\mathcal{S}_{\text{val}}$ als auch auf dem Test-Datensatz $\mathcal{S}_{\text{test}}$ ermittelt.

4 Merkmalsselektion und -kombination

In diesem Kapitel werden die für die Referenzsysteme aus Kapitel 3 extrahierten Merkmale einer Merkmalsselektion unterzogen, innerhalb von verschiedenen Beobachtungsströmen kombiniert und statistisch unabhängig voneinander mithilfe von diskreten MOHMM geeignet modelliert. Dazu erfolgt im nächsten Abschnitt eine Einführung in die Merkmalsselektion, wobei zwei gängige Verfahren zur Merkmalsselektion vorgestellt werden und eine effiziente Möglichkeit zur Darstellung der selektierten Merkmalssätze beschrieben wird. Anschließend wird in Abschnitt 4.2 die Selektion der Merkmale innerhalb des kontinuierlichen Erkennungssystems durchgeführt. In Abschnitt 4.3 wird die Merkmalsselektion auf die diskreten Erkennungssysteme erweitert. Geeignete MOHMM zur Merkmalskombination werden in Abschnitt 4.4 vorgestellt.

4.1 Merkmalsselektion

Ziel der Merkmalsselektion ist, aus einem D-dimensionalen Merkmalssatz $\mathcal{F} = \{f_d | 1 \leq d \leq D\}$, der die D Merkmale f_d enthält[21], D_r Merkmale x_d, $1 \leq d \leq D_\mathrm{r}$ so auszuwählen und dem reduzierten Merkmalssatz $\mathcal{X}_{D_\mathrm{r}} = \{x_d | 1 \leq d \leq D_\mathrm{r}\}$, $\mathcal{X}_{D_\mathrm{r}} \in \mathcal{F}$ hinzuzufügen, dass sich die Anzahl der Merkmale und der damit verbundene Aufwand, diese zu extrahieren, reduziert, sich die ACC des Erkennungssystems verbessert und sich gleichzeitig die Signifikanz der angegebenen Leistungssteigerung erhöht [Kud00]. Aus einem Merkmalssatz mit D verschiedenen Merkmalen lassen sich

$$N_\mathrm{M} = \sum_{d=1}^{D} \binom{D}{d} = 2^D \tag{4.1}$$

mögliche Merkmalssätze $\mathcal{X}_{D_\mathrm{r}}$ ableiten [Båd00; Whi71]. Für die in Abschnitt 3.3 beschriebenen $D = 24$ Merkmale der Referenzsysteme erhält man nach Gleichung 4.1 $N_\mathrm{M} = 2^{24} \approx 16{,}8 \cdot 10^6$ reduzierte Merkmalssätze. Um den optimalen Merkmalssatz $\mathcal{X}^*_{D_\mathrm{r}}$ zu finden, der zu einem Erkennungssystem mit maximaler Leistungsfähigkeit führt, ist eine systematische Evaluierung dieser $N_\mathrm{M} = 2^{24}$ möglichen Merkmalssätze erforderlich. Dies stellt allerdings einen nicht handhabbaren Rechenaufwand dar.

Um den erforderlichen Rechenaufwand zu reduzieren, existiert eine Reihe von suboptimalen Verfahren zur Merkmalsselektion, z. B. die Sequential Forward Selection (SFS) nach [Whi71]

[21] Wie in Kapitel 3 beschrieben ist, werden die auf den Mittelwert $\mu_d = 0$ und die Varianz Var $= 1$ normierten Merkmale $\tilde{f}_d$ verwendet. Zur übersichtlicheren Darstellung wird in diesem Abschnitt jedoch nicht weiter auf die Unterscheidung eingegangen.

und die Sequential Forward Floating Selection (SFFS) nach [Pud94]. Die verschiedenen Verfahren unterscheiden sich in ihrer Leistungsfähigkeit und in ihrer Laufzeit [Kud00]. Für das hier betrachtete Problem der automatischen Erkennung von handgeschriebenen Whiteboard-Notizen wurde die Merkmalsselektion erstmals in [Liw07b] vorgestellt. Dort erfolgte die Selektion der Merkmale mithilfe der SFS. Darauf aufbauend werden in dieser Arbeit die SFS und SFFS zur Merkmalsselektion untersucht und die beiden Verfahren im folgenden Abschnitt erläutert.

4.1.1 Verfahren zur Merkmalsselektion

Nachfolgend werden die SFS und SFFS beschrieben, und es wird auf ihre Gemeinsamkeiten und Unterschiede eingegangen. Um zwei Merkmalssätze $\mathcal{X}_i$ und $\mathcal{Y}_i$ mit der Anzahl i, j der im jeweiligen Merkmalssatz enthaltenen Merkmale vergleichen zu können, wird die Kostenfunktion $J(\cdot)$ eingeführt. Der Merkmalssatz $\mathcal{X}_i$ gilt als „besser“ für die Erkennungsaufgabe geeignet, falls $J(\mathcal{X}_i) > J(\mathcal{Y}_j)$ gilt. Als Kostenfunktion wird hier, [Liw07b] folgend, die Buchstaben-ACC, ermittelt auf dem Validierungs-Datensatz $\mathcal{S}_{\mathrm{val}}$, betrachtet. Demnach beschreibt der Ausdruck $J(\mathcal{X}_i)$ die Buchstaben-ACC eines Systems, das nur die Merkmale des Merkmalssatzes $\mathcal{X}_i$ zur Erkennung verwendet.

Für die Bewertung der Signifikanz (siehe [Kud00; Pud94]) eines Merkmals f_d oder eines ganzen Merkmalssatzes $\mathcal{X}_i$ wird die *individuelle* Signifikanz

$$S_0(f_d) = J(f_d) \tag{4.2}$$

und die Verbundsignifikanz $S(y_d, \mathcal{Y}_j)$, d. h. die Signifikanz des Merkmals y_d in Verbindung mit dem Merkmalssatz $\mathcal{Y}_j$, definiert. Für die Verbundsignifikanz unterscheidet man zwei Signifikanzbetrachtungen: zum einen die Signifikanz $S^-(x_d, \mathcal{X}_i)$ des Merkmals x_d, zum anderen die Signifikanz $S^+(f_d, \mathcal{X}_i)$ des Merkmals f_d. Die Signifikanz $S^-(x_d, \mathcal{X}_i)$ bezeichnet hier die Buchstaben-ACC nach Entfernen des vormals im Merkmalssatz $\mathcal{X}_i$ enthaltenen Merkmals x_d mit

$$S^-(x_d, \mathcal{X}_i) = J(\mathcal{X}_i) - J(\mathcal{X}_i \setminus x_d), x_d \in \mathcal{X}_i. \tag{4.3}$$

Die sich ergebende Buchstaben-ACC nach Hinzufügen des Merkmals f_d zum Merkmalssatz $\mathcal{X}_i$ beschreibt die Signifikanz $S^+(f_d, \mathcal{X}_i)$. Es gilt

$$S^+(f_d, \mathcal{X}_i) = J(\mathcal{X}_i \cup f_d) - J(\mathcal{X}_i), f_d \in \mathcal{F} \setminus \mathcal{X}_i. \tag{4.4}$$

Das *schlechteste* Merkmal $x_{\mathrm{s},i}$ der bereits aus dem Merkmalssatz $\mathcal{F}$ in den reduzierten Merkmalssatz $\mathcal{X}_i$ gewählten Merkmale wird über Gleichung 4.3 ermittelt:

$$x_{\mathrm{s},i} = \operatorname*{argmin}_{x_d \in \mathcal{X}_i} S^-(x_d, \mathcal{X}_i) \Rightarrow J(\mathcal{X}_i \setminus x_{\mathrm{s},i}) = \max_{x_d \in \mathcal{X}_i} J(\mathcal{X}_i \setminus x_d). \tag{4.5}$$

Analog erhält man das *beste* Merkmal f_{b} der verbleibenden Merkmale $\mathcal{F} \setminus \mathcal{X}_k$, die noch nicht dem Merkmalssatz $\mathcal{X}_k$ hinzugefügt wurden, über Gleichung 4.4 zu

$$f_{\mathrm{b}} = \operatorname*{argmax}_{f_d \in \mathcal{F} \setminus \mathcal{X}_i} S^+(f_d, \mathcal{X}_i) \Rightarrow J(\mathcal{X}_i \cup f_{\mathrm{b}}) = \min_{f_d \in \mathcal{F} \setminus \mathcal{X}_i} J(\mathcal{X}_i \cup f_d). \tag{4.6}$$

Mit den Gleichungen 4.2 bis 4.6 lassen sich die SFS und die SFFS wie nachfolgend beschrieben formulieren.

Sequential Forward Selection (SFS)

Die SFS nach [Whi71] ist ein iteratives Verfahren zur Merkmalsselektion. Ausgehend vom eindimensionalen Merkmalssatz $\mathcal{X}_1$, der das Merkmal x_1 mit der größten individuellen Signifikanz $S_0(x_1 = f_d)$ enthält, d. h. es gilt mit Gleichung 4.2

$$\mathcal{X}_1 = \{x_1\}, x_1 = \underset{f_d \in \mathcal{F}}{\operatorname{argmax}} J(f_d), \tag{4.7}$$

wird jeweils das Merkmal mit der größten Signifikanz $S^+(f_d, \mathcal{X}_i)$ zum Merkmalssatz $\mathcal{X}_i$ hinzugefügt. Es gilt somit

$$\begin{aligned} x_{i+1} &= \underset{f_d \in \mathcal{F} \setminus \mathcal{X}_i}{\operatorname{argmax}} S^+(f_d, X_i) \text{ und} \\ \mathcal{X}_{i+1} &= \mathcal{X}_i \cup x_{i+1}. \end{aligned} \tag{4.8}$$

Die Erweiterung des Merkmalssatzes $\mathcal{X}_i \rightarrow \mathcal{X}_{i+1}$ wird dabei so lange fortgesetzt, bis die gewünschte Anzahl D_r an Merkmalen im Merkmalssatz erreicht wird. In dieser Arbeit gilt $D_\mathrm{r} = D$, und es wird der Merkmalssatz $\mathcal{X}^*_{D_\mathrm{r}}$ gewählt, der die größte Signifikanz besitzt, d. h.

$$\mathcal{X}^*_{D_\mathrm{r}} = \underset{1 \le i \le D}{\operatorname{argmax}} S_0(\mathcal{X}_i). \tag{4.9}$$

Die SFS ist in Algorithmus 4.1 zusammengefasst.

Algorithmus 4.1 Sequential Forward Selection (SFS)

Benötigt: Vollständiger Merkmalssatz $\mathcal{F}$, maximale Anzahl selektierter Merkmale D_r
Stellt sicher: neuen Datensatz $\mathcal{X}_{D_\mathrm{r}}$ gemäß SFS

```
function SFS(Merkmalssatz F, Anzahl an Merkmalen D_r)
    x_1 = argmax_{f_d ∈ F} J(f_d), X_1 = {x_1}, i = 1          ▷ Initialisierung
    while i < D_r do
        x_{i+1} = argmax_{f_d ∈ F\X_i} S^+(f_d, X_i) ⇒ X_{i+1} = X_i ∪ x_{i+1}, i = i + 1
    end while
end function
```

Wie in Gleichung 4.8 gezeigt ist, wird in jedem Schritt stets genau ein Merkmal f_d dem Merkmalssatz $\mathcal{X}_i$ hinzugefügt. Es ist demnach nicht möglich, ein einmal hinzugefügtes Merkmal wieder aus dem Merkmalssatz zu entfernen, auch wenn die Reduktion des Merkmalssatzes zu einer höheren Signifikanz führt. Dieser auch als „Nesting-Effekt“ [Pud94] bezeichnete Nachteil der SFS wird durch die im Folgenden beschriebene SFFS vermieden.

Sequential Forward Floating Selection (SFFS)

Wird die SFS zur Merkmalsselektion angewendet, so kommt es zu einer irreversiblen „Einbettung“ der Merkmale in den neuen Merkmalssatz $\mathcal{X}_i$. Ein einmal zum Merkmalssatz hinzugefügtes Merkmal kann nicht mehr entfernt werden. Um diesen als Nesting-Effekt beschriebenen Nachteil zu umgehen, erlaubt die SFFS [Pud94] ein Entfernen der Merkmale aus dem Merkmalssatz.

Für die SFFS wird zunächst ein Merkmalssatz $\mathcal{X}_2$ mit $D_\mathrm{r} = 2$ Merkmalen mithilfe der SFS gefunden. Dieser Merkmalssatz dient der SFFS als Initialisierung. Anschließend wird ein weiteres

Merkmal x_{i+1} gemäß Gleichung 4.8 gefunden und zum Merkmalssatz $\mathcal{X}_i$ hinzugefügt. Es entsteht der vorläufige, neue Merkmalssatz $\hat{\mathcal{X}}_{i+1}$. Für die Entscheidung, ob eine Reduktion des neuen Merkmalssatzes $\hat{\mathcal{X}}_{i+1}$ zu einer zusätzlichen Verbesserung des Erkennungssystems führt, wird im Merkmalssatz $\mathcal{X}_{i+1}$ das Merkmal mit der geringsten Signifikanz $x_{\mathrm{s},i+1}$ gesucht. Ist das zuvor neu hinzugefügte Merkmal das Merkmal mit geringster Signifikanz, so wird ein weiteres Merkmal zum bestehenden Merkmalssatz hinzugefügt. Andernfalls wird der Merkmalssatz $\hat{\mathcal{X}}_{i+1}$ so lange um das Merkmal mit geringster Signifikanz reduziert, bis sich die Signifikanz des reduzierten Merkmalssatzes $S_0(\mathcal{X}_i \setminus x_{\mathrm{s},i})$ erhöht oder ein Merkmalssatz mit nur $D_\mathrm{r} = 2$ Merkmalen erreicht ist. Anschließend wird dem reduzierten Merkmalssatz ein weiteres Merkmal gemäß Gleichung 4.8 hinzugefügt. In Algorithmus 4.2 ist die SFFS zusammengefasst.

Algorithmus 4.2 Sequential Forward Floating Selection (SFFS)

Benötigt: Vollständiger Merkmalssatz $\mathcal{F}$, maximale Anzahl selektierter Merkmale D_r
Stellt sicher: neuen Datensatz $\mathcal{X}_{D_\mathrm{r}}$ gemäß SFFS

function SFFS(Merkmalssatz $\mathcal{F}$, Anzahl an Merkmalen D_r)
  $\mathcal{X}_2 = \mathrm{SFS}(\mathcal{F}, 2)$, k=2 ▷ Initialisierung durch SFS nach Algorithmus 4.1
  while $i < D_\mathrm{r}$ **do**
    $x_{i+1} = \underset{f_d \in \mathcal{F} \setminus \mathcal{X}_i}{\operatorname{argmax}} S^+(f_d, \mathcal{X}_i) \Rightarrow \hat{\mathcal{X}}_{i+1} = \mathcal{X}_i \cup x_{i+1}$
    $x_{\mathrm{s},i+1} = \underset{x_d \in \hat{\mathcal{X}}_i}{\operatorname{argmin}} S^-(x_d, \hat{\mathcal{X}}_i)$ ▷ siehe Gleichung 4.5
    if $x_{\mathrm{s},i+1} \neq x_{i+1}$ **then**
      $\hat{\mathcal{X}}_i = \hat{\mathcal{X}}_{i+1} \setminus x_{\mathrm{w},i+1}, x_{\mathrm{w},i} = \underset{x_d \in \hat{\mathcal{X}}_i}{\operatorname{argmin}} S^-(x_d, \hat{\mathcal{X}}_{i+1})$
      while $(S_0(\hat{\mathcal{X}}_i \setminus x_{\mathrm{s},i}) > S_0(\mathcal{X}_{i-1})) \wedge i > 2$ **do**
        $\hat{\mathcal{X}}_{i-1} = \hat{\mathcal{X}}_i \setminus x_{\mathrm{s},i}, x_{\mathrm{w},i-1} = \underset{x_d \in \hat{\mathcal{X}}_{i-1}}{\operatorname{argmin}} S^-(x_d, \hat{\mathcal{X}}_{i-1}), i = i - 1$
      end while
      $\mathcal{X}_i = \hat{\mathcal{X}}_i$
    else
      $\mathcal{X}_{i+1} = \hat{\mathcal{X}}_{i+1}, i = i + 1$
    end if
  end while
end function

Durch das sukzessive Entfernen der jeweils „schlechtesten“ Merkmale wird der eingangs beschriebene Nesting-Effekt vermieden. Jedoch führt die SFFS zu einem erhöhten Rechenaufwand gegenüber der SFS [Sch08f].

4.1.2 Merkmalskarte

Zur kompakten Darstellung der durch die SFS bzw. SFFS gefundenen Merkmalssätze kommt die „Merkmalskarte“ nach [Sch09b] zum Einsatz. Sie ist (hier) eine 4×6-dimensionale Matrix $\mathbf{M}$ mit insgesamt $D = 4 \cdot 6 = 24$ Einträgen[22]. Jeder Eintrag bezeichnet dabei ein Merkmal f_d, wie Abbildung 4.1 links zeigt. Ist das Merkmal f_d Teil des selektierten Merkmalssatzes, so erhält der

[22]Diese Dimensionierung wurde aus Gründen der Darstellung gewählt – jedoch kämen auch andere Matrizen $j \times i$ mit $i \cdot j = D$ infrage.

korrespondierende Eintrag den Wert ‚Eins', andernfalls den Wert ‚Null'. Diese Belegung ist in Abbildung 4.1 Mitte für den Merkmalssatz $\mathcal{X}_8 = \{1;3;8;10;15;17;23;24\}$ verdeutlicht. Durch die binäre Codierung lässt sich die Belegung des Merkmalssatzes graphisch darstellen, wobei die ‚Eins' der Farbe „Schwarz" und die ‚Null' der Farbe „Weiß" entspricht. Abbildung 4.1 rechts zeigt die so vom obigen Merkmalssatz abgeleitete Merkmalskarte.

$$\mathbf{M} = \begin{bmatrix} f_1 & f_2 & f_3 & f_4 & f_5 & f_6 \\ f_7 & f_8 & f_9 & f_{10} & f_{11} & f_{12} \\ f_{13} & f_{14} & f_{15} & f_{16} & f_{17} & f_{18} \\ f_{19} & f_{20} & f_{21} & f_{22} & f_{23} & f_{24} \end{bmatrix} \qquad \mathbf{M} = \begin{bmatrix} 1 & 0 & 1 & 0 & 0 & 0 \\ 0 & 1 & 0 & 1 & 0 & 0 \\ 0 & 0 & 1 & 0 & 1 & 0 \\ 0 & 0 & 0 & 0 & 1 & 1 \end{bmatrix}$$

$$\mathcal{X} = \{1,3,8,10,15,17,23,24\}$$

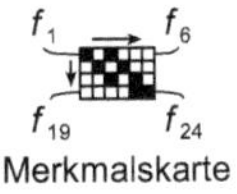

Abbildung 4.1: Position der Merkmale innerhalb der Matrix **M** (links) zur Beschreibung des Merkmalssatzes $\mathcal{X}$, Binärcodierung des Merkmalssatzes $\mathcal{X}_8 = \{1;3;8;10;15;17;23;24\}$ (Mitte) und zugehörige Merkmalskarte (rechts). Durch ein schwarzes Quadrat in der Merkmalskarte wird die Wahl des jeweiligen Merkmals angezeigt.

4.2 Merkmalsselektion im kontinuierlichen Referenzsystem

In diesem Abschnitt werden die SFS und die SFFS auf die auf den Mittelwert $\mu_d = 0$ und auf die Varianz $\text{Var} = 1$ normierten $D = 24$ Merkmale $\tilde{\mathbf{f}}_k$ aus dem vollständigen Merkmalssatz $\mathcal{F}$ des in Kapitel 3 vorgestellten kontinuierlichen Referenzsystems angewendet. Dabei werden gemäß Algorithmus 4.1 bzw. Algorithmus 4.2 Merkmalssätze $\mathcal{X}_{D_\mathrm{r}}^{\mathrm{SFS}}$ bzw. $\mathcal{X}_{D_\mathrm{r}}^{\mathrm{SFFS}}$ mit jeweils D_r Merkmalen aus dem vollständigen Merkmalssatz $\mathcal{F}$ abgeleitet.

4.2.1 SFS für die Erkennung mit kontinuierlichen HMM

Die Anwendung der SFS zur Merkmalsselektion in einem auf kontinuierlichen HMM basierenden Erkennungssystem erfolgt in Experiment 4.1. Die Ergebnisse dieses Experiments sind in Abbildung 4.2 als Buchstaben-ACC, ermittelt auf dem Validierungs-Datensatz $\mathcal{S}_{\mathrm{val}}$, in Abhängigkeit der Anzahl der verwendeten Merkmale dargestellt. Zusätzlich sind für jeden Merkmalssatz die darin enthaltenen Merkmale in Abbildung 4.2 als Merkmalskarte gezeigt. Für diese Erkennungsaufgabe erweist sich der Merkmalssatz $\mathcal{X}_{14}^{*,\mathrm{SFS}}$ mit $D_r = 14$ Merkmalen bezüglich der SFS als optimal. Für diesen Merkmalssatz ergibt sich eine Buchstaben-ACC von $a_\mathrm{v}^{\mathrm{k,SFS}} = 63{,}5\,\%$, entsprechend einer relativen, statistisch hochsignifikanten Verbesserung von $\Delta r = 3{,}6\,\%$ bezüglich des kontinuierlichen Referenzsystems. Zusätzlich ist in der zweiten Spalte von Tabelle 4.1 die Buchstaben-ACC, ermittelt auf dem Test-Datensatz $\mathcal{S}_{\mathrm{test}}$, zusammen mit der Merkmalskarte des Merkmalssatzes $\mathcal{X}_{14}^{*,\mathrm{SFS}}$ gezeigt. Wird der Merkmalssatz $\mathcal{X}_{14}^{*,\mathrm{SFS}}$ verwendet, so erhält man eine relative, statistisch hochsignifikante Verbesserung um $\Delta r = 3{,}5\,\%$ bezüglich des kontinuierlichen Referenzsystems auf $a_\mathrm{t}^{\mathrm{k,SFS}} = 69{,}2\,\%$.

Experiment 4.1: *SFS im kontinuierlichen Referenzsystem*

In diesem Experiment wird der optimale Merkmalssatz $\mathcal{X}^{*,\mathrm{SFS}}$ von den Merkmalen (siehe Abschnitt 3.3) innerhalb des kontinuierlichen Referenzsystems (siehe Kapitel 3) mithilfe der SFS gemäß Algorithmus 4.1 abgeleitet. Für jeden evaluierten Merkmalssatz werden dieselben

Selektion	SFS	SFFS
$a_\mathrm{t}^\mathrm{k,SFS} / a_\mathrm{t}^\mathrm{k,SFFS}$	69,2 %	69,2 %
Δr Exp. 3.5	3,5 % $(0,99)^+$	3,5 % $(0,99)^+$
$\mathcal{X}_{14}^{*,\mathrm{SFS}} / \mathcal{X}_{14}^{*,\mathrm{SFFS}}$		

Tabelle 4.1: Ergebnisse der Experimente 4.1 und 4.2 bei Verwendung des Merkmalssatzes $\mathcal{X}_{14}^{*,\mathrm{SFS}}$ bzw. $\mathcal{X}_{14}^{*,\mathrm{SFFS}}$ zur Erkennung in einem auf kontinuierlichen HMM basierenden Erkennungssystem. Dargestellt ist die Buchstaben-ACC, ermittelt auf dem Test-Datensatz $\mathcal{S}_\mathrm{test}$. Zusätzlich ist die relative Veränderung Δr, bezogen auf das in Experiment 3.5 evaluierte System, sowie das Signifikanzniveau $(\cdot)$ angegeben, wobei $0,99^+$ eine Signifikanz von $p_r > 0,99$ anzeigt.

Parameter wie für das Referenzsystem verwendet. Die Ergebnisse sind als Buchstaben-ACC, ermittelt auf dem Validierungs-Datensatz $\mathcal{S}_\mathrm{val}$, in Abbildung 4.2 auf Seite 56 in Abhängigkeit der jeweiligen verwendeten Merkmalssätze dargestellt (—▽—). Die Buchstaben-ACC, ermittelt auf dem Test-Datensatz $\mathcal{S}_\mathrm{test}$ für den optimalen Merkmalssatz $\mathcal{X}^{*,\mathrm{SFS}}$, ist in der zweiten Spalte von Tabelle 4.1 zusammen mit der Merkmalskarte eingetragen.

Wie die in der zweiten Spalte von Tabelle 4.1 dargestellten Ergebnisse des Experiments 4.1 zeigen, lässt sich die Buchstaben-ACC durch die geeignete Wahl der Merkmale in einem kontinuierlichen Erkennungssystem um bis zu $\Delta r = 3,5\,\%$ relativ erhöhen. Bemerkenswert ist, dass der Merkmalssatz $\mathcal{X}_{14}^{*,\mathrm{SFS}}$ insgesamt $D_\mathrm{r} = 14$ Merkmale enthält. Dies entspricht annähernd einer Halbierung des ursprünglichen Merkmalssatzes. Zu den ausgewählten Merkmalen zählen u. a. die Schreibrichtung (f_5, f_6) und der Stiftdruck (f_1). Dies entspricht dem Ergebnis aus [Liw07b] für die Erkennung von Whiteboard-Notizen. Auch in anderen Anwendungsgebieten der Online-Handschrifterkennung, z. B. bei der Erkennung von Wörtern, die auf Grafik-Tableaus geschrieben werden, zählen die Schreibrichtung und der Stiftdruck zu den wichtigsten Merkmalen [Hua06].

Im Gegensatz zu [Liw07b] besitzt auch die Oberlänge (f_{23}) eine hohe Signifikanz. Dies lässt sich mit der hier verwendeten Vorverarbeitung erklären. In [Liw07b] wird eine Textzeile unabhängig vom Auftreten der Oberlängen in kleinere Unterabschnitte unterteilt. Dabei geht die Information über die Oberlänge verloren: Durch die unabhängige Verschiebung der einzelnen Abschnitte wird auch für Buchstaben, die keine Oberlänge besitzen, das jeweilige Merkmal gesetzt. In dem hier vorgestellten Ansatz (siehe Abschnitt 3.2.4) erfolgt eine globale Schätzung der Position der Basislinie aus dem Projektionsprofil, sodass die Information über die Oberlänge erhalten bleibt und somit ein diskriminatives Merkmal darstellt.

Neben der Oberlänge sind noch vier weitere Offline-Merkmale im Merkmalssatz $\mathcal{X}_{14}^{*,\mathrm{SFS}}$ (f_{15}, f_{16}, f_{18} und f_{21}) enthalten. Diese werden aus dem Abbild der Stifttrajektorie ermittelt (siehe Abschnitt 3.3). Das Offline-Merkmal f_{18} stellt dabei das Zentrum des Abbilds dar und entspricht dem Stiftdruck, jedoch mit variierender Gewichtung. Die Merkmale f_{15}, f_{16} und f_{21} unterscheiden z. B. ein „t" von einem „l": Da für die Extraktion der Online-Merkmale verzögerte Stiftbewegungen (wie bei dem Buchstaben „t") entfernt werden (siehe Abschnitt 3.3), lassen sich diese dem jeweiligen Buchstaben zugehörigen Stücke der Stifttrajektorie nur durch die gewählten Offline-Merkmale erfassen und sind deshalb für die Erkennung notwendig.

Werden zum optimalen Merkmalssatz $\mathcal{X}_{14}^{*,\mathrm{SFS}}$ weitere Merkmale hinzugefügt, so verschlechtert sich die Leistungsfähigkeit des Erkennungssystems. Zu diesen Merkmalen zählt u. a. der Sinus des Steigungswinkels φ innerhalb des Nachbarschaftsverhältnisses (f_{10}), während der Kosinus des Steigungswinkels (f_{11}) zu einer Verbesserung führte. Zum einen besteht zwischen f_{10} und f_{11} der Zusammenhang $f_{10}^2 + f_{11}^2 = 1$ (siehe [Båd00]), zum anderen wird die Handschrift durch horizontale Bewegungen bestimmt. Diese zeichnet sich durch Winkel im Bereich $\pi/4 < \varphi < 3 \cdot \pi/4$ aus. Gerade in diesem Winkelbereich besitzt der Kosinus die größte Steigung und ist daher besser zur Beschreibung dieser Bewegungen geeignet.

4.2.2 SFFS für die Erkennung mit kontinuierlichen HMM

Die Anwendung der SFFS erfolgt analog zu Abschnitt 4.2.1 in Experiment 4.2. Die Ergebnisse dieses Experiments sind in Abbildung 4.2 als Buchstaben-ACC, ermittelt auf dem Validierungs-Datensatz $\mathcal{S}_{\mathrm{val}}$, in Abhängigkeit der Anzahl der verwendeten Merkmale dargestellt. Zusätzlich sind für jeden Merkmalssatz die darin enthaltenen Merkmale in Abbildung 4.2 als Merkmalskarte verdeutlicht. Wie Abbildung 4.2 zeigt, werden unter Verwendung der SFFS annähernd dieselben Merkmalssätze wie für die weniger aufwendige SFS gefunden [Sch09e]. Insbesondere der optimale Merkmalssatz $\mathcal{X}_{14}^{*,\mathrm{SFFS}}$ entspricht dem mithilfe der SFS gefundenen optimalen Merkmalssatz $\mathcal{X}_{14}^{*,\mathrm{SFS}}$. Es gilt demnach $\mathcal{X}_{14}^{*,\mathrm{SFFS}} \equiv \mathcal{X}_{14}^{*,\mathrm{SFS}}$. Der Vollständigkeit halber ist das Ergebnis, ermittelt auf dem Test-Datensatz $\mathcal{S}_{\mathrm{test}}$, in der dritten Spalte von Tabelle 4.1 gezeigt. Es entspricht dem Ergebnis aus Experiment 4.1.

Experiment 4.2: *SFFS im kontinuierlichen Referenzsystem*

In diesem Experiment wird der optimale Merkmalssatz $\mathcal{X}^{*,\mathrm{SFFS}}$ von den Merkmalen (siehe Abschnitt 3.3) innerhalb des kontinuierlichen Referenzsystems (siehe Kapitel 3) mithilfe der SFFS gemäß Algorithmus 4.2 abgeleitet. Für jeden evaluierten Merkmalssatz werden dieselben Parameter wie für das Referenzsystem verwendet. Die Ergebnisse sind als Buchstaben-ACC, ermittelt auf dem Validierungs-Datensatz $\mathcal{S}_{\mathrm{val}}$, in Abbildung 4.2 in Abhängigkeit der jeweiligen verwendeten Merkmalssätze dargestellt (—▾—). Die Buchstaben-ACC, ermittelt auf dem Test-Datensatz $\mathcal{S}_{\mathrm{test}}$ für den optimalen Merkmalssatz $\mathcal{X}^{*,\mathrm{SFFS}}$, ist in der dritten Spalte von Tabelle 4.1 zusammen mit der Merkmalskarte eingetragen.

Obwohl die SFFS aufgrund der Vermeidung des Nesting-Effekts i. d. R. zu leistungsfähigeren Merkmalssätzen führt [Pud94], ist diese allgemeine Aussage *nicht* auf das hier vorgestellte System zur automatischen Erkennung von handschriftlichen Notizen am Whiteboard übertragbar [Sch09e]. Wie die Ergebnisse des Experiments 4.2 zeigen, liefert die SFFS weitestgehend dieselben Merkmalssätze wie zuvor die SFS. Dies lässt auf die Stabilität der hier verwendeten Merkmale schließen [Liw07b]. Lediglich für $D_{\mathrm{r}} \in \{4;17;18\}$ ergeben sich Unterschiede. Jedoch sind die relativen Unterschiede von jeweils $\Delta r = 0,3\,\%$, $\Delta r = 0,3\,\%$ bzw. $\Delta r = 0,6\%$ statistisch nicht signifikant; es ergeben sich als Signifikanzniveau $p_r = 0,70$, $p_r = 0,74$ bzw. $p_r = 0,86$. Für $D_{\mathrm{r}} = 4$ wird bei Verwendung der SFFS anstelle des Merkmals f_{23} (der Oberlänge) das Merkmal f_3 (die x-Koordinate) gewählt. Wird die SFS zur Selektion der Merkmale verwendet, so wird zunächst das Merkmal f_{23}, anschließend das Merkmal f_4 gewählt. Die gleichzeitige Wahl von f_{23} und f_4 liefert eine gewisse Redundanz, da sich Buchstaben mit Oberlängen auch durch einen hohen Wert in ihrer y-Koordinate auszeichnen. Gegeben den Merkmalssatz $\mathcal{X}_3 = \{f_6; f_5; f_3\}$, verliert das Merkmal f_{23} demnach an Signifikanz. Beschränkt man sich auf die Wahl von $D_{\mathrm{r}} = 4$ Merkmalen, ist es somit günstiger, anstelle der Oberlänge das Merkmal f_3 den ausgewählten

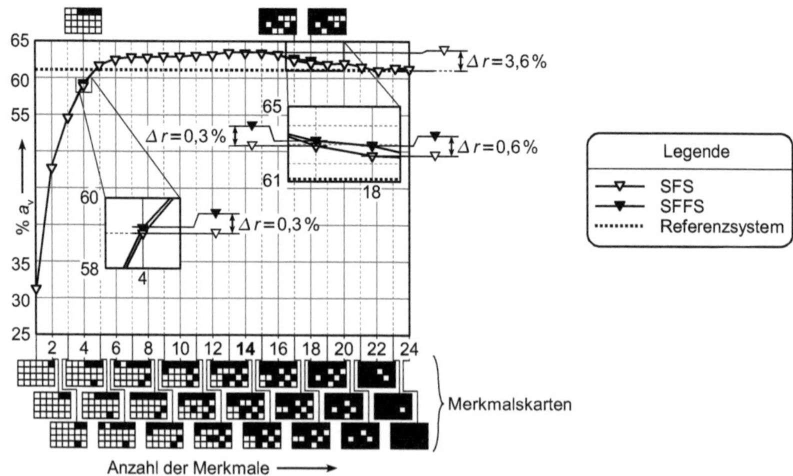

Abbildung 4.2: Graphische Zusammenfassung der Ergebnisse der Experimente 4.1 und 4.2 zusammen mit dem Ergebnis des kontinuierlichen Referenzsystems (siehe Experiment 3.5). Dargestellt ist die Buchstaben-ACC, ermittelt auf dem Validierungs-Datensatz $\mathcal{S}_{\text{val}}$, in Abhängigkeit der Anzahl der verwendeten Merkmale. Die Merkmalssätze wurden mithilfe der SFS bzw. der SFFS bei Verwendung von kontinuierlichen HMM für die Erkennung bestimmt. Zusätzlich ist der jeweilige zur Erkennung verwendete Merkmalssatz $\mathcal{X}^{\text{SFS}}$ bzw. $\mathcal{X}^{\text{SFFS}}$ als Merkmalskarte angegeben.

Merkmalen hinzuzufügen. Jedoch führt das Hinzufügen bereits eines weiteren Merkmals wieder zu dem durch die SFS gefundenen Merkmalssatz.

Da, wie in diesem Abschnitt gezeigt wurde, die SFFS einerseits weitgehend zu denselben Merkmalssätzen, wie die SFS führt, andererseits einen höheren Rechenaufwand bedeutet, erfolgt die Selektion der Merkmale in den weiteren Abschnitten dieses Kapitels ausschließlich mithilfe der SFS.

4.2.3 Einsatz des optimierten Merkmalssatzes im diskreten Erkennungssystem

In Experiment 4.3 wird der in den Abschnitten 4.2.1 bzw. 4.2.2 gefundene optimale Merkmalssatz $\mathcal{X}_{14}^{*,\text{SFS}}$ nach einer Vektorquantisierung der Merkmale in einem auf diskreten HMM basierenden Erkennungssystem evaluiert. Die Ergebnisse sind als Buchstaben-ACC, ermittelt auf dem Validierungs-Datensatz $\mathcal{S}_{\text{val}}$, in Abbildung 4.9 eingetragen. Die Buchstaben-ACC, ermittelt auf dem Test-Datensatz $\mathcal{S}_{\text{test}}$, ist in Tabelle 4.2 zusammengefasst. Es zeigt sich, dass der reduzierte Merkmalssatz $\mathcal{X}_{14}^{*,\text{SFS}}$ nicht in allen Fällen zu einer Erhöhung der Buchstaben-ACC im diskreten Erkennungssystem führt. Für $N_{\text{cdb}} = 10$ wird eine relative, statistisch hochsignifikante Verringerung der Buchstaben-ACC um $\Delta r = -1,7\,\%$ auf $a_{\text{v}}^{\text{d,SFS}} = 40,3\,\%$ bzw. um $\Delta r = -3,3\,\%$ auf $a_{\text{t}}^{\text{d,SFS}} = 45,5\,\%$ erreicht. Eine relative Verbesserung der Buchstaben-ACC um $\Delta r = 0,5\,\%$ auf $a_{\text{v}}^{\text{d,SFS}} = 62,0\,\%$ bzw. um $\Delta r = 0,6\,\%$ auf $a_{\text{t}}^{\text{d,SFS}} = 67,8\,\%$ ergibt sich für $N_{\text{cdb}} = 2000$ Codebuch-

	N_{cdb}				
	10	100	500	1 000	2 000
$a_{\text{t}}^{\text{d,SFS}}$	45,5 %	62,8 %	66,1 %	66,5 %	67,8 %
Δr Exp. 3.5	-3,3 % $(0,99)^{+}$	2,4 % $(0,99)^{+}$	1,5 % $(0,99)^{+}$	0,2 % $(0,62)$	0,6 %$(0,89)$

Tabelle 4.2: Ergebnisse des Experiments 4.3 bei Verwendung des Merkmalssatzes $\mathcal{X}^{*,\text{SFS}}$ aus Experiment 4.1 zur Erkennung in einem auf diskreten HMM basierenden Erkennungssystem mit unterschiedlichen Codebuchgrößen ($N_{\text{cdb}} \in \{10; 100; 500; 1\,000; 2\,000\}$). Dargestellt ist die Buchstaben-ACC, ermittelt auf dem Test-Datensatz $\mathcal{S}_{\text{test}}$. Zusätzlich ist die relative Veränderung Δr, bezogen auf das in Experiment 3.5 evaluierte System, sowie das Signifikanzniveau $(\cdot)$ angegeben, wobei $0,99^{+}$ eine Signifikanz von $p_r > 0,99$ anzeigt.

einträge. Jedoch sind diese Veränderungen statistisch nicht signifikant, es gilt $p_r = 0,82$ bzw. $p_r = 0,89$.

Experiment 4.3: *Merkmalssatz $\mathcal{X}^{*,\text{SFS}}$ im diskreten Referenzsystem*

Der optimale Merkmalssatz $\mathcal{X}_{14}^{*,\text{SFS}}$, der mithilfe der SFS und dem kontinuierlichen Referenzsystem ausgewählt wurde, wird in diesem Experiment zur Erkennung im diskreten Referenzsystem verwendet. Dabei beteiligen sich nur die im Merkmalssatz $\mathcal{X}_{14}^{*,\text{SFS}}$ enthaltenen Merkmale an der Vektorquantisierung. Die Ergebnisse, ermittelt auf dem Validierungs-Datensatz $\mathcal{S}_{\text{val}}$, sind in Abbildung 4.9 auf Seite 70 für Codebuchgrößen von $N_{\text{cdb}} \in \{10; 100; 500; 1\,000; 2\,000\}$ dargestellt (—▼—). Die Buchstaben-ACC, ermittelt auf dem Test-Datensatz $\mathcal{S}_{\text{test}}$, zeigt Tabelle 4.2.

Die Verwendung des optimierten Merkmalssatzes $\mathcal{X}_{14}^{*,\text{SFS}}$ aus Abschnitt 4.2.1 bzw. 4.2.2 in einem auf diskreten HMM basierenden Erkennungssystem führt, wie in Experiment 4.3 gezeigt ist, mitunter zu einer statistisch nicht signifikanten Verbesserung der Buchstaben-ACC. Diese Beobachtung wird im folgenden Abschnitt untersucht. Ziel dabei ist, einen optimalen Merkmalssatz für die Erkennung in einem diskreten Erkennungssystem zu finden.

4.3 Merkmalsselektion im diskreten Referenzsystem

Wie im vorangegangenen Abschnitt gezeigt wurde, liefern die SFS und SFFS denselben optimalen Merkmalssatz $\mathcal{X}_{14}^{*,\text{SFS}}$ zur Erkennung innerhalb eines auf kontinuierlichen HMM basierenden Erkenners. Das Ergebnis des Experiments 4.3 machte jedoch deutlich, dass dieser Merkmalssatz nicht in allen Fällen zu einer statistisch signifikanten Erhöhung der Buchstaben-ACC innerhalb eines auf diskreten HMM basierenden Erkennungssystems führt (siehe Tabelle 4.2). In diesem Abschnitt wird die SFS auf das diskrete Erkennungssystem erweitert, und die notwendigen Anpassungen des VQ werden vorgestellt.

4.3.1 Verteilung des SNR

In einem auf kontinuierlichen HMM basierenden Erkennungssystem wird die Verteilung der Merkmale direkt modelliert. Im Gegensatz dazu erfolgt die Modellierung der Merkmalsverteilung in einem auf diskreten HMM basierenden Erkenner indirekt über die Codebucheinträge $\mathbf{c}_i$. Wie in

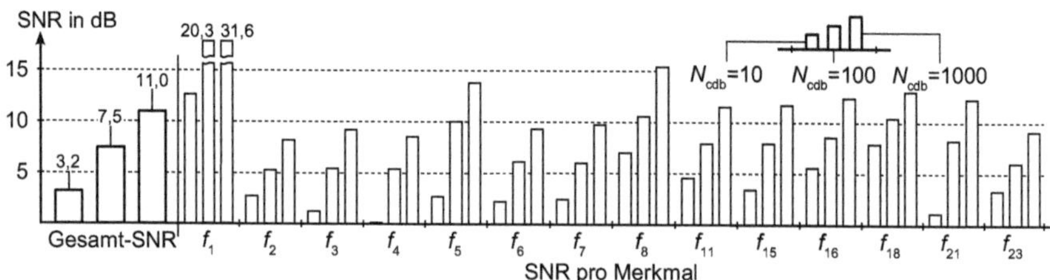

Abbildung 4.3: Gesamt-SNR (links) und Verteilung des SNR auf die einzelnen Merkmale des optimalen Merkmalssatzes $\mathcal{X}_{14}^{*,\mathrm{SFS}}$ bei Verwendung von $N_{\mathrm{cdb}} \in \{10; 100; 1\,000\}$ Codebucheinträgen zur Quantisierung mit dem Lloyd-VQ. Aufgrund der Normierung auf den Mittelwert $\mu_d = 0$ und die Varianz $\mathrm{Var}_d = 1$ lässt sich das SNR direkt aus dem mittleren Quantisierungsfehler je Merkmal $\bar{\varepsilon}_d$ gemäß Gleichung 2.20 ermitteln. Unabhängig von der Wahl der Codebuchgröße verteilt sich das SNR und damit der mittlere Quantisierungsfehler nicht gleichmäßig auf die Dimensionen.

Abschnitt 2.2 erläutert ist, bilden die Codebucheinträge $\mathbf{c}_i$ die Verteilung der auf den Mittelwert $\mu_d = 0$ und auf die Varianz $\mathrm{Var}_d = 1$ in jeder Dimension d normierten Merkmalsvektoren $\tilde{\mathbf{f}}_k$ nach. Mit dem nach Gleichung 2.20 definierten mittleren Quantisierungsfehler $\bar{\varepsilon}$ bzw. dem mittleren Quantisierungsfehler jedes Merkmals $\bar{\varepsilon}_d$ ist ein geeignetes Maß für die Güte dieser Nachbildung gegeben. Aufgrund der Mittelwerts- und Varianznormierung lässt sich der mittlere Quantisierungsfehler jedes Merkmals auch durch das SNR des jeweiligen Merkmals berechnen.

In Abbildung 4.3 ist die Verteilung des SNR der Merkmale des für das kontinuierliche Erkennungssystem optimalen Merkmalssatzes $\mathcal{X}_{14}^{*,\mathrm{SFS}}$ zusammen mit dem Gesamt-SNR in Abhängigkeit der zur Quantisierung verwendeten Codebuchgröße $N_{\mathrm{cdb}} \in \{10; 100; 1000\}$ dargestellt. Das SNR der einzelnen Merkmale ist für den hier verwendeten Lloyd-VQ nicht gleichverteilt. In [Sch08g] wird diese ungleiche Verteilung des SNR auch für andere VQ gezeigt und ist zum einen durch den zur Quantisierung verwendeten VQ, zum anderen durch die Verteilung der einzelnen Merkmale bestimmt.

Die in Abbildung 4.3 gezeigte ungleiche Verteilung des SNR (und aufgrund der Normierung auch des Quantisierungsfehlers) der Merkmale bedeutet eine ungleichmäßige Beteiligung der Merkmale an der Quantisierung [Gra84]: Durch die Wahl von Codebucheinträgen, die einen geringeren Abstand zum jeweiligen Merkmal f_d besitzen, erhöht sich dessen SNR (bezeichnet mit SNR_d). Die Wahl des Codebucheintrags wird von diesem Merkmal bestimmt. Wie in Abbildung 4.3 gezeigt ist, ergibt sich z. B. für $N_{\mathrm{cdb}} = 10$ Codebucheinträge für das Merkmal f_4 ein SNR von $\mathrm{SNR}_4 = 0{,}1\,\mathrm{dB}$. Der durch die Quantisierung eingeführte Fehler ist in diesem Fall im Mittel so groß wie das Signal selbst. Deswegen liefert das Merkmal f_4 keinen Beitrag zur Quantisierung, und die Signifikanz des Merkmals geht verloren. Die Signifikanz eines Merkmals ist im diskreten Fall aufgrund der ungleichen Verteilung des SNR demnach einerseits bestimmt durch den tatsächlichen, diskriminativen Beitrag des Merkmals zur Erkennungsaufgabe, andererseits aber auch beeinflusst durch die Repräsentation des Merkmals in den Codebucheinträgen des VQ. Die geringe Signifikanz eines Merkmals deutet somit entweder auf eine unzureichende Beschreibung der Daten durch das Merkmal, auf eine unzureichende Quantisierung oder beides hin.

Da für die Auswahl eines Merkmals mithilfe der SFS dessen Signifikanz entscheidend ist, diese jedoch durch den VQ beeinträchtigt wird, lässt sich das Vorgehen zur Merkmalsselektion für das auf diskreten HMM basierende Erkennungssystem nicht analog zu Abschnitt 4.2 durchführen: Die ausgewählten Merkmalssätze spiegeln auch die Eigenschaft des VQ wider. Begründen lässt sich die ungleichmäßige Verteilung des Quantisierungsfehlers mit den unterschiedlichen WDF der Merkmale. Eine Möglichkeit, diese ungleiche Verteilung zu vermeiden, ist demnach, eine Normalisierung der WDF mithilfe der Histogram Equalization (HEQ) durchzuführen [Ach05; Rus02]. Voraussetzung ist jedoch eine zusätzliche skalare Quantisierung der kontinuierlichen Merkmale, die weitere Quantisierungsfehler mit sich bringt.

Im folgenden Abschnitt wird deswegen eine geeignete Erweiterung gängiger VQ vorgestellt, die es erlaubt, den durch die Vektorquantisierung eingeführten Quantisierungsfehler (näherungsweise) gleichmäßig auf die einzelnen Merkmale zu verteilen, ohne dabei eine Normalisierung der WDF vorzunehmen. So leistet jedes Merkmal denselben Beitrag zur Quantisierung. Die Signifikanz des jeweiligen Merkmals ist dann ausschließlich von dessen Eignung für die jeweilige Erkennungsaufgabe abhängig.

4.3.2 Anpassung der SNR-Verteilung

Wie im vorherigen Abschnitt erläutert, führt die Quantisierung nach Gleichung 2.18 in Abhängigkeit des gewählten VQ zu einem ungleichmäßig über die einzelnen Merkmale verteilten Quantisierungsfehler $\bar{\varepsilon}$ bzw. SNR. Als Folge beteiligen sich die einzelnen Merkmale unterschiedlich an der Quantisierung. Damit wird die Signifikanz der Merkmale durch zwei Faktoren beeinflusst:

1. Durch die Eignung des Merkmals für die jeweilige Erkennungsaufgabe: Die Signifikanz steigt mit der Aussagekraft des Merkmals bezüglich der Erkennungsaufgabe.

2. Durch die Vektorquantisierung: Aufgrund der Topologie der VQ, aber auch wegen der Verteilung $p(\mathbf{f})$ der Merkmale, die trotz der Normierung unterschiedlich sein kann, verläuft das SNR nicht gleichmäßig entlang der Merkmale. Durch ein niedriges SNR bzw. durch einen hohen mittleren Quantisierungsfehler $\bar{\varepsilon}_d$ beteiligt sich das Merkmal f_d nur unzureichend an der Quantisierung, und seine Signifikanz verringert sich – unabhängig von der Eignung des jeweiligen Merkmals für die Erkennungsaufgabe.

Der erste Punkt gilt auch für kontinuierliche Erkennungssysteme – der zweite Punkt tritt nur in diskreten Systemen in Verbindung mit einer Vektorquantisierung auf.

In diesem Abschnitt wird ein iteratives Verfahren zur Beeinflussung der Verteilung des mittleren Quantisierungsfehlers $\bar{\varepsilon}_d$ der Merkmale vorgestellt [Sch09c]. Dabei wird im Folgenden der mittlere Quantisierungsfehler $\bar{\varepsilon}_d$ aufgrund der vorausgegangenen Normierung der Merkmale auf den Mittelwert $\mu_d = 0$ und $\text{Var}_d = 1$ synonym mit dem SNR verwendet. Für die Anpassung werden die Codebucheinträge so ausgewählt, dass sich nach der Quantisierung eine Verteilung des Quantisierungsfehlers $\bar{\varepsilon}$ gemäß einer zuvor festgelegten Verteilung ergibt. Die Verteilung des mittleren Quantisierungsfehlers auf die einzelnen Merkmale wird durch die Einträge des Vektors $\mathbf{a} = (a_1, \ldots, a_D)^{\mathrm{T}}$ mit

$$\bar{\varepsilon}_1/a_1 = \bar{\varepsilon}_2/a_2 = \ldots = \bar{\varepsilon}_D/a_D,\ a_d \geq 1 \text{ und } 1 \leq d \leq D \tag{4.10}$$

beschrieben. Die Verteilung des Quantisierungsfehlers wird jedoch, wie Gleichung 4.10 zeigt, nicht absolut, sondern als Verhältnis der einzelnen Quantisierungsfehler $\bar{\varepsilon}_d$ angegeben. Die Wahl von $a_1 = a_2 = \ldots = a_D = 1 \Rightarrow \mathbf{a} = \mathbf{1}$ in Gleichung 4.10 zeigt demnach eine Gleichverteilung des mittleren Quantisierungsfehlers auf die Merkmale an. Ist eine exakte Erfüllung von Gleichung 4.10 nicht möglich, so wird die mittlere, quadratische Abweichung L von dieser Verteilung,

$$L = \sum_{d=1}^{D} \left(\frac{\bar{\varepsilon}_d/r_d - \max\limits_{1\leq\Delta\leq D} \bar{\varepsilon}_\Delta/r_\Delta}{\max\limits_{1\leq\Delta\leq D} \bar{\varepsilon}_\Delta/r_\Delta} \right)^2, \tag{4.11}$$

minimiert. Die Messung der Abweichung vom maximalen Verhältnis $\max_{1\leq\Delta\leq D} \bar{\varepsilon}_\Delta/a_\Delta$ in Gleichung 4.11 ist willkürlich gewählt – ebenso ist hier die Wahl eines anderen Verhältnisses möglich (z. B. des ersten Verhältnisses $\bar{\varepsilon}_1/a_1$ oder des minimalen Verhältnisses $\min_{1\leq\Delta\leq D} \bar{\varepsilon}_\Delta/a_\Delta$), solange stets das gleiche Bezugsverhältnis für sämtliche Verhältnisse $\bar{\varepsilon}_d/a_d$, $1 \leq d \leq D$ verwendet wird.

Anpassung durch Verformung der Voronoi-Zellen

Die nach Gleichung 4.10 definierte Verteilung des Quantisierungsfehlers auf die Merkmale wird durch eine geeignete Positionierung der Codebucheinträge im Merkmalsraum, d. h. durch einen Eingriff in den jeweiligen VQ oder durch Anpassung der Abstandsberechnung in Gleichung 2.21 erreicht. Dabei beschränkt man sich hier auf die Anpassung der Abstandsberechnung [Sch09b; Sch09c].

Die Codebucheinträge werden zuvor gemäß der in Abschnitt 2.2.2 beschriebenen Verfahren bestimmt und nicht weiter verändert. Ausgangspunkt der Anpassung sind also die N_cdb Codebucheinträge $(c_{1,i},\ldots,c_{D,i}) = \mathbf{c}_i \in \mathbb{R}^D$, $1 \leq i \leq N_\text{cdb}$ der Dimension D, die im Codebuch $\mathcal{C}$ zusammengefasst sind. Mit ihnen lassen sich die D-dimensionalen Merkmalsvektoren $(f_{1,k},\ldots,f_{D,k}) = \mathbf{f}_k \in \mathbb{R}^D$, $1 \leq k \leq K$ beschreiben[23]. Die Zuordnung der Merkmalsvektoren $\mathbf{f}_k$ zu den Codebucheinträgen $\mathbf{c}_i$, dargestellt durch die diskreten Codebucheinträge $\hat{f}_k$, erfolgt gemäß Gleichung 2.21 durch Minimierung des Abstands

$$\hat{f}_k = \underset{1\leq i\leq N_\text{cdb}}{\operatorname{argmin}} \left[(\mathbf{f}_k - \mathbf{c}_i)^\mathrm{T} \cdot \mathbf{G} \cdot (\mathbf{f}_k - \mathbf{c}_i) \right] \text{ mit } \mathbf{G} \overset{\text{hier}}{=} \begin{pmatrix} g_1 & & \mathbf{0} \\ & \ddots & \\ \mathbf{0} & & g_D \end{pmatrix}. \tag{4.12}$$

Jedem Merkmal f_d wird ein Gewicht g_d der *diagonalen* Gewichtsmatrix $\mathbf{G}$ (siehe Gleichung 4.12) zugeordnet. Die Gewichte g_d werden so gewählt, dass die Verteilung der mittleren Quantisierungsfehler $\bar{\varepsilon}_d$ der Verteilung aus Gleichung 4.10 entspricht. Dadurch werden die die Codebucheinträge umgebenden Voronoi-Zellen gegenüber der Abstandsberechnung mit der Einheitsmatrix, d. h. $\mathbf{G} = \mathbf{1}$, verformt.

Durch die Veränderung der Gewichte g_d lassen sich die mittleren Quantisierungsfehler $\bar{\varepsilon}_d$ beeinflussen. Um dies zu verdeutlichen, wird die folgende beispielhafte Verteilung der Gewichte betrachtet:

$$g_1 = x \cdot g_2 = x^2 \cdot g_3 = \ldots = x^{D-1} \cdot g \tag{4.13}$$

mit $x, g > 0$ konstante Gewichtungen. Nach Gleichung 4.12 wird der Merkmalsvektor $\mathbf{f}_k$ dem Codebucheintrag $\mathbf{c}_{\hat{f}_k^*}$ anstelle des Codebucheintrags $\mathbf{c}_{\hat{f}_k}$ zugeordnet, wenn

$$d(\mathbf{f}_k, \mathbf{c}_{\hat{f}_k^*}) < d(\mathbf{f}_k, \mathbf{c}_{\hat{f}_k}) \Rightarrow \sum_{d=1}^{D} x^{D-d} g \cdot \underbrace{(f_{d,k} - c_{d,\hat{f}_k^*})^2}_{e_{d,k}^*} < \sum_{d=1}^{D} x^{D-d} g \cdot \underbrace{(f_{d,k} - c_{d,\hat{f}_k})^2}_{e_{d,k}} \tag{4.14}$$

[23] Auch in diesem Abschnitt wird aus Gründen der Darstellung anstelle der Bezeichnung $\tilde{f}_d$ die Bezeichnung f_d verwendet. Alle Aussagen gelten jedoch auch für die normierten Merkmale $\tilde{f}_d$.

gilt, wobei der aktuelle quadratische Quantisierungsfehler je Dimension mit $e^*_{d,k}$ bzw. $e_{d,k}$ bezeichnet wird. Wird Gleichung 4.14 mit $x^{-(D-1)}g^{-1} > 0$ erweitert, erhält man

$$e^*_{1,k} + \frac{e^*_{2,k}}{x} + \ldots + \frac{e^*_{D,k}}{x^{D-1}} < e_{1,k} + \frac{e_{2,k}}{x} + \ldots + \frac{e_{D,k}}{x^{D-1}}. \tag{4.15}$$

Bei einer Wahl von $x = 1$ in Gleichung 4.15, geht der aktuelle quadratische Quantisierungsfehler jeder Dimension gleichmäßig in den Entscheidungsprozess ein. Mit steigenden Werten von x wird die Gewichtung des Fehlers der Merkmale geringer. Für $x \to \infty$ wird nur der Fehler des ersten Merkmals bei der Wahl des Codebucheintrags berücksichtigt und somit minimiert.

Da in Abhängigkeit der Gewichtung der Wert des aktuellen Quantisierungsfehlers $e_{d,k}$ bzw. $e^*_{d,k}$ unterschiedlich stark in die Minimierung nach Gleichung 4.12 einfließt, führt ein großes Gewicht des Merkmals f_d (d. h. $g_d > g_\Delta$ mit $1 \leq \Delta \leq D, \Delta \neq d$) zu einer Verringerung des mittleren Quantisierungsfehlers $\bar{\varepsilon}_d$ dieses Merkmals. Im umgekehrten Fall, wenn das Merkmal f_d geringer als die verbleibenden Merkmale gewichtet wird (es gilt dann $g_d < g_\Delta$ mit $1 \leq \Delta \leq D, \Delta \neq d$), werden auch Codebucheinträge mit großer Distanz zu diesem Merkmal gewählt – der mittlere quadratische Fehler $\bar{\varepsilon}_d$ erhöht sich.

Um die Verformung der Voronoi-Zellen bei Anpassung der Gewichtsmatrix $\mathbf{G}$ zu verdeutlichen, sind in Abbildung 4.4 links die Verbundverteilung $p(f_6, f_8)$ der Merkmale f_6 und f_8, die sich ergebenden Codebucheinträge und die Voronoi-Zellen bei Verwendung der Einheitsmatrix als Gewichtsmatrix, d. h. $\mathbf{G} = \mathbf{1}$, gezeigt. Die verformten Voronoi-Zellen, die durch eine Veränderung der Gewichte, d. h. $\mathbf{G} \neq \mathbf{1}$, erhalten werden, sind in Abbildung 4.4 rechts dargestellt. Die Anpassung der Gewichte wird im folgenden Abschnitt beschrieben.

Anpassung der Gewichte

Wie im vorherigen Abschnitt erläutert, kann mit einer geeigneten Gewichtung der mittlere Quantisierungsfehler $\bar{\varepsilon}_d$ jedes Merkmals f_d beeinflusst werden. Eine Erhöhung des Gewichts eines Merkmals führt dabei zu einer Verringerung des mittleren Quantisierungsfehlers, dagegen wird bei einer Verkleinerung des Gewichts der mittlere Quantisierungsfehler vergrößert. Jedoch ist die Beziehung zwischen dem erzielten mittleren Quantisierungsfehler $\bar{\varepsilon}_d$ des Merkmals f_d und dem zugehörigen Gewicht g_d unbekannt. Im Folgenden wird eine in dieser Arbeit entwickelte, iterative Möglichkeit vorgestellt, die einzelnen Gewichte so zu bestimmen, dass sich die vorgegebene Verteilung gemäß Gleichung 4.10 ergibt [Sch09b]. Um die Zielfunktion nach Gleichung 4.11 zu minimieren, werden die Gewichte reziprok zur Abweichung des jeweiligen Merkmals angepasst. Dazu werden die Gewichte in einem ersten Schritt gleichverteilt gewählt, es gilt $0 < g_1^0 = \ldots = g_D^0 = 1/D < 1$. Mit diesen Gewichten erfolgt eine erste Zuordnung gemäß Gleichung 4.12 – man erhält die diskrete Folge $\hat{\mathbf{f}}^0 = (\hat{f}_1^0, \ldots, \hat{f}_K^0)$ – und die mittleren Quantisierungsfehler $\bar{\epsilon}^0 = (\bar{\varepsilon}_1^0, \ldots, \bar{\varepsilon}_D^0)$ werden berechnet. Für $D = 2$ Merkmale (f_6 und f_8) und einer Codebuchgröße von $N_{\text{cdb}} = 10$ ergeben sich so die in Abbildung 4.4 links dargestellte Partitionierung des Merkmalsraums und die in der Mitte dargestellte Verteilung des SNR der beiden Merkmale. Das Merkmal $f_{\check{d}}$ besitzt den größten mit dem Faktor $\check{d}$ gewichteten Quantisierungsfehler, d. h.

$$\check{d} = \underset{1 \leq \Delta \leq D}{\operatorname{argmax}} \, \bar{\varepsilon}_\Delta^0 / r_\Delta. \tag{4.16}$$

In einem zweiten Schritt erfolgt anschließend eine rekursive Anpassung der Gewichte g_d^{t+1} in Abhängigkeit der relativen Abweichung des gewichteten mittleren Quantisierungsfehlers $\bar{\varepsilon}_d^t / r_d$

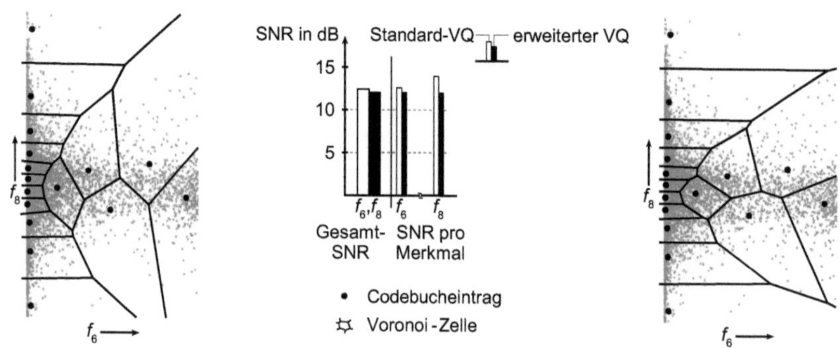

Abbildung 4.4: Verteilung der Codebucheinträge, die Voronoi-Zellen, das Gesamt-SNR und das SNR jedes Merkmals bei Verwendung eines gewöhnlichen Lloyd-VQ (jeweils links). Das sich ergebende Gesamt-SNR, das SNR jedes Merkmals und die geeignet verformten Voronoi-Zellen bei zusätzlicher Erweiterung des Lloyd-VQ gemäß Algorithmus 4.3 (jeweils rechts).

von $\bar{\varepsilon}^t_{\check{d}}/r_{\check{d}}$ und des vorherigen Gewichts g^t über

$$g_d^{t+1} = g_d^t \cdot \exp\left(\alpha \frac{\bar{\varepsilon}^t_d/r_d - \bar{\varepsilon}^t_{\check{d}}/r_{\check{d}}}{\bar{\varepsilon}^t_{\check{d}}/r_{\check{d}}}\right), \tag{4.17}$$

wobei $\alpha > 0$ eine Lernrate ist, die unabhängig von den Merkmalen festgelegt wird. Die Gewichtung mit der Exponentialfunktion bewirkt dabei eine stärkere Gewichtsveränderung für große Abweichungen gegenüber kleinen Abweichungen. Aufgrund des stets negativen Exponenten in Gleichung 4.17 gilt außerdem $g_d^{t+1} \leq g_d^t$, wobei die Gleichheit nur für $d = \check{d}$ erfüllt ist. Nach jeder Anpassung der Gewichte erfolgt eine erneute Zuordnung der Codebucheinträge gemäß Gleichung 4.12, wobei die diskrete Folge $\hat{\mathbf{f}}^{t+1} = (\hat{f}_1^{t+1}, \ldots, \hat{f}_K^{t+1})$ erhalten wird und die sich ergebenden mittleren Quantisierungsfehler $\bar{\varepsilon}^{t+1} = (\bar{\varepsilon}_1^{t+1}, \ldots, \bar{\varepsilon}_D^{t+1})$ berechnet werden. Die Anpassung der Gewichte kann nach [Sch09b] als Regelkreis, der in Abbildung 4.5 gezeigt ist, aufgefasst werden.

Die Zuordnung aller $\mathbf{f}_k \mapsto \mathbf{c}_{\hat{f}_k^t}$ bei Verwendung der Gewichte g_d^t ist in der Sequenz $\hat{\mathbf{f}}^t = (\hat{f}_1^t, \ldots, \hat{f}_K^t)$ zusammengefasst. Diese unterscheidet sich an den Stellen $\hat{f}_\kappa^{t+1}$ von der Sequenz $\hat{\mathbf{f}}^{t+1}$, die die Zuordnung zwischen den Merkmalsvektoren $\mathbf{f}_k$ und den Codebucheinträgen $\mathbf{c}_{\hat{f}_k^{t+1}}$ bei Verwendung der Gewichte g_d^{t+1} enthält. Somit ist $\hat{f}_\kappa^{t+1} \neq \hat{f}_\kappa^t$. Für die Zuordnungen $\hat{f}_\kappa^t$ bei Verwendung der Gewichte g_d^t gilt

$$\begin{aligned} \sum_{d=1}^{D} g_d^t \cdot \underbrace{(f_{d,\kappa}^{t+1} - c_{d,\hat{f}_\kappa^{t+1}})^2}_{e_{d,\kappa}^{t+1}} &> \sum_{d=1}^{D} g_d^t \cdot \underbrace{(f_{d,\kappa}^t - c_{d,\hat{f}_\kappa^t})^2}_{e_{d,\kappa}^t} \\ \Rightarrow \left.\begin{matrix} g_1^t \cdot e_{d,\kappa}^{t+1} + \ldots + \\ g_{\check{d}}^t \cdot e_{\check{d},\kappa}^{t+1} + \ldots + g_D^t \cdot e_{D,\kappa}^{t+1} \end{matrix}\right\} &> \left\{\begin{matrix} g_1^t \cdot e_{d,\kappa}^t + \ldots + \\ g_{\check{d}}^t \cdot e_{\check{d},\kappa}^t + \ldots + g_D^t \cdot e_{D,\kappa}, \end{matrix}\right. \end{aligned} \tag{4.18}$$

da der Codebucheintrag $\mathbf{c}_{\hat{f}_\kappa^t}$ anstelle des Codebucheintrags $\mathbf{c}_{\hat{f}_\kappa^{t+1}}$ gewählt wird. Bei Verwendung der neuen Gewichtung $\mathbf{G}^{t+1}$ wird dagegen der Codebucheintrag $\mathbf{c}_{\hat{f}_\kappa^{t+1}}$ anstelle des Codebucheintrags

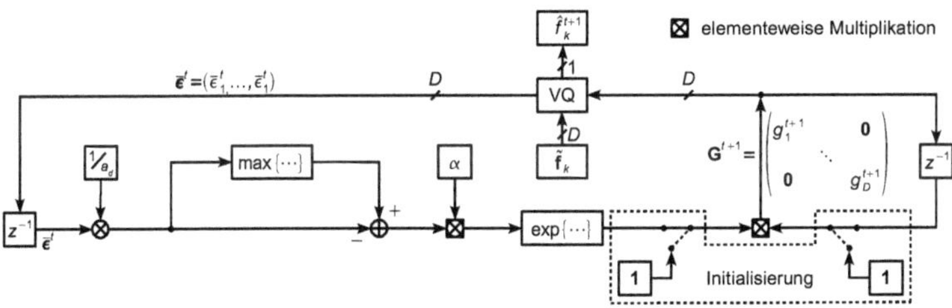

Abbildung 4.5: Regelkreis zur iterativen Bestimmung der Gewichte g_d der Gewichtsmatrix **G** zum Erreichen einer Verteilung des mittleren quadratischen Fehlers gemäß der Verhältnisse in **a** nach der Vektorquantisierung [Sch09b].

$\mathbf{c}_{\hat{f}^t_\kappa}$ gewählt. Deswegen ergibt sich

$$
\begin{aligned}
&\sum_{d=1}^{D} g_d^{t+1} \cdot e_{d,\kappa}^{t+1} < \sum_{d=1}^{D} g_d^{t+1} \cdot e_{d,\kappa}^{t} \\
\Rightarrow \quad & \left.\begin{matrix} g_1^{t+1} \cdot e_{d,\kappa}^{t+1} + \ldots + \\ g_{\check{d}} \cdot e_{\check{d},\kappa}^{t+1} + \ldots + g_D^{t+1} \cdot e_{D,\kappa}^{t+1} \end{matrix}\right\} < \left\{\begin{matrix} g_1^{t+1} \cdot e_{d,\kappa}^{t} + \ldots + \\ g_{\check{d}} \cdot e_{\check{d},\kappa}^{t} + \ldots + g_D^{t+1} \cdot e_{D,\kappa}^{t}. \end{matrix}\right.
\end{aligned}
\tag{4.19}
$$

Den Überlegungen des vorherigen Abschnitts und Gleichung 4.15 folgend, werden durch die neue Zuordnung nach Gleichung 4.19 die Codebucheinträge $\mathbf{c}_{\hat{f}^{t+1}_\kappa}$ so gewählt, dass sich der Abstand zum Merkmal $f_{\check{d},\kappa}$ und damit der mittlere Quantisierungsfehler gegenüber der Zuordnung nach Gleichung 4.18 verringert, da sich dessen Gewicht in Bezug auf die Gewichte der restlichen Merkmale vergrößert hat ($g_{\check{d}}^{t+1} = g_{\check{d}}^t$). Für die verbleibenden Merkmale gilt jedoch $g_d^{t+1} < g_d^t, d \neq \check{d}$, somit können Codebucheinträge gewählt werden, die weiter entfernt von den entsprechenden Merkmalen liegen, und der mittlere Quantisierungsfehler erhöht sich.

Damit wird durch das oben beschriebene Verfahren in jedem Schritt der mittlere Quantisierungsfehler des Merkmals mit dem jeweiligen größten Verhältnis $\bar{\varepsilon}_{\check{d}}/r_{\check{d}}$ verringert. Gleichzeitig werden die Quantisierungsfehler der restlichen Merkmale und damit deren Verhältnisse $\bar{\varepsilon}_d/r_d$ erhöht, sodass die Zielverteilung nach Gleichung 4.10 immer besser angenähert wird. Die Anpassung der Gewichte wird bis zum Erreichen eines Abbruchkriteriums fortgesetzt. Ein mögliches Abbruchkriterium ist dabei, dass z. B. die Verbesserung der Annäherung an die Zielverteilung nach Gleichung 4.10 unter eine bestimmte Schranke fällt. Die Anpassung der Gewichte ist in Algorithmus 4.3 zusammengefasst.

In Abbildung 4.4 rechts ist die neue Partitionierung des durch die beiden Merkmale f_6 und f_8 aufgespannten Merkmalsraums nach der Anpassung der Voronoi-Zellen gemäß Algorithmus 4.3 dargestellt. Wie die Verteilung des SNR in Abbildung 4.4 Mitte zeigt, sind nach der Anpassung die mittleren Quantisierungsfehler der beiden Merkmale f_6 und f_8 gleich. Dabei hat sich das SNR des Merkmals f_6 erhöht, das SNR des Merkmals f_8 entsprechend verringert. Gleichzeitig wird das Gesamt-SNR aufgrund der getrennten Optimierung der Codebucheinträge und der anschließenden iterativen Anpassung der Voronoi-Zellen reduziert.

Algorithmus 4.3 Erweiterter VQ

Benötigt: Merkmale $\mathbf{F} = (\mathbf{f}_1, \ldots, \mathbf{f}_K)^{\mathrm{T}}$, Anzahl der Codebucheinträge N_{cdb}, Verteilung $\mathbf{a}$ der mittleren Quantisierungsfehler $\bar{\varepsilon}_d$ je Merkmal f_d

Stellt sicher: Codebuch $\mathcal{C}$ mit N_{cdb} Codebucheinträgen $\mathbf{c}_i$, Gewichte g_d zum Erreichen der Verteilung der Quantisierungsfehler $\bar{\varepsilon}_d$ gemäß $\mathbf{a}$

function ERWVQ(Merkmale $\mathbf{F}$, Anzahl Codebucheinträge N_{cdb}, Verteilung $\mathbf{a}$, α)
  generiere Codebucheinträge (z. B. gemäß Algorithmus 2.1) ▷ Initialisierung
  $t = 0$
  wähle $g^t_{d1,d2} = 0$ für $d_1 \neq d_2$ und $g^t_{d,d} = 1/D$, $1 \leq d, d_1, d_2 \leq D$
  while Abbruchkriterium nicht erreicht **do**
    finde $\hat{\mathbf{f}}^t_k$ nach Gleichung 4.12
    ermittle $\bar{\varepsilon}^t = (\bar{\varepsilon}^t_1, \ldots, \bar{\varepsilon}^t_D)$
    $\check{d} = \operatorname*{argmax}_{1 \leq \Delta \leq D} \bar{\varepsilon}_\Delta(j)/a_\Delta$
    for $d \in \{1; \ldots; D\}$ **do**
      $g^{t+1}_d = g^t_d \cdot \exp\left(\alpha \cdot \frac{\bar{\varepsilon}^t_d/a_d - \bar{\varepsilon}^t_{\check{d}}/a_{\check{d}}}{\bar{\varepsilon}^t_{\check{d}}/a_{\check{d}}}\right)$
    end for
    $t = t + 1$
  end while
end function

4.3.3 Einfluss des erweiterten VQ auf das Erkennungssystem

In diesem Abschnitt wird der Einfluss der Erweiterung des VQ gemäß Algorithmus 4.3, mit dessen Hilfe die den Merkmalsraum partitionierenden Voronoi-Zellen angepasst werden, untersucht. In Abbildung 4.6 ist die Verteilung des SNR der im Merkmalssatz $\mathcal{X}^{*,\mathrm{SFS}}_{14}$ enthaltenen Merkmale ohne (jeweils links) und mit (jeweils rechts) der Anpassung nach Algorithmus 4.3 für die Codebuchgrößen $N_{\mathrm{cdb}} \in \{10; 100; 1\,000\}$ zusammen mit den jeweiligen Gewichten g_d dargestellt. Es zeigt sich, dass nach der Anpassung der Voronoi-Zellen gemäß Algorithmus 4.3 der mittlere Quantisierungsfehler $\bar{\varepsilon}$ annähernd gleichmäßig auf die einzelnen Merkmale verteilt ist. Lediglich beim Merkmal f_1, dem binärwertigen Druckmerkmal, gelingt die Gleichverteilung nicht: Da bei der Anpassung der Voronoi-Zellen nach Algorithmus 4.3 die Codebucheinträge nicht verändert werden, lässt sich auch durch eine Verringerung des Gewichts g_1 das zugehörige SNR nicht reduzieren. Dies zeigt auch die Verteilung der Gewichte in Abbildung 4.6 unten: Unabhängig von der Anzahl der gewählten Codebucheinträge erhält das binäre Druckmerkmal das geringste Gewicht. Für alle anderen Merkmale gelingt jedoch die Anpassung. Für $N_{\mathrm{cdb}} = 10$ Codebucheinträge wird nach der Anpassung der Voronoi-Zellen für das Merkmal f_4 ein SNR von $\mathrm{SNR}_4 = 1{,}2\,\mathrm{dB}$ erhalten. Der SNR-Wert dieses Merkmals entspricht somit dem SNR-Wert der verbleibenden Merkmale und wird durch die Wahl des Gewichts g_4 erreicht – es ist für $N_{\mathrm{cdb}} = 10$ das größte Gewicht.

In Experiment 4.3 wird der erweiterte VQ nach Algorithmus 4.3 zur Quantisierung der normierten Merkmalsvektoren $\tilde{\mathbf{f}}$ des Referenzsystems und der Wahl $a_d = 1$, $1 \leq d \leq D$ evaluiert. Die Buchstaben-ACC, ermittelt auf dem Validierungs-Datensatz $\mathcal{S}_{\mathrm{val}}$, ist in Abbildung 4.9 dargestellt; die Buchstaben-ACC, ermittelt auf dem Test-Datensatz $\mathcal{S}_{\mathrm{val}}$, zeigt Tabelle 4.3. Für $N_{\mathrm{cdb}} = 10$ Codebucheinträge ergibt sich eine relative, statistisch hochsignifikante Verringerung der Buchstaben-ACC um $\Delta r = -4{,}1\,\%$ auf $a^{\mathrm{G}}_{\mathrm{v}} = 39{,}4\,\%$ bzw. um $\Delta r = -5{,}6\,\%$ auf $a^{\mathrm{G}}_{\mathrm{t}} = 44{,}5\,\%$, bezogen auf

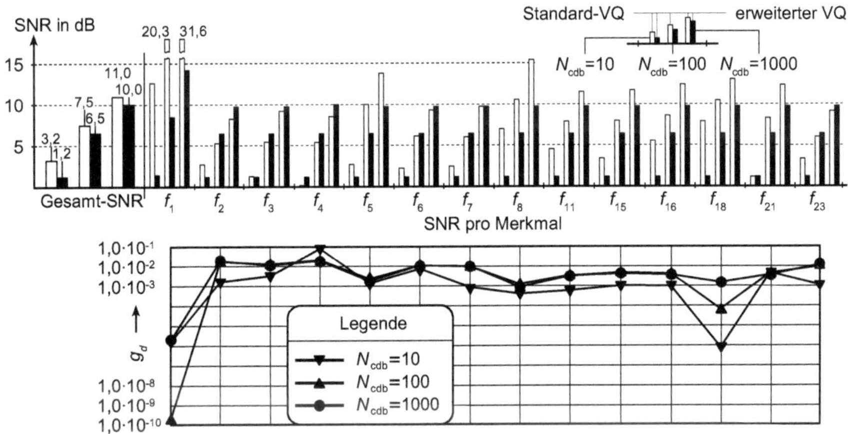

Abbildung 4.6: Gesamt-SNR und Verteilung des SNR auf die einzelnen Merkmale des optimalen Merkmalssatzes $\mathcal{X}_{14}^{*,\mathrm{SFS}}$ bei Verwendung von $N_{\mathrm{cdb}} \in \{10;100;1\,000\}$ Codebucheinträgen zur Quantisierung mit dem Lloyd-VQ (siehe Abbildung 4.3; jeweils links) und Gesamt-SNR und Verteilung des SNR auf die einzelnen Merkmale bei Verwendung des erweiterten VQ zur (annähernden) Gleichverteilung des SNR auf die Merkmale (jeweils rechts). Aufgrund der Normierung auf den Mittelwert $\mu_d = 0$ und der Varianz $\mathrm{Var}_d = 1$ lässt sich das SNR direkt aus dem mittleren Quantisierungsfehler $\bar{\varepsilon}_d$ jedes Merkmals f_d gemäß Gleichung 2.20 ermitteln. Die Anpassung der Gewichte (unten) erfolgt mithilfe des Regelkreises aus Abbildung 4.5.

das diskrete Referenzsystem. Diese Verringerung lässt sich mit der Suboptimalität des Verfahrens erklären. Mit steigender Anzahl an Codebucheinträgen wird der Merkmalsraum feiner aufgelöst. So ergibt sich für $N_{\mathrm{cdb}} = 2\,000$ Codebucheinträge eine Buchstaben-ACC von $a_{\mathrm{v}}^{\mathrm{G}} = 61,7\,\%$ bzw. von $a_{\mathrm{t}}^{\mathrm{G}} = 67,3\,\%$, was einer relativen Änderung von $\Delta r = 0,0\,\%$ bzw. $\Delta r = -0,1\,\%$ bezüglich des diskreten Referenzsystems entspricht. Diese Veränderung ist jedoch nicht statistisch signifikant – der Einsatz des erweiterten VQ führt demnach zu gleichwertigen Erkennungssystemen.

Experiment 4.4: *Evaluierung des erweiterten VQ*

In diesem Experiment wird der erweiterte VQ nach Algorithmus 4.3 bei Forderung nach einem gleichverteilten Quantisierungsfehler auf die Merkmale der Merkmalsvektoren $\tilde{\mathbf{f}}_k$, d. h. $a_1 = \ldots = a_{24} = 1$, angewendet. Dazu wird im diskreten Referenzsystem aus Kapitel 3 der Lloyd-VQ durch den erweiterten VQ ersetzt. Alle weiteren Systemparameter ändern sich nicht. Die Buchstaben-ACC, ermittelt auf dem Validierungs-Datensatz $\mathcal{S}_{\mathrm{val}}$, ist in Abbildung 4.9 auf Seite 70 für Codebuchgrößen von $N_{\mathrm{cdb}} \in \{10;100;500;1\,000;2\,000\}$ dargestellt (—▲—). In Tabelle 4.3 sind die Ergebnisse dieses Experiments zusammengefasst und werden mit der Buchstaben-ACC, ermittelt auf dem Test-Datensatz $\mathcal{S}_{\mathrm{test}}$, des diskreten Referenzsystems verglichen.

Wie in Tabelle 4.3 und in Abbildung 4.9 gezeigt ist, führt die Quantisierung der Merkmale bei gleichverteiltem Quantisierungsfehler gemäß dem in Algorithmus 4.3 vorgestellten erweiterten

	diskrete HMM, N_{cdb}				
	10	100	500	1 000	2 000
$a_{\mathrm{t}}^{\mathrm{G}}$	44,5 %	61,4 %	64,8 %	66,2 %	67,3 %
Δr Exp. 3.5	-5,6 % (0,99)⁺	0,2 % (0,62)	-0,5 % (0,82)	-0,3 % (0,73)	-0,1 %(0,62)

Tabelle 4.3: Ergebnisse des Experiments 4.4 bei Verwendung des erweiterten VQ nach Algorithmus 4.3 zur Quantisierung der Merkmalsvektoren $\tilde{\mathbf{f}}_k$ bei Erkennung in einem auf diskreten HMM basierenden Erkennungssystem mit unterschiedlichen Codebuchgrößen ($N_{\mathrm{cdb}} \in \{10; 100; 500; 1\,000; 2\,000\}$). Dargestellt ist die Buchstaben-ACC, ermittelt auf dem Test-Datensatz $\mathcal{S}_{\mathrm{test}}$. Zusätzlich ist die relative Veränderung Δr, bezogen auf das in Experiment 3.5 evaluierte System, sowie das Signifikanzniveau $(\cdot)$ angegeben, wobei $0,99^{+}$ eine Signifikanz von $p_r > 0,99$ anzeigt.

VQ zu keiner statistisch signifikanten Veränderung der Buchstaben-ACC für Codebuchgrößen $N_{\mathrm{cdb}} > 100$. Dies rechtfertigt die Verwendung der suboptimalen, zweistufigen Anpassung der Voronoi-Zellen aus Abschnitt 4.3.2 in den weiteren Betrachtungen. Im folgenden Abschnitt wird die SFS auf das diskrete Erkennungssystem angewendet.

4.3.4 SFS für die Erkennung mit diskreten HMM

In diesem Abschnitt wird die SFS auf die Merkmale für die Erkennung mit einem auf diskreten HMM basierenden Erkenner angewendet. Dabei kommt der in Abschnitt 4.3.2 beschriebene erweiterte VQ nach Algorithmus 4.3 zum Einsatz, mit dessen Hilfe der durch die Vektorquantisierung eingeführte Quantisierungsfehler gleichmäßig auf die einzelnen Merkmale verteilt wird. Die Forderung nach einem gleichverteilten Quantisierungsfehler ist nötig, da andernfalls die Signifikanz der Merkmale durch den VQ verfälscht wird. Für die Anwendung auf die vektorquantisierten Merkmale wird die in Algorithmus 4.1 beschriebene SFS minimal erweitert: Vor der Evaluierung werden die Merkmalsvektoren, die nur Merkmale des Merkmalssatzes $\mathcal{X}_{D_{\mathrm{r}}}^{\mathrm{G}}$ enthalten, mithilfe des erweiterten VQ quantisiert. Die Auswahl der Merkmale erfolgt in Experiment 4.5. Die Ergebnisse dieses Experiments sind in Abbildung 4.7 und in Abbildung 4.9 als Buchstaben-ACC, ermittelt auf dem Validierungs-Datensatz $\mathcal{S}_{\mathrm{val}}$, in Abhängigkeit der Anzahl der verwendeten Merkmale und für die Codebuchgrößen $N_{\mathrm{cdb}} \in \{10; 100; 1\,000\}$ dargestellt. Tabelle 4.4 zeigt die Buchstaben-ACC, ermittelt auf dem Test-Datensatz $\mathcal{S}_{\mathrm{test}}$. Zusätzlich sind in Abbildung 4.7 und in Tabelle 4.4 die Merkmale der optimalen Merkmalssätze als Merkmalskarte gezeigt. In Abhängigkeit der Codebuchgröße erweisen sich dabei leicht variierende Merkmalssätze als optimal. Bezogen auf das Referenzsystem, ergibt sich in allen Fällen eine statistisch signifikante bzw. statistisch hochsignifikante Verbesserung der Buchstaben-ACC. So wird für $N_{\mathrm{cdb}} = 10$ Codebucheinträge eine Buchstaben-ACC von $a_{\mathrm{v}}^{\mathrm{G,SFS}} = 45,0\,\%$ bzw. $a_{\mathrm{t}}^{\mathrm{G,SFS}} = 50,0\,\%$ entsprechend einer relativen, statistisch hochsignifikanten Erhöhung der Buchstaben-ACC um $\Delta r = 8,9\,\%$ bzw. $\Delta r = 6,0\,\%$ erreicht. Die relative Verbesserung um $\Delta r = 1,3\,\%$ auf $a_{\mathrm{v}}^{\mathrm{G,SFS}} = 62,5\,\%$ bzw. um $\Delta r = 1,5\,\%$ auf $a_{\mathrm{t}}^{\mathrm{G,SFS}} = 68,4\,\%$ für eine Codebuchgröße von $N_{\mathrm{cdb}} = 2000$ ist zwar weniger deutlich, aber dennoch statistisch hochsignifikant.

	diskrete HMM, N_{cdb}				
	10	100	500	1 000	2 000
$a_{\mathrm{t}}^{\mathrm{G,SFS}}$	50,0 %	62,9 %	66,4 %	67,2 %	68,4 %
Δr_1 Exp. 3.5	6,0 % (0,99)⁺	2,5 % (0,99)⁺	2,0 % (0,99)⁺	1,2 % (0,99)	1,5 %(0,99)⁺
Δr_2 Exp. 4.3	9,0 % (0,99)⁺	0,2 % (0,62)	0,5 % (0,82)	1,0 % (0,99)	0,9 % (0,97)
$\mathcal{X}^{*,\mathrm{G}}$					

Tabelle 4.4: Ergebnisse des Experiments 4.5 bei Verwendung des erweiterten VQ nach Algorithmus 4.3 zur Quantisierung der Merkmalsvektoren $\tilde{\mathbf{f}}_k$ bei Erkennung in einem auf diskreten HMM basierenden Erkennungssystem und Auswahl der Merkmale durch die SFS. Dargestellt ist die Buchstaben-ACC, ermittelt auf dem Test-Datensatz $\mathcal{S}_{\mathrm{test}}$, in Abhängigkeit der Codebuchgröße ($N_{\mathrm{cdb}} \in \{10; 100; 500; 1\,000; 2\,000\}$). Zusätzlich ist die relative Veränderung Δr_1, bezogen auf das in Experiment 3.5 evaluierte System, und Δr_2, bezogen auf das in Experiment 4.3 evaluierte System, sowie das jeweilige Signifikanzniveau $(\cdot)$ angegeben, wobei $0,99^{+}$ eine Signifikanz von $p_{x,r} > 0,99$ anzeigt. Die letzte Zeile gibt die Merkmalskarte des optimalen Merkmalssatzes $\mathcal{X}^{*,\mathrm{G}}$ an.

Experiment 4.5: *SFS mit erweitertem VQ*

In diesem Experiment wird die SFS auf ein diskretes System angewendet, das den erweiterten VQ nach Algorithmus 4.3 zur Quantisierung verwendet. Dabei werden die D_{r} Merkmale des Merkmalssatzes $\mathcal{X}_{D_{\mathrm{r}}}^{\mathrm{G}}$ normalisiert und anschließend so quantisiert, dass der Quantisierungsfehler gleichmäßig über die einzelnen Merkmale verteilt ist, d. h. jedes Merkmal besitzt den gleichen Beitrag zur Quantisierung. Die Ergebnisse sind als Buchstaben-ACC, ermittelt auf dem Validierungs-Datensatz $\mathcal{S}_{\mathrm{val}}$, in Abbildung 4.7 in Abhängigkeit der Anzahl der verwendeten Merkmale und der Codebuchgröße $N_{\mathrm{cdb}} \in \{10; 100; 500; 1\,000; 2\,000\}$ dargestellt. Die Buchstaben-ACC, ermittelt auf dem Validierungs-Datensatz $\mathcal{S}_{\mathrm{val}}$ bei Verwendung des jeweiligen optimalen Merkmalssatzes $\mathcal{X}^{*,\mathrm{G}}$, ist in Abbildung 4.9 auf Seite 70 dargestellt (—•—). Tabelle 4.5 zeigt die sich für diese Merkmalssätze ergebende Buchstaben-ACC, ermittelt auf dem Test-Datensatz $\mathcal{S}_{\mathrm{test}}$, zusammen mit den zugehörigen Merkmalskarten und den relativen Änderungen zu den Ergebnissen aus den Experimenten 4.3 und 3.5.

Mithilfe des erweiterten VQ nach Algorithmus 4.3 und der SFS lassen sich in Abhängigkeit der Codebuchgröße optimale Merkmalssätze $\mathcal{X}^{*,\mathrm{G}}$ ermitteln, deren Verwendung zur Erkennung innerhalb des diskreten Erkennungssystems zu einer statistisch (hoch)signifikanten Erhöhung der Buchstaben-ACC führt. Auffallend ist, dass im Gegensatz zum optimalen Merkmalssatz $\mathcal{X}_{14}^{*,\mathrm{SFS}}$ des kontinuierlichen Erkennungssystems kein Merkmalssatz das Druckmerkmal f_1 enthält. Dennoch lässt sich mit den hier gefundenen Merkmalssätzen eine statistisch signifikante Erhöhung der Buchstaben-ACC, verglichen mit dem Merkmalssatz $\mathcal{X}_{14}^{*,\mathrm{SFS}}$, erreichen: Die Buchstaben-ACC von $a_{\mathrm{v}}^{\mathrm{G,SFS}} = 62,5\,\%$ bzw. $a_{\mathrm{t}}^{\mathrm{G,SFS}} = 68,4\,\%$ entspricht einer relativen Verbesserung um $\Delta r = 0,8\,\%$ ($p_r = 0,95$) bzw. $\Delta r = 0,9\,\%$ ($p_r = 0,97$) für $N_{\mathrm{cdb}} = 2\,000$ (siehe Abbildung 4.9 und Tabelle 4.4). Dieses Ergebnis ist bemerkenswert, da der Merkmalssatz $\mathcal{X}^{*,\mathrm{G}}$ in diesem Fall aus lediglich $D_{\mathrm{r}} = 10$ Merkmalen besteht. Auch für andere Codebuchgrößen liefert die SFS in Verbindung mit dem erweiterten VQ nach Algorithmus 4.3 Merkmalssätze, die, verglichen mit

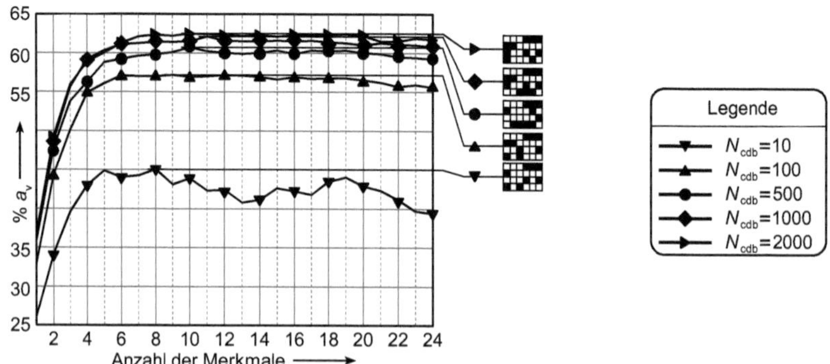

Abbildung 4.7: Graphische Zusammenfassung der Ergebnisse des Experiments 4.5. Dargestellt ist die Buchstaben-ACC, ermittelt auf dem Validierungs-Datensatz $\mathcal{S}_{\text{val}}$, in Abhängigkeit der Größe der zur Erkennung mit diskreten HMM verwendeten Merkmalssätze, die sich für die SFS ergeben, und der Codebuchgröße $N_{\text{cdb}} \in \{10; 100; 500; 1\,000; 2\,000\}$. Zusätzlich ist der jeweilige optimale Merkmalssatz $\mathcal{X}^*$ als Merkmalskarte angegeben.

dem Merkmalssatz $\mathcal{X}^{*,\text{SFS}}$, weniger Merkmale enthalten – bei gleichzeitig statistisch signifikant gestiegener Erkennungsleistung.

Um die anfänglich gestellte Forderung nach einem gleichverteilten Quantisierungsfehler der Merkmale zu unterstreichen, wird in Experiment 4.6 die SFS abermals auf die quantisierten Merkmale des diskreten Erkennungssystems angewendet. Diesmal wird jedoch der Lloyd-VQ zur Quantisierung verwendet, d. h. der Quantisierungsfehler ist nicht gleichmäßig über die Merkmale verteilt. Die Ergebnisse sind als Buchstaben-ACC, ermittelt auf dem Validierungs-Datensatz $\mathcal{S}_{\text{val}}$, in Abhängigkeit der verwendeten Codebuchgröße N_{cdb} in den Abbildungen 4.8 und 4.9 zusammengefasst. Die Buchstaben-ACC, ermittelt auf dem Test-Datensatz $\mathcal{S}_{\text{test}}$, zeigt Tabelle 4.5. Zusätzlich sind in Abbildung 4.8 und in Tabelle 4.5 die Merkmale der optimalen Merkmalssätze als Merkmalskarte gezeigt. Wie bereits in Experiment 4.5 erwiesen, ergeben sich auch hier in Abhängigkeit der Codebuchgröße variierende optimale Merkmalssätze $\mathcal{X}^{*,\text{S}}$. Bezogen auf das Referenzsystem, ergeben sich in allen Fällen statistisch signifikante bzw. statistisch hochsignifikante Verbesserungen der Buchstaben-ACC. So wird für $N_{\text{cdb}} = 2\,000$ Codebucheinträge eine Buchstaben-ACC von $a_{\text{v}}^{\text{S,SFS}} = 62{,}7\,\%$ bzw. $a_{\text{t}}^{\text{S,SFS}} = 68{,}8\,\%$ erreicht, was einer relativen, statistisch hochsignifikanten Erhöhung der Buchstaben-ACC um $\Delta r = 1{,}6\,\%$ bzw. $\Delta r = 1{,}7\,\%$ entspricht.

Experiment 4.6: *SFS mit Lloyd-VQ*

Um die Bedeutung der gleichmäßigen Verteilung des Quantisierungsfehlers über die einzelnen Merkmale mithilfe des in Algorithmus 4.3 vorgestellten erweiterten VQ aufzuzeigen, wird in diesem Experiment das Experiment 4.5 wiederholt, jedoch unter Verwendung des Lloyd-VQ. Die Ergebnisse sind als Buchstaben-ACC, ermittelt auf dem Validierungs-Datensatz $\mathcal{S}_{\text{val}}$, in Abbildung 4.8 in Abhängigkeit der Anzahl der verwendeten Merkmale und der Codebuchgröße $N_{\text{cdb}} \in \{10; 100; 500; 1\,000; 2\,000\}$ dargestellt. Die Buchstaben-ACC, ermittelt auf dem Validierungs-Datensatz $\mathcal{S}_{\text{val}}$ bei Verwendung des jeweiligen optimalen Merkmalssatzes $\mathcal{X}^{*,\text{G}}$, ist in Abbildung 4.9 auf Seite 70 dargestellt (—◆—). Tabelle 4.5 zeigt die sich für diese Merk-

	diskrete HMM, N_{cdb}				
	10	100	500	1 000	2 000
$a_{\mathrm{t}}^{\mathrm{S,SFS}}$	50,0 %	63,6 %	66,1 %	67,0 %	68,6 %
Δr_1 Exp. 3.5	6,0 % (0,99)⁺	3,6 % (0,99)	1,5 % (0,99)	0,9 % (0,97)	1,7 %(0,99)
Δr_2 Exp. 4.5	0,0 % (0,5)	1,1 % (0,98)	-0,5 % (0,79)	-0,3 % (0,72)	0,3 % (0,74)
$\mathcal{X}^{*,\mathrm{S}}$					

Tabelle 4.5: Ergebnisse des Experiments 4.6 bei Verwendung des Lloyd-VQ zur Quantisierung der Merkmalsvektoren $\tilde{\mathbf{f}}_k$ bei Erkennung in einem auf diskreten HMM basierenden Erkennungssystem und Auswahl der Merkmale durch die SFS. Dargestellt ist die Buchstaben-ACC, ermittelt auf dem Test-Datensatz $\mathcal{S}_{\mathrm{test}}$, in Abhängigkeit der Codebuchgröße ($N_{\mathrm{cdb}} \in \{10; 100; 500; 1\,000; 2\,000\}$). Zusätzlich ist die relative Veränderung Δr_1, bezogen auf das in Experiment 3.5 evaluierte System, und Δr_2, bezogen auf das in Experiment 4.5 evaluierte System, sowie das jeweilige Signifikanzniveau $(\cdot)$ angegeben, wobei $0,99^{+}$ eine Signifikanz von $p_{x,r} > 0,99$ anzeigt. Die letzte Zeile gibt die Merkmalskarte des optimalen Merkmalssatzes $\mathcal{X}^{*,\mathrm{S}}$ an.

malssätze ergebende Buchstaben-ACC, ermittelt auf dem Test-Datensatz $\mathcal{S}_{\mathrm{test}}$, zusammen mit den zugehörigen Merkmalskarten. Zusätzlich sind die relativen Änderungen zu den Ergebnissen aus Experiment 4.5 angegeben.

Wie die in den Abbildungen 4.8 und 4.9 sowie in Tabelle 4.5 dargestellten Ergebnisse des Experiments 4.6 zeigen, lässt sich auch mit dem Lloyd-VQ und der SFS eine statistisch (hoch)signifikante Erhöhung der Buchstaben-ACC erzielen. Bemerkenswert ist auch hier, dass in keinem der gewählten Merkmalssätze die Druckinformation f_1 enthalten ist, die sich im kontinuierlichen Merkmalssatz als eines der wichtigsten Merkmale herausgestellt hat. Auf die besondere Rolle der Druckinformation wird später in Kapitel 5 näher eingegangen. Auch bezogen auf die jeweiligen optimalen Merkmalssätze $\mathcal{X}^{*,G}$, ergibt sich bei den hier ermittelten Merkmalssätzen $\mathcal{X}^{*,S}$ zur Erkennung eine Veränderung der Buchstaben-ACC. Diese ist jedoch nur für die Codebuchgrößen $N_{\mathrm{cdb}} = 100$ und $N_{\mathrm{cdb}} = 500$ statistisch signifikant. Insbesondere die für eine Codebuchgröße von $N_{\mathrm{cdb}} = 2\,000$ erreichte Buchstaben-ACC von $a_{\mathrm{v}}^{\mathrm{S,SFS}} = 62,7\,\%$ bzw. $a_{\mathrm{t}}^{\mathrm{S,SFS}} = 68,6\,\%$ entspricht einer relativen, statistisch nicht signifikanten Erhöhung um jeweils $\Delta r = 0,3\,\%$ ($p_r = 0,73$ bzw. $p_r = 0,74$). Demnach sind die erhaltenen Merkmalssätze $\mathcal{X}^{*,G}$ und $\mathcal{X}^{*,S}$ weitestgehend gleichwertig. Der Vorteil des in Experiment 4.5 ermittelten Merkmalssatzes $\mathcal{X}^{*,G}$ wird deutlich, wenn die jeweiligen Merkmalskarten aus den Tabellen 4.4 und 4.5 gegenübergestellt werden. Ein direkter Vergleich zeigt, dass die durch den erweiterten VQ und der SFS ermittelten Merkmalssätze meist deutlich weniger Merkmale enthalten als bei Verwendung des Lloyd-VQ. So wird die höchste Buchstaben-ACC von $a_{\mathrm{v}}^{\mathrm{G,SFS}} = 62,5\,\%$ bzw. $a_{\mathrm{t}}^{\mathrm{G,SFS}} = 68,4\,\%$ mit lediglich $D_{\mathrm{r}} = 10$ Merkmalen erreicht. Dem steht die geringfügig höhere Buchstaben-ACC bei Verwendung des Lloyd-VQ von $a_{\mathrm{v}}^{\mathrm{S,SFS}} = 62,7\,\%$ bzw. $a_{\mathrm{t}}^{\mathrm{S,SFS}} = 68,6\,\%$ gegenüber – diese wird jedoch nur bei Verwendung von $D_{\mathrm{r}} = 17$ Merkmalen erreicht.

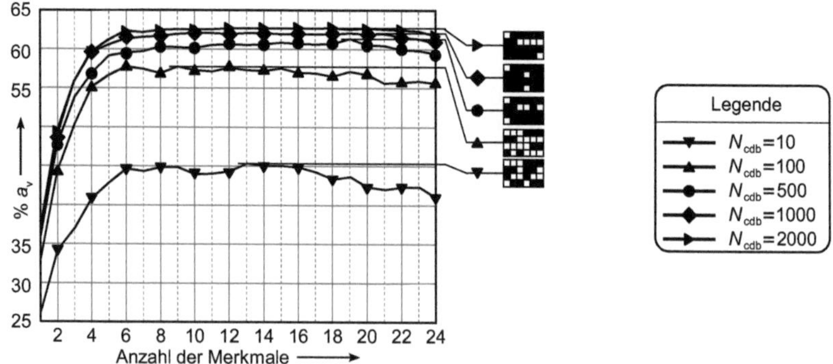

Abbildung 4.8: Graphische Zusammenfassung der Ergebnisse des Experiments 4.6. Dargestellt ist die Buchstaben-ACC, ermittelt auf dem Validierungs-Datensatz $\mathcal{S}_{\text{val}}$, in Abhängigkeit der Größe der zur Erkennung mit diskreten HMM verwendeten Merkmalssätze, die sich für die SFS ergeben, und der Codebuchgröße $N_{\text{cdb}} \in \{10; 100; 500; 1\,000; 2\,000\}$. Zusätzlich ist der jeweilige optimale Merkmalssatz $\mathcal{X}^*$ als Merkmalskarte angegeben.

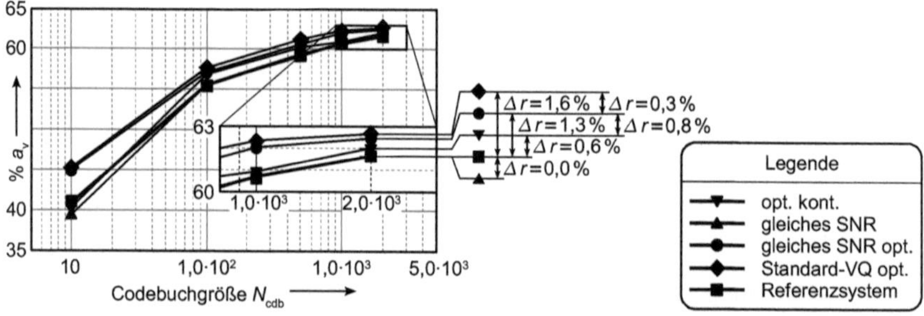

Abbildung 4.9: Graphische Zusammenfassung der Ergebnisse der Experimente 4.3, 4.4, 4.5 und 4.6. Dargestellt ist die Buchstaben-ACC, ermittelt auf dem Validierungs-Datensatz $\mathcal{S}_{\text{val}}$, in Abhängigkeit der Anzahl der zur Erkennung mit diskreten HMM verwendeten Merkmale, die sich für die SFS ergibt, und der Codebuchgröße $N_{\text{cdb}} \in \{10; 100; 500; 1\,000; 2\,000\}$. Zusätzlich ist das Ergebnis des diskreten Referenzsystems (siehe Experiment 3.5) angegeben.

4.4 Merkmalszusammenfassung in MOHMM

Neben der Selektion der Merkmale besteht für die Erkennung mit diskreten HMM auch die Möglichkeit der Zusammenfassung bestimmter Merkmale in sog. Beobachtungsströme. Die Modellierung dieser Beobachtungsströme erfolgt mit den in Abschnitt 2.1 vorgestellten MOHMM. Im Folgenden werden zwei mögliche Aufteilungen der Merkmale in Gruppen vorgestellt. Dabei werden die Merkmale zum einen nach ihren Eigenschaften (wertdiskret, wertkontinuierlich) und zum anderen nach ihrer Erzeugung (Online-Merkmale, Offline-Merkmale), also nach ihrem Typ, unterschieden. Um eine möglichst gute Vergleichbarkeit mit früheren Experimenten zu

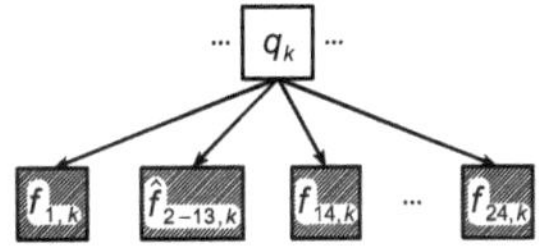

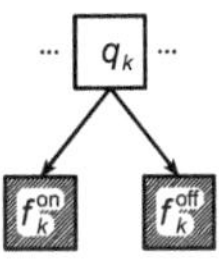

Abbildung 4.10: MOHMM mit $O = 13$ Beobachtungsströmen (links) und MOHMM mit $O = 2$ Beobachtungsströmen (rechts) in kompakter GM-Notation. Mit den gezeigten GM lassen sich die Merkmale entweder nach ihrer Eigenschaft (wertdiskret, kontinuierlich: linkes GM) oder nach ihrem Typ (Online-Merkmale, Offline-Merkmale: rechtes GM) zusammenfassen.

ermöglichen, wird die Anzahl der Codebücher N^o_{cdb} je Beobachtungsstrom o addiert und stets die aus den insgesamt O Beobachtungsströmen „resultierende" Codebuchgröße $N_{\text{cdb}} = \sum_o^O N^o_{\text{cdb}}$ angegeben mit $N_{\text{cdb}} \in \{10;100;500;1\,000;2\,000;5\,000,7\,500\}$.

4.4.1 Auswahl der Beobachtungsströme nach Merkmalseigenschaft

Wie in Abschnitt 3.3 erläutert ist, existieren Merkmale mit binärem Wertebereich ($f_1 \in \{0;1\}$), mit diskretem Wertebereich ($f_{14-22} \in \{0,1,\ldots,100\}$, $f_{23,24} \in \mathbb{N}_0^+$) und kontinuierlichem Wertebereich (f_{2-13}). Während bei der Vektorquantisierung der kontinuierlichen Merkmale der Informationsverlust durch den Quantisierungsfehler unausweichlich ist, lässt sich der Quantisierungsfehler der diskreten Merkmale durch eine Modellierung jedes einzelnen Merkmals in einem separaten Beobachtungsstrom vermeiden [Sch08h]. Als Folge werden die diskreten Merkmale statistisch unabhängig voneinander im MOHMM aus Abbildung 4.10 links modelliert. Man erhält somit $O = 13$ Beobachtungsströme, wobei der erste Beobachtungsstrom $\hat{\mathbf{f}}_1 = (f_{1,1},\ldots,f_{1,K})$ durch das Druckmerkmal f_1, der zweite Beobachtungsstrom $\hat{\mathbf{f}}_2 = (\hat{f}_1^{\text{on}} \setminus f_{1,1},\ldots,\hat{f}_K^{\text{on}} \setminus f_{1,K})$ durch die vektorquantisierten Online-Merkmale (ohne das Druckmerkmal) $\mathbf{f}^{\text{on}} \setminus f_1$ und die restlichen Beobachtungsströme $\hat{\mathbf{f}}_{2+i} = (\hat{f}_{13+i,1},\ldots,\hat{f}_{13+i,K})$, $1 \leq i \leq 11$ durch die jeweiligen Offline-Merkmale f_k^{off} gebildet werden. In Experiment 4.7 wird das auf dem MOHMM aus Abbildung 4.10 links basierende Erkennungssystem evaluiert. Die Codebuchgröße N_{cdb} entspricht dabei der resultierenden Codebuchgröße. Aufgrund der auf dem Trainings-Datensatz $\mathcal{S}_{\text{train}}$ ermittelten Werte gilt $N_{\text{cdb}} = 490 + N^{'}_{\text{cdb}}$, wobei die Merkmale $\mathbf{f}^{\text{on}} \setminus f_1$ mit den $N^{'}_{\text{cdb}}$ Codebucheinträgen des Codebuchs $\mathcal{C}^{'}$ quantisiert werden. Die Ergebnisse, ermittelt auf dem Validierungs-Datensatz $\mathcal{S}_{\text{val}}$, sind als Buchstaben-ACC in Abhängigkeit der resultierenden Codebuchgröße N_{cdb} in Abbildung 4.11 dargestellt. Die Buchstaben-ACC, ermittelt auf dem Test-Datensatz $\mathcal{S}_{\text{test}}$, zeigt Tabelle 4.6: Unabhängig von der Codebuchgröße N_{cdb} erhält man durch die oben beschriebene Aufteilung der Merkmale in Beobachtungsströme eine statistisch hochsignifikante Verringerung der Buchstaben-ACC. Selbst die höchste Buchstaben-ACC von $a_{\text{v}}^{\text{MO1}} = 60,6\,\%$ bzw. $a_{\text{t}}^{\text{MO1}} = 66,9\,\%$ bedeutet eine relative, statistisch hochsignifikante Verringerung um $\Delta r = -3,3\,\%$ bzw. $\Delta r = -1,8\,\%$, bezogen auf das diskrete Referenzsystem.

	diskrete HMM, N_{cdb}				
	500	1 000	2 000	5 000	7 500
$a_{\mathrm{t}}^{\mathrm{MO1}}$	56,6 %	64,1 %	65,6 %	66,9 %	66,7 %
Δr Exp. 3.5	-15,0 % $(0,99)^{+}$	-3,6 % $(0,99)^{+}$	-2,7 $(0,99)^{+}$	-1,8 $(0,99)^{+}$	-2,2 $(0,99)^{+}$

Tabelle 4.6: Ergebnisse des Experiments 4.7 bei Verwendung eines MOHMM mit $O = 13$ Beobachtungsströmen zur Erkennung und Quantisierung mit dem Lloyd-VQ mit unterschiedlichen resultierenden Codebuchgrößen $N_{\mathrm{cdb}} \in \{500; 1\,000; 2\,000; 5\,000; 7\,500\}$. Dargestellt ist die Buchstaben-ACC, ermittelt auf dem Test-Datensatz $\mathcal{S}_{\mathrm{test}}$. Zusätzlich ist die relative Veränderung Δr, bezogen auf das in Experiment 3.5 evaluierte System, sowie das Signifikanzniveau $(\cdot)$ angegeben, wobei $0,99^{+}$ eine Signifikanz von $p_r > 0,99$ anzeigt.

Experiment 4.7: *Merkmalskombination nach Merkmalseigenschaft*

In diesem Experiment wird das MOHMM aus Abbildung 4.10 links evaluiert. Dabei dienen der Druck (f_1), die um den Druck reduzierten Online-Merkmale $\mathbf{f}^{\mathrm{on}} \setminus f_1$ und die Offline-Merkmale f_{14-24} als jeweiliger separater Beobachtungsstrom. Die Buchstaben-ACC, ermittelt auf dem Validierungs-Datensatz $\mathcal{S}_{\mathrm{val}}$, ist in Abbildung 4.11 auf Seite 73 für Codebuchgrößen von $N_{\mathrm{cdb}} \in \{500; 1\,000; 2\,000; 5\,000; 7\,500\}$ eingetragen (—▼—). Tabelle 4.6 zeigt die Buchstaben-ACC, ermittelt auf dem Test-Datensatz $\mathcal{S}_{\mathrm{test}}$.

Die Ergebnisse des Experiments 4.7 zeigen, dass die Aufteilung der Merkmale in Beobachtungsströme gemäß Abbildung 4.10 unabhängig von der resultierenden Codebuchgröße N_{cdb} zu einer statistisch hochsignifikanten Verschlechterung der Buchstaben-ACC führt. Zwei Gründe zeigen sich dafür verantwortlich. Es wurde in den Abschnitten 4.2 und 4.3 bereits gezeigt, dass die einzelnen Merkmale eine unterschiedliche Signifikanz für die hier betrachtete Erkennungsaufgabe besitzen. Unter den Offline-Merkmalen besitzen die Merkmale f_{16}, f_{18} und f_{23} die größte Aussagekraft. Durch die gemeinsame Vektorquantisierung aller Merkmale erhalten im Referenzsystem die einzelnen Merkmale, bedingt durch die ungleichmäßige Quantisierung (siehe Abschnitt 4.3.1), unterschiedlichen Einfluss auf die Erkennung. Bei der Modellierung der Merkmale durch die separaten Beobachtungsströme der diskreten MOHMM besitzen die Merkmale dieselbe Gewichtung, sodass Merkmale, die einen negativen Einfluss auf die Erkennungsleistung haben, die Erkennung beeinträchtigen. Ein zweiter Grund liegt in der Art der Modellierung. Wie bereits in Abschnitt 2.1 erläutert, erfolgt die Modellierung der einzelnen Beobachtungsströme statistisch unabhängig voneinander (siehe Gleichung 2.12 auf Seite 10). Jedoch ist die statistische Unabhängigkeit innerhalb der Beobachtungsströme nach Abbildung 4.10 nicht in jedem Fall gegeben. Dies spiegelt sich auch im beobachteten Abfall der Erkennungsrate wider: Zwar werden das binärwertige Druckmerkmal und die diskreten Offline-Merkmale verlustfrei modelliert, jedoch führt die statistisch unabhängige Modellierung zu einer Verschlechterung des Ergebnisses [Sch08h]. Im nächsten Abschnitt erfolgt deswegen die Aufteilung in die einzelnen Beobachtungsströme anhand statistisch unabhängiger Merkmalstypen.

4.4.2 Auswahl der Beobachtungsströme nach Merkmalstyp

Im vorherigen Abschnitt wurden die Merkmale in Abhängigkeit ihrer Eigenschaft als binär, diskret oder kontinuierlich in verschiedene Beobachtungsströme aufgeteilt bzw. zusammengefasst.

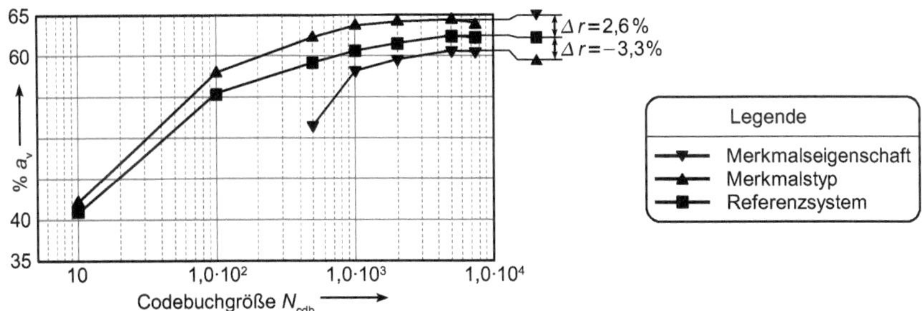

Abbildung 4.11: Graphische Zusammenfassung der Ergebnisse der Experimente 4.7 und 4.8. Dargestellt ist die Buchstaben-ACC, ermittelt auf dem Validierungs-Datensatz $\mathcal{S}_{\text{val}}$, in Abhängigkeit der Codebuchgröße $N_{\text{cdb}} \in \{10; 100; 500; 1\,000; 2\,000; 5\,000; 7\,500\}$. Zusätzlich sind die Ergebnisse des Referenzsystems (siehe Experiment 3.5) eingetragen.

Trotz der verlustfreien Modellierung des Druckmerkmals und der Offline-Merkmale durch diese Aufteilung kann jedoch keine Verbesserung der Erkennungsrate erzielt werden: Die gleiche Gewichtung aller Merkmale und die statistisch unabhängige Modellierung zeigen sich für dieses Ergebnis verantwortlich [Sch08h].

Eine weitere in [Sch08h] vorgestellte Möglichkeit der Merkmalskombination stützt sich auf die unterschiedlichen Merkmalstypen[24]. Die während der Merkmalsextraktion (siehe Abschnitt 3.3) gewonnenen Merkmale lassen sich in zwei Merkmalstypen unterteilen. Zum einen die Online-Merkmale $\mathbf{f}^{\text{on}}$ – sie werden aus dem Verlauf der Stifttrajektorie gewonnen; zum anderen die Offline-Merkmale $\mathbf{f}^{\text{off}}$ – diese werden aus einem Abbild der Stifttrajektorie um den aktuellen Abtastpunkt abgeleitet. Die Modellierung erfolgt gemäß dem in Abbildung 4.10 rechts dargestellten MOHMM mit zwei statistisch unabhängigen Beobachtungsströmen. Der erste Beobachtungsstrom $\hat{\mathbf{f}}_1 = (\hat{f}_1^{\text{on}}, \ldots, \hat{f}_k^{\text{on}})$ enthält dabei die vektorquantisierten Online-Merkmale $\mathbf{f}^{\text{on}}$, und der zweite Beobachtungsstrom $\hat{\mathbf{f}}_2 = (\hat{f}_1^{\text{off}}, \ldots, \hat{f}_k^{\text{off}})$ enthält die vektorquantisierten Offline-Merkmale $\mathbf{f}^{\text{off}}$. Die Modellierung der Beobachtungsströme im MOHMM, dargestellt in Abbildung 4.10 rechts, erfolgt statistisch unabhängig (siehe Abschnitt 2.1). Aufgrund des unterschiedlichen Entstehungsprozesses wird auch von einer statistischen Unabhängigkeit der beiden Beobachtungsströme ausgegangen [Rig96]. Durch die Vektorquantisierung werden die statistischen Bindungen innerhalb der jeweiligen Merkmalsgruppe (Online-Merkmale, Offline-Merkmale) berücksichtigt. In Experiment 4.8 wird das auf dem MOHMM aus Abbildung 4.10 rechts basierende, diskrete Erkennungssystem evaluiert. Dabei werden zur Quantisierung der Online-Merkmale die $N_{\text{cdb}}^{\text{on}}$ Codebucheinträge des Codebuchs $\mathcal{C}^{\text{on}}$ und zur Quantisierung der Offline-Merkmale die $N_{\text{cdb}}^{\text{off}}$ Codebucheinträge des Codebuchs $\mathcal{C}^{\text{off}}$ verwendet. Aus Gründen der Vergleichbarkeit bei Verwendung nur eines Codebuchs der Größe N_{cdb} zur Quantisierung werden stets die resultierende Codebuchgröße $N_{\text{cdb}} = N_{\text{cdb}}^{\text{on}} + N_{\text{cdb}}^{\text{off}}$ und das Verhältnis

$$R^{\text{MO}} = \frac{N_{\text{cdb}}^{\text{off}}}{N_{\text{cdb}}^{\text{on}}} \Rightarrow N_{\text{cdb}}^{\text{off}} = \left\lfloor \frac{N_{\text{cdb}}}{1 + 1/R^{\text{MO}}} + 0.5 \right\rfloor, N_{\text{cdb}}^{\text{on}} = N_{\text{cdb}} - N_{\text{cdb}}^{\text{off}} \tag{4.20}$$

[24] Im Gegensatz zu [Sch08h] wird hier eine geringfügig andere Aufteilung der Beobachtungsströme gewählt.

betrachtet, wobei $\lfloor \cdot \rfloor$ die Abrundungsfunktion anzeigt [Båd00]. Zur Evaluierung des in Abbildung 4.10 rechts dargestellten MOHMM in Experiment 4.8 wird für jede resultierende Codebuchgröße $N_{\text{cdb}} = N_{\text{cdb}}^{\text{on}} + N_{\text{cdb}}^{\text{off}}$ zunächst das optimale Verhältnis $R_{\text{opt}}^{\text{MO}}$ auf dem Validierungs-Datensatz $\mathcal{S}_{\text{val}}$ experimentell bestimmt. Die jeweilige erreichte Buchstaben-ACC, ermittelt auf dem Validierungs-Datensatz $\mathcal{S}_{\text{val}}$ in Abhängigkeit des Verhältnisses R^{sw}, ist in Abbildung 4.12 dargestellt. Die sich mit dem optimalen Verhältnis $R_{\text{opt}}^{\text{MO}}$ in Abhängigkeit der resultierenden Codebuchgröße ergebende Buchstaben-ACC, ermittelt auf dem Validierungs-Datensatz $\mathcal{S}_{\text{val}}$, ist in Abbildung 4.11 zusammengefasst. Das optimale Verhältnis $R_{\text{opt}}^{\text{MO}}$ und die damit auf dem Test-Datensatz $\mathcal{S}_{\text{test}}$ erzielten Ergebnisse sind in Tabelle 4.7 aufgeführt. Unabhängig von der resultierenden Codebuchgröße N_{cdb}, zeigt sich hier eine Erhöhung der Buchstaben-ACC. Diese ist in den meisten Fällen statistisch hochsignifikant. Die größte Buchstaben-ACC wird für eine Codebuchgröße von $N_{\text{cdb}} = 5\,000$ und einem Verhältnis von $R_{\text{opt}}^{\text{MO}} = 0,105$ (d. h. $N_{\text{cdb}}^{\text{on}} = 4\,525$ und $N_{\text{cdb}}^{\text{off}} = 475$) erhalten. Es ergibt sich $a_{\text{v}}^{\text{MO2}} = 64,3\,\%$ bzw. $a_{\text{v}}^{\text{MO2}} = 70,0\,\%$, was einer relativen, statistisch hochsignifikanten Erhöhung der Buchstaben-ACC um $\Delta r = 2,6\,\%$ bzw. $\Delta r = 2,7\,\%$ bezüglich des diskreten Referenzsystems entspricht.

Experiment 4.8: *Merkmalskombination nach Merkmalstyp*

> Dieses Experiment evaluiert das MOHMM aus Abbildung 4.10 links. Hier dienen die vektorquantisierten Online-Merkmale $\hat{f}^{\text{on}}$ und die vektorquantisierten Offline-Merkmale $\hat{f}^{\text{off}}$ jeweils als separater Beobachtungsstrom. In einem ersten Schritt wird für jede resultierende Codebuchgröße $N_{\text{cdb}} = N_{\text{cdb}}^{\text{on}} + N_{\text{cdb}}^{\text{off}}$ das Verhältnis $R_{\text{opt}}^{\text{MO}} = N_{\text{cdb}}^{\text{off}}/N_{\text{cdb}}^{\text{on}}$ ermittelt, für das die höchste Buchstaben-ACC auf dem Validierungs-Datensatz $\mathcal{S}_{\text{val}}$ erreicht wird. Dabei dienen die $N_{\text{cdb}}^{\text{on}}$ Codebucheinträge des Codebuchs $\mathcal{C}^{\text{on}}$ zur Quantisierung der Online-Merkmale und die $N_{\text{cdb}}^{\text{off}}$ Codebucheinträge des Codebuchs $\mathcal{C}^{\text{off}}$ zur Quantisierung der Offline-Merkmale. In einem zweiten Schritt wird für das beste Verhältnis die Buchstaben-ACC auf dem Test-Datensatz ermittelt. Die zugehörigen Buchstaben-ACC-Verläufe sind in Abhängigkeit der resultierenden Codebuchgröße $N_{\text{cdb}} \in \{10; 100; 500; 1\,000; 2\,000; 5\,000; 7\,500\}$ und des Verhältnisses R^{MO} in Abbildung 4.12 dargestellt. Die Buchstaben-ACC, ermittelt auf dem Validierungs-Datensatz $\mathcal{S}_{\text{val}}$ mit dem optimalen Verhältnis R_{opt}^{MO}, ist in Abbildung 4.11 auf Seite 73 eingetragen (—▲—). Tabelle 4.7 zeigt die für die jeweiligen optimalen Verhältnisse erreichte Buchstaben-ACC, ermittelt auf dem Test-Datensatz $\mathcal{S}_{\text{test}}$.

Durch die Aufteilung der Beobachtungsströme gemäß Abbildung 4.10 lässt sich, wie in Experiment 4.8 gezeigt ist, eine statistisch signifikante Steigerung der Buchstaben-ACC erreichen – unabhängig von der resultierenden Codebuchgröße N_{cdb}. Diese Steigerung ist jedoch vom Verhältnis $R_{\text{opt}}^{\text{MO}} = N_{\text{cdb}}^{\text{off}}/N_{\text{cdb}}^{\text{on}}$ der beiden Codebuchgrößen $N_{\text{cdb}}^{\text{on}}$ und $N_{\text{cdb}}^{\text{off}}$ abhängig. Dabei zeigen die experimentell bestimmten, optimalen Verhältnisse $R_{\text{opt}}^{\text{MO}}$ aus Abbildung 4.12 für resultierende Codebuchgrößen $N_{\text{cdb}} > 1\,000$, dass für die Quantisierung der Online-Merkmale größere Codebücher als für die Offline-Merkmale benötigt werden. Gleichzeitig wird bestätigt, dass ein Verzicht auf die Offline-Merkmale zu einer Verschlechterung der Erkennungsleistung führt: Für $R^{\text{MO}} \to 0$ fällt unabhängig von der Größe des resultierenden Codebuchs die Buchstaben-ACC ab (siehe Abbildung 4.12). Erklären lässt sich die statistisch hochsignifikante Verbesserung der Buchstaben-ACC mit der gleichmäßigen Gewichtung der Online- und Offline-Merkmale, der Modellierung der statistischen Bindungen innerhalb der Online- bzw. Offline-Merkmale und der getrennten Optimierung der Codebücher der beiden als statistisch unabhängig angenommen Merkmalsgruppen [Sch08h].

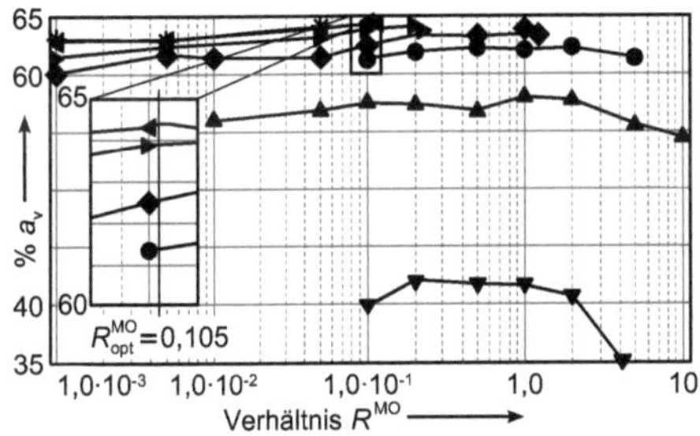

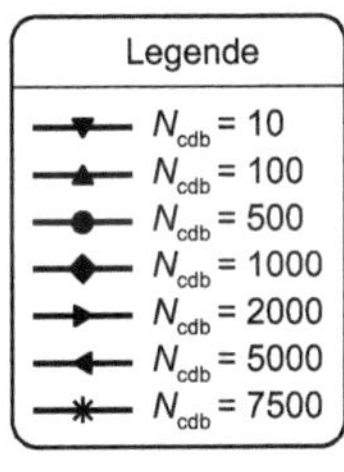

Abbildung 4.12: Buchstaben-ACC, ermittelt auf dem Validierungs-Datensatz $\mathcal{S}_{\text{val}}$, in Abhängigkeit des Verhältnisses $R^{\text{MO}} = N^{\text{off}}_{\text{cdb}}/N^{\text{on}}_{\text{cdb}}$ zur Ermittlung des optimalen Verhältnisses $R^{\text{MO}}_{\text{opt}}$ in Experiment 4.8 für unterschiedliche resultierende Codebuchgrößen ($N_{\text{cdb}} \in \{10;100;500;1\,000;2\,000;5\,000;7\,500\}$).

		diskrete HMM, N_{cdb} (R^{MO}_{opt})		
		10 (0,2)	100 (1)	500 (0,5)
$a^{\text{MO2}}_{\text{t}}$		47,2 %	63,7 %	68,2 %
Δr Exp. 3.5		0,4 % (0,72)	3,8 % (0,99)⁺	4,5 (0,99)⁺
	1 000 (1,05)	2 000 (0,2)	5 000 (0,105)	7 500 (0,05)
$a^{\text{MO2}}_{\text{t}}$	69,0 %	69,3 %	70,0 %	69,9 %
Δr Exp. 3.5	3,8 % (0,99)⁺	2,7 % (0,99)⁺	2,7 % (0,99)⁺	2,4 (0,99)⁺

Tabelle 4.7: Ergebnisse des Experiments 4.8 bei Verwendung eines MOHMM mit $O = 2$ Beobachtungsströmen zur Erkennung und Quantisierung mit dem Lloyd-VQ mit unterschiedlichen resultierenden Codebuchgrößen $N_{\text{cdb}} \in \{10;100;500;1\,000;2\,000;5\,000;7\,500\}$. Dargestellt ist die Buchstaben-ACC, ermittelt auf dem Test-Datensatz $\mathcal{S}_{\text{test}}$. Zusätzlich ist die relative Veränderung Δr, bezogen auf das in Experiment 3.5 evaluierte System, sowie das Signifikanzniveau $(\cdot)$ angegeben, wobei 0,99⁺ eine Signifikanz von $p_r > 0,99$ anzeigt.

4.5 Zusammenfassung des Kapitels

Ausgehend von den beiden im vorherigen Kapitel vorgestellten Referenzsystemen, wurde in diesem Kapitel auf die Selektion der Merkmale für die auf kontinuierlichen und diskreten HMM basierenden Erkenner sowie auf die Kombination von Merkmalen in statistisch unabhängigen Beobachtungsströmen für die Erkennung mit diskreten MOHMM eingegangen. Für die übersichtliche Darstellung des gewählten Merkmalssatzes wurde dazu in Abschnitt 4.1 die Merkmalskarte nach [Sch09b] eingeführt. Anschließend wurde in Abschnitt 4.2 die weitverbreitete SFS [Whi71] auf die Merkmale des kontinuierlichen Erkennungssystems angewendet. Es zeigte sich, dass der Merkmalssatz $\mathcal{X}^{*,\text{SFS}}_{14}$ mit $D_{\text{r}} = 14$ Merkmalen eine signifikant höhere Erkennungsleistung als das kontinuierliche Referenzsystem liefert. Dieses Ergebnis bestätigt weitgehend die Ergebnisse vorausgegangener Arbeiten zur Merkmalsselektion für die automatische Handschrifterkennung [Hua06; Liw07b]. Im allgemeinen Fall weist die SFS einen entscheidenden Nachteil auf:

Einmal ausgewählte Merkmale können nicht mehr aus dem Merkmalssatz entfernt werden. Diese als Nesting-Effekt bezeichnete Einschränkung wird bei der SFFS [Pud94] durch ein sukzessives Entfernen von Merkmalen aus dem Merkmalssatz vermieden. Jedoch bedeutet dies eine Steigerung des Rechenaufwands. In diesem Kapitel wurde auch die SFFS auf die Merkmale des kontinuierlichen Erkennungssystems angewendet, allerdings konnte kein besserer Merkmalssatz gefunden werden. Dies führt zu dem Schluss, dass die in Abschnitt 3.3 gewonnenen Merkmale stabil bezüglich der Erkennungsaufgabe sind.

Wird der optimale Merkmalssatz $\mathcal{X}_{14}^{*,\mathrm{SFS}}$ für die Erkennung im diskreten Erkennungssystem eingesetzt, so ergibt sich zwar eine Erhöhung der Buchstaben-ACC, diese ist jedoch nicht in allen Fällen statistisch signifikant. Eine Begründung liefert die Analyse des mittleren Quantisierungsfehlers $\bar{\varepsilon}_d$ je Merkmal. Dieser ist nicht gleichmäßig verteilt und führt dazu, dass sich einige Merkmale nicht an der Quantisierung beteiligen. Deswegen wurde in Abschnitt 4.3.2 eine suboptimale Erweiterung für gängige VQ vorgestellt, mit deren Hilfe sich die Voronoi-Zellen des partitionierten Merkmalsraums so anpassen lassen, dass sich der Quantisierungsfehler gleichmäßig auf die einzelnen Merkmale verteilt. Wird die SFS auf ein diskretes System mit dem so erweiterten VQ angewendet, ergibt sich zwar die gleiche Buchstaben-ACC wie bei einem vergleichbaren diskreten System ohne die entsprechende Erweiterung, jedoch lässt sich durch den Einsatz des erweiterten VQ die Anzahl der benötigten Merkmale mitunter halbieren.

Für die Erkennung mit diskreten HMM bietet sich eine erweiterte Modellierung der Merkmale mit den diskreten MOHMM an. Dabei werden die Merkmale in Abschnitt 4.4 in einzelne Beobachtungsströme aufgeteilt und statistisch unabhängig voneinander modelliert. In diesem Abschnitt wurden zwei mögliche Einteilungen der Merkmale in die Beobachtungsströme untersucht. Im ersten Ansatz wurden die Werte der binären und diskreten Merkmale (das Druckmerkmal und die Offline-Merkmale) sowie die um das Druckmerkmal reduzierten, vektorquantisierten Online-Merkmale als Beobachtungsströme gewählt. Damit können die Werte der binären und diskreten Merkmale verlustfrei übernommen werden. Jedoch zeigten die Ergebnisse eine Verringerung der Buchstaben-ACC. Diese Verschlechterung der Erkennungsleistung lässt sich einerseits mit der gleichen Gewichtung von Merkmalen, die nicht für die Erkennungsaufgabe geeignet sind, und andererseits mit der Vernachlässigung der statistischen Bindungen erklären. Deswegen wurden im zweiten Ansatz die Beobachtungsströme gemäß der Merkmalstypen gewählt. Dabei bilden die vektorquantisierten Online-Merkmale den ersten und die vektorquantisierten Offline-Merkmale den zweiten Beobachtungsstrom. Durch die Aufteilung in statistisch unabhängige Merkmalsströme, geeignete Wahl der Codebuchgrößen und bei Verwendung aller Merkmale lässt sich eine statistisch signifikante Steigerung der Buchstaben-ACC erreichen [Sch08h]. Die Ergebnisse dieses Kapitels sind in Tabelle 4.8 zusammengefasst. Um eine implizite Anpassung an den Test-Datensatz zu vermeiden, sind gemäß Abschnitt 2.3 die Werte aus Tabelle 4.8 für diejenigen Parametrisierungen angegeben, die auf dem Validierungs-Datensatz die höchste Buchstaben-ACC erzielt haben.

Während bei Betrachtung der Referenzsysteme die diskreten Erkennungssysteme ab einer Codebuchgröße von $N_{\mathrm{cdb}} = 2\,000$ eine statistisch signifikant bessere Erkennungsleistung liefern als das kontinuierliche Erkennungssystem, kann diese Beobachtung in diesem Kapitel nur eingeschränkt aufrecht erhalten werden: Bei Anwendung der Merkmalsselektion wird mit dem kontinuierlichen Erkennungssystem eine relative Verbesserung von $\Delta r = 3{,}5\,\%$, bezogen auf das Referenzsystem, erreicht. Zwar gelingt bei geeigneter Wahl der Merkmale auch im diskreten Fall eine statistisch signifikante Erhöhung der Buchstaben-ACC, allerdings fällt diese moderater als im kontinuierlichen Fall aus. Dies liegt an der bereits in Kapitel 3 erläuterten kontinuierlichen Modellierung der Merkmale: Die aussagekräftigsten Merkmale des reduzierten Merkmalssatzes

System	kontinuierlich		diskret			
	SFS	SFFS	SFS		MOHMM	
			Std. VQ	erw. VQ	13 Ströme	2 Ströme
a_t	69,2 %	69,2 %	68,6 %	68,4 %	66,9 %	70,0 %
Δr_1 Exp. 3.5	3,5 %$^+$	3,5 %$^+$	1,7 %$^+$	1,5 %$^+$	−1,9 %$^+$	2,7 %$^+$
$\mathcal{X}^*$					$\mathcal{F}$	$\mathcal{F}$

Tabelle 4.8: Zusammenfassung der Ergebnisse als Buchstaben-ACC, ermittelt auf dem Test-Datensatz $\mathcal{S}_{\text{test}}$, der in diesem Kapitel durchgeführten Experimente 4.1, 4.2, 4.6, 4.5, 4.7 und 4.8, sowie die relative Veränderung Δr, bezogen auf das in Experiment 3.5 evaluierte System, und der jeweilige optimale Merkmalssatz $\mathcal{X}^*$. Durch $(\cdot)^+$ wird eine statistisch (hoch-)signifikante Änderung angezeigt.

können im kontinuierlichen Fall besser modelliert werden als der vollständige Merkmalssatz. Die Modellierung des vollständigen Merkmalssatzes gelingt im diskreten Referenzsystem besser. Die Einschränkung des Merkmalsraums bewirkt zwar auch hier eine feinere Modellierung, jedoch führt diese zu einer geringeren, relativen Verbesserung. Erfolgt eine erweiterte Modellierung der Merkmale in verschiedene Beobachtungsströme mithilfe diskreter MOHMM, wird mit den vektorquantisierten Merkmalen eine relative, statistisch signifikante Verbesserung um $\Delta r = 1,1\,\%$ ($p_r = 0,97$) erreicht.

Eine bemerkenswerte Beobachtung stellt die Tatsache dar, dass in keinem der innerhalb der diskreten Erkennungssysteme gefundenen Merkmalssätze das Druckmerkmal enthalten ist, während es zu einem der wichtigsten Merkmale innerhalb des kontinuierlichen Erkennungssystems gehört (siehe Tabelle 4.8). Da das Druckmerkmal durch die Vektorquantisierung an Signifikanz verliert, wird im nächsten Kapitel auf mögliche, verlustfreie Modellierungen des Druckmerkmals bei der diskreten Erkennung eingegangen.

5

Angepasste Druck-Quantisierung

In Kapitel 3 wurde gezeigt, dass der Einsatz von diskreten HMM in Verbindung mit einer Vektorquantisierung der Merkmale, die zur Erkennung von Whiteboard-Notizen verwendet werden, für bestimmte Codebuchgrößen N_{cdb} (z. B. $N_{\text{cdb}} \in \{2000; 5000\}$) zu einer statistisch signifikant erhöhten Buchstaben-ACC gegenüber einem kontinuierlichen Erkennungssystem führt. Im vorausgegangenen Kapitel konnte die Leistungsfähigkeit sowohl eines kontinuierlichen als auch eines diskreten Erkennungssystems durch die Auswahl bestimmter Merkmale verbessert werden – jedoch wurde bei kontinuierlicher Modellierung eine höhere Leistungssteigerung als bei diskreter Modellierung erreicht. Eine bemerkenswerte Beobachtung ist, dass im Falle der kontinuierlichen Merkmale der Stiftdruck (f_1) unabhängig von der Auswahlmethode (SFS bzw. SFFS) zu den sechs wichtigsten Merkmalen gezählt wird. Dagegen verliert der Stiftdruck im diskreten Erkennungssystem an Signifikanz: Unabhängig von der Größe des zur Quantisierung verwendeten Codebuchs wird die Druckinformation nicht zur Erkennung ausgewählt. Im Folgenden wird diese Beobachtung weiter untersucht und durch eine verlustfreie Druckmodellierung die Leistungsfähigkeit des diskreten Erkennungssystems verbessert.

Im nächsten Abschnitt wird auf den Einfluss des binären Charakters des Druckmerkmals auf den Merkmalsraum eingegangen und durch eine Reihe von Experimenten die Aussage „Die binärwertige Information über den Stiftdruck verliert durch die Quantisierung an Signifikanz“ für unterschiedliche VQ und Implementierungen bestätigt. Anschließend werden drei Möglichkeiten für die verlustfreie Modellierung des Druckmerkmals in diskreten Erkennungssystemen aufgezeigt. Dabei wird die Druckinformation in Abschnitt 5.2.1 verlustfrei, aber statistisch unabhängig von den verbleibenden Merkmalen zum einen mithilfe eines modifizierten Codebuchs, zum anderen durch einen eigenständigen Beobachtungsstrom in einem auf diskreten MOHMM basierenden Erkenner (siehe Abschnitt 2.1.2) modelliert. In Abschnitt 5.2.2 erfolgt die Druckmodellierung verlustfrei, jedoch unter Berücksichtigung der statistischen Bindungen zwischen dem Druckmerkmal und den restlichen Merkmalen. Eine weitere Untersuchung der Ergebnisse erfolgt in Abschnitt 5.3 mithilfe von GM.

5.1 Druckmerkmal

In diesem Abschnitt wird zunächst die Verteilung der Merkmale unter Berücksichtigung der binärwertigen Druckinformation innerhalb des Merkmalsraums beschrieben. Anschließend erfolgt eine gezielte Untersuchung des Einflusses des Druckmerkmals auf die Erkennung.

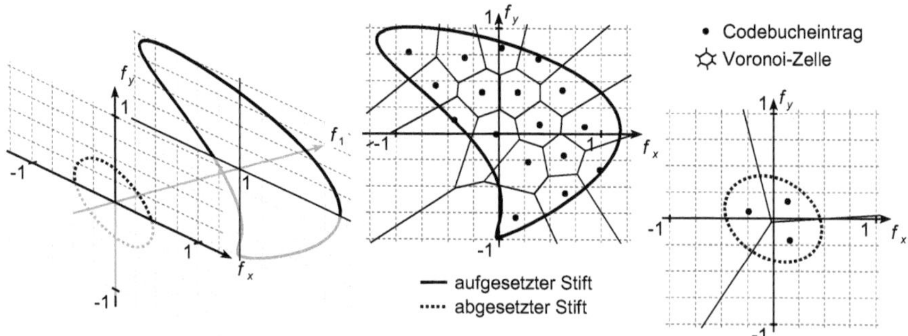

Abbildung 5.1: Verbundverteilung zweier fiktiver Merkmale f_x, f_y und des Druckmerkmals f_1 in drei Dimensionen (links) und als Projektionen entlang der Druckachse (f_1) in Richtung $f_1 = 0$ (Mitte) und in Richtung $f_1 = 1$ (rechts) sowie die Partitionierung der beiden Ebenen durch die Voronoi-Zellen bei Verwendung von $N_{\text{cdb}} = 20$ Codebucheinträgen. Das binäre Druckmerkmal führt zu einer Unterteilung des Merkmalsraums in zwei Unterräume (hier: Ebenen) entlang der Druckachse.

5.1.1 Verteilung der Merkmale

Das Aufzeichnungssystem (siehe Abschnitt 3.1) liefert die Druckinformation in binärer Form. Abbildung 5.1 links zeigt die Verbundverteilung (entsprechend der WDF) $p(f_1, f_x, f_y)$ dreier Merkmale f_1, f_x und f_y, wobei f_1 die Druckinformation und f_x, f_y zwei beliebige andere Merkmale des Merkmalsvektors $\mathbf{f}$ (siehe Abschnitt 3.3) bezeichnen. Durch den binären Charakter des Druckmerkmals wird der durch die drei Merkmale aufgespannte Merkmalsraum in zwei Ebenen aufgeteilt. Diese lassen sich jeweils durch die Verbundwahrscheinlichkeit $p(f_x, f_y | f_1 = 0)$ und $p(f_x, f_y | f_1 = 1)$ beschreiben. Für den allgemeinen Fall von $D \geq 3$ Merkmalen wird der Merkmalsraum in zwei Unterräume der Dimensionalität $D_{\text{r}} = D - 1$ aufgeteilt, entsprechend den Verteilungen $p(f_2, \dots f_D | f_1 = 0)$ und $p(f_2, \dots f_D | f_1 = 1)$. Durch die Quantisierung werden beide Ebenen bzw. Unterräume durch die Voronoi-Zellen V_i partitioniert. Man kann dabei Voronoi-Zellen unterscheiden, die jeweils die Verteilung $p(f_2, \dots f_D | f_1 = 0)$ und $p(f_2, \dots f_D | f_1 = 1)$ repräsentieren. Die Verteilung aus Abbildung 5.1 links wird so mithilfe von $N_{\text{cdb}} = 20$ Codebucheinträgen, wie in Abbildung 5.1 rechts gezeigt ist, partitioniert. Zur übersichtlicheren Darstellung wurde eine Dekomposition des Merkmalsraums durch Projektion des Merkmalsraums entlang der Druckachse in Richtung $f_1 = 1$ bzw. $f_1 = 0$ vorgenommen.

Betrachtet man die im vorherigen Kapitel gefundenen Merkmalssätze für das kontinuierliche und das diskrete Erkennungssystem, so fällt auf, dass das binäre Druckmerkmal im kontinuierlichen Fall ein wichtiges Merkmal darstellt, nach einer Vektorquantisierung für die Erkennung mit diskreten HMM jedoch an Signifikanz verliert und somit keinen Beitrag zur Erkennung liefert. Dies entspricht einer Projektion des durch die Merkmale aufgespannten Merkmalsraums auf *eine* Ebene bzw. für $D \geq 3$ in *einen* Unterraum entlang der Druckachse. Im Falle der dreidimensionalen Verteilung aus Abbildung 5.1 links erhält man nach der Projektion durch Marginalisieren für die

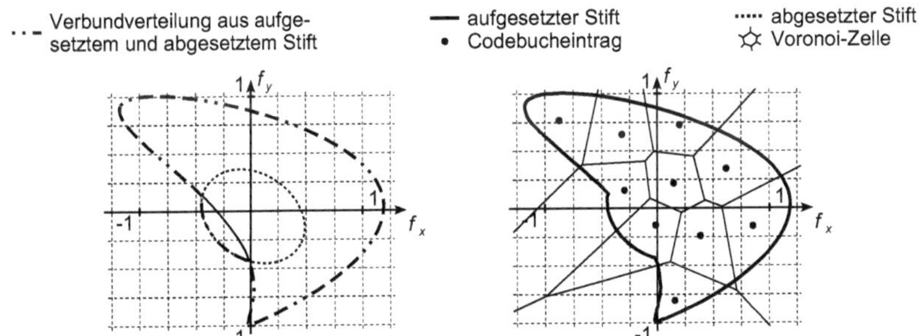

Abbildung 5.2: Projektion der Merkmale innerhalb des Merkmalsraums entlang der Druckachse (links) und die sich ergebende Partitionierung mit einem Codebuch, das $N_{\text{cdb}} = 10$ Einträge umfasst (rechts). Die hier dargestellten Verteilungen entsprechen den Verteilungen aus Abbildung 2.6 auf Seite 15. Durch die Projektion der Merkmale innerhalb des Merkmalsraums entlang der Druckachse, d. h. eine Dimensionsreduktion, wird die Druckinformation vernachlässigt – sie lässt sich aus der resultierenden Verteilung mit geringerer Dimensionalität nicht rekonstruieren.

neue Verteilung

$$p(f_x,f_y) = \int_{-\infty}^{\infty} p(f_1,f_x,f_y)\mathrm{d}f_1 = p(f_1 = 0,f_x,f_y) + p(f_1 = 1,f_x,f_y). \tag{5.1}$$

Die Verteilung $p(f_x,f_y)$ ist in Abbildung 5.2 links dargestellt. Im allgemeinen Fall eines D-dimensionalen Merkmalsvektors $\mathbf{f}$, wobei f_1 wieder die Druckinformation darstellt, ergibt sich

$$p(\underbrace{f_2,\ldots,f_D}_{\mathbf{f}^{\text{red}}}) = \int_{-\infty}^{\infty} p(f_1,f_2,\ldots f_D)\mathrm{d}f_1 \tag{5.2}$$

mit dem reduzierten Merkmalsvektor

$$\mathbf{f}_k^{\text{red}} = (f_{2,k},f_{3,k},\ldots,f_{D,k})^{\mathrm{T}}. \tag{5.3}$$

Die Quantisierung der reduzierten Merkmalsvektoren $\mathbf{f}_k^{\text{red}}$ führt zu einer Partitionierung der in Abbildung 5.2 links dargestellten Ebene, wie in Abbildung 5.2 rechts für $N_{\text{cdb}} = 10$ gezeigt ist[25].

Verliert die Druckinformation an Signifikanz, wie durch die Ergebnisse aus Kapitel 4 belegt, so ergibt sich sowohl bei Verwendung der vektorquantisierten, reduzierten Merkmalsvektoren $\mathbf{f}_k^{\text{red}}$ und der vollständigen Merkmalsvektoren $\mathbf{f}_k$ zur Erkennung eine annähernd gleiche Erkennungsleistung. Im folgenden Abschnitt wird diese Behauptung bestätigt.

5.1.2 Signifikanz des Druckmerkmals

Die Beobachtung, dass durch die Vektorquantisierung die Druckinformation an Signifikanz verliert, wird im Folgenden für den Lloyd-VQ, den WTA-NN-VQ und den NG-VQ sowie für die

[25]Die Wahl von $N_{\text{cdb}} = 10$ erfolgt aufgrund der in Abschnitt 5.2.1 beschriebenen, statistisch unabhängigen Modellierung des Druckmerkmals.

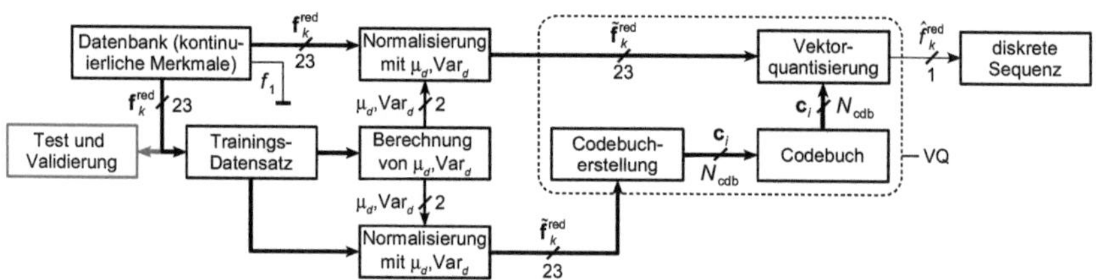

Abbildung 5.3: Die um das Druckmerkmal reduzierten Merkmalsvektoren $\mathbf{f}_k^{\mathrm{red}}$ bilden nach der Normalisierung und der Vektorquantisierung die diskreten Symbole $\hat{f}_k^{\mathrm{red}}$, die mit diskreten HMM erkannt werden. Das Entfernen der Druckinformation entspricht einer Projektion der Merkmale innerhalb des Merkmalsraums entlang der Druckachse (siehe Abbildung 5.2). Durch einen Vergleich mit dem System aus Abbildung 3.13 lässt sich so die Signifikanz des Druckmerkmals abschätzen. Aus Gründen der Übersichtlichkeit ist die Erkennereinheit nicht dargestellt.

Implementierung mithilfe des HTK und GMTK bestätigt. Dazu wird der reduzierte Merkmalsvektor nach Gleichung 5.3 gebildet und auf den Mittelwert $\mu_d = 0$ und die Varianz $\mathrm{Var}_d = 1$, $1 \leq d \leq D_{\mathrm{r}}$ analog zu Abschnitt 3.3.4 normiert. Man erhält so den normierten, reduzierten Merkmalsvektor $\tilde{\mathbf{f}}_k^{\mathrm{red}}$, der mit den oben aufgeführten VQ quantisiert wird. In Abbildung 5.3 ist ein Teil des reduzierten diskreten Erkennungssystems dargestellt. Anschließend werden die erhaltenen diskreten Sequenzen, bestehend aus den Symbolen $\hat{f}_k^{\mathrm{red}}$, mithilfe diskreter HMM erkannt. Durch den Vergleich der Ergebnisse aus den Experimenten 3.5, 3.7 und 3.8 lässt sich der Einfluss der Druckinformation auf die Erkennung zeigen [Sch08g; Sch08j].

In Experiment 5.1 wird das in Abbildung 5.3 dargestellte Erkennungssystem bei Verwendung des Lloyd-VQ, des WTA-NN-VQ und des NG-VQ evaluiert; die Ergebnisse sind in Tabelle 5.1 zusammengefasst. Sowohl für die Erkennung auf dem Validierungs-Datensatz $\mathcal{S}_{\mathrm{val}}$ (siehe Abbildung 5.4 auf Seite 84) als auch auf dem Test-Datensatz $\mathcal{S}_{\mathrm{test}}$ (siehe Tabelle 5.1) führt die Reduktion des Merkmalsvektors um die binäre Druckinformation zu keiner signifikanten Verringerung der Buchstaben-ACC: Im Falle des Lloyd-VQ erhält man eine Buchstaben-ACC von $a_{\mathrm{v,Lloyd}}^{\mathrm{red}} = 62{,}5\,\%$, was eine relative Reduktion um $\Delta r = -0{,}2\,\%$ $(p_r = 0{,}59)$ bezüglich des diskreten Referenzsystems bedeutet, bzw. von $a_{\mathrm{t,Lloyd}}^{\mathrm{red}} = 68{,}0\,\%$, entsprechend einer relativen Reduktion um $\Delta r = -0{,}1\,\%$ $(p_r = 0{,}62)$ bei Verwendung von $N_{\mathrm{cdb}} = 5\,000$ Codebucheinträgen. Weder durch eine Veränderung der Anzahl der verwendeten Codebucheinträge noch bei Wechsel des zur Quantisierung herangezogenen VQ wird eine signifikante Reduktion der Buchstaben-ACC beobachtet. Für den NG-VQ ergibt sich *keine* Reduktion, für den WTA-NN-VQ wird eine Buchstaben-ACC von $a_{\mathrm{v,WTA}}^{\mathrm{red}} = 63{,}0\,\%$ und $a_{\mathrm{t,WTA}}^{\mathrm{red}} = 68{,}8\,\%$ erreicht, also eine relative, statistisch nicht signifikante Verringerung der Buchstaben-ACC um $\Delta r = -0{,}3\,\%$ $(p_r = 0.73)$ bzw. $\Delta r = -0.4$ $(p_r = 0.83)$, bezogen auf das Referenzsystem – die Reduktion des Merkmalsvektors bewirkt eine statistisch nicht signifikante Veränderung der Buchstaben-ACC.

Experiment 5.1: *Einfluss des VQ auf die Signifikanz der Druckinformation*

Mithilfe dieses Experiments wird der Einfluss des zur Quantisierung verwendeten VQ auf die Signifikanz der Druckinformation für die Erkennung untersucht. Dazu werden in dem in Abbildung 5.3 dargestellten Erkennungssystem die quantisierten und um das Druckmerkmal reduzierten Merkmalsvektoren $\hat{f}_k^{\mathrm{red}}$ zur Erkennung verwendet, wobei jeweils der Lloyd-VQ,

	diskrete HMM, N_{cdb}			
	10	1 000	5 000	7 500
$a^{\text{red}}_{\text{t,Lloyd}}$	44,8 %	66,1 %	68,0 %	68,2 %
Δr (Exp. 3.5)	-4,9 % (0,99)⁺	-0,5 % (0,83)	-0,1 % (0,62)	0,0 % (0,50)
$a^{\text{red}}_{\text{t,WTA}}$	46,2 %	67,7 %	68,3 %	68,6 %
Δr (Exp. 3.8)	0,4 % (0,72)	0,3 % (0,73)	-0,4 % (0,83)	0,1 % (0,62)
$a^{\text{red}}_{\text{t,NG}}$	43,0 %	66,5 %	68,4 %	68,5 %
Δr (Exp. 3.8)	-2,3 % (0,99)⁺	0,0 % (0,50)	0,0 % (0,50)	-0,1 % (0,62)

Tabelle 5.1: Ergebnisse des Experiments 5.1 bei Verwendung des Lloyd-VQ (oben), des WTA-NN-VQ (Mitte) und des NG-VQ (unten) zur Quantisierung und Erkennung mit dem in Abbildung 5.3 dargestellten System mit unterschiedlichen Codebuchgrößen ($N_{\text{cdb}} \in \{10; 1\,000; 5\,000; 7\,500\}$). Dargestellt ist die Buchstaben-ACC, ermittelt auf dem Test-Datensatz $\mathcal{S}_{\text{test}}$. Zusätzlich ist die relative Veränderung Δr, bezogen auf die Experimente 3.5 und 3.8 sowie das Signifikanzniveau $(\cdot)$ angegeben.

der WTA-NN-VQ und der NG-VQ zur Quantisierung eingesetzt werden. Die Buchstaben-ACC, ermittelt auf dem Validierungs-Datensatz $\mathcal{S}_{\text{val}}$, ist in Abbildung 5.4 auf Seite 84 bei Verwendung des Lloyd-VQ (—▼—), des WTA-NN-VQ (—▲—) und des NG-VQ (—●—) zur Quantisierung für Codebuchgrößen von $N_{\text{cdb}} \in \{10; 100; 500; 1\,000; 2\,000; 5\,000; 7\,500\}$ eingetragen. Gezeigt ist zusätzlich die Buchstaben-ACC des jeweiligen korrespondierenden Systems aus den Experimenten 3.5 (—■—) und 3.8 (—◁—,—◀—). In Tabelle 5.1 sind die für jeden VQ erhaltenen Erkennungsergebnisse als Buchstaben-ACC, ermittelt auf dem Test-Datensatz $\mathcal{S}_{\text{test}}$, angegeben und mit den Ergebnissen aus den Experimenten 3.5 und 3.8 verglichen.

Wie im Experiment 5.1 gezeigt, führt die Reduktion des Merkmalsvektors um das Druckmerkmal zu keiner statistisch signifikanten Veränderung der Erkennungsleistung des diskreten Erkennungssystems, unabhängig von der Anzahl der Codebucheinträge und des zur Quantisierung verwendeten VQ.

Da für die Implementierung des Erkennungssystems in allen Fällen das HTK gewählt wurde, kann der beobachtete Verlust der Signifikanz des Druckmerkmals mit einem systematischen Fehler in der verwendeten Implementierung im Zusammenhang stehen. Durch eine weitere Implementierung des Erkennungssystems mithilfe des GMTK, wie bereits im Experiment 3.7 geschehen, und der wiederholten Durchführung des Experiments 5.1 mit den reduzierten Merkmalsvektoren $\mathbf{f}^{\text{red}}_k$ (siehe Abbildung 5.3) wird ein systematischer Implementierungsfehler ausgeschlossen. Im Experiment 5.2 wird deswegen das Erkennungssystem aus Abbildung 5.3 durch das GMTK implementiert und die Erkennung bei Verwendung des Lloyd-VQ erneut durchgeführt. Die Ergebnisse sind in Tabelle 5.2 und Abbildung 5.4 zusammengefasst. Es zeigt sich, dass auch in diesem Fall mit der Reduktion des Merkmalsvektors keine statistisch signifikante Veränderung der Buchstaben-ACC einhergeht.

Experiment 5.2: *Einfluss der Implementierung auf die Druckinformation*

Da im Experiment 5.1 die Implementierung des Erkennungssystems mithilfe des HTK erfolgte, wird, um einen systematischen, durch die Implementierung bedingten Fehler in der Erkennung

	diskrete HMM, N_{cdb}			
	10	1 000	5 000	7 500
$a_{\text{t,GMTK}}^{\text{red}}$	36,1 %	63,5 %	61,2 %	61,4 %
Δr (Exp. 3.7)	1,9 % (0,98)	0,0 % (0,50)	-0,2 % (0,62)	0,0 % (0,50)

Tabelle 5.2: Ergebnisse des Experiments 5.2 bei Verwendung des Lloyd-VQ zur Quantisierung in dem in Abbildung 5.3 dargestellten System mit unterschiedlichen Codebuchgrößen ($N_{\text{cdb}} \in \{10; 1\,000; 5\,000; 7\,500\}$). Die Implementierung erfolgt dabei mit dem GMTK. Dargestellt ist die Buchstaben-ACC, ermittelt auf dem Test-Datensatz $\mathcal{S}_{\text{test}}$. Zusätzlich ist die relative Veränderung Δr, bezogen auf das Experiment 3.7, sowie das Signifikanzniveau $(\cdot)$ angegeben.

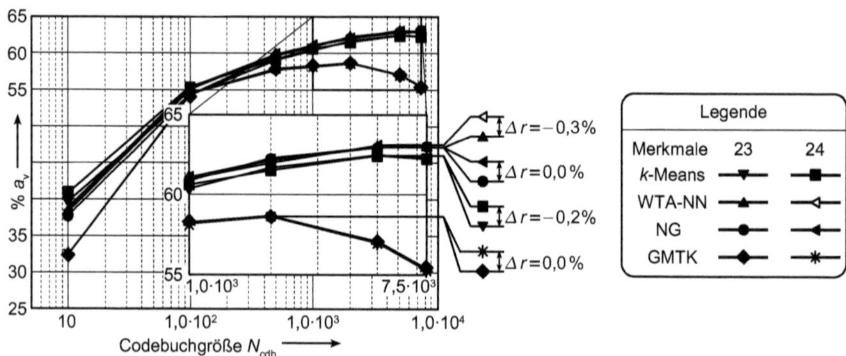

Abbildung 5.4: Graphische Zusammenfassung der Ergebnisse des Experiments 5.1 und des Experiments 5.2 zusammen mit den Ergebnissen des Referenzsystems (siehe Experiment 3.5) für unterschiedliche Codebuchgrößen ($N_{\text{cdb}} \in \{10; 100; 500; 1\,000; 2\,000; 5\,000; 7\,500\}$). Dargestellt ist die Buchstaben-ACC, ermittelt auf dem Validierungs-Datensatz $\mathcal{S}_{\text{val}}$, in Abhängigkeit der verwendeten Codebuchgröße für eine Erkennung mithilfe von diskreten HMM und $D \in \{23; 24\}$ Merkmalen.

auszuschließen, in diesem Experiment die Erkennung mit den durch den Lloyd-VQ quantisierten, reduzierten Merkmalsvektoren $\mathbf{f}_k^{\text{red}}$ wiederholt. Diesmal erfolgt die Implementierung jedoch mithilfe des GMTK. Die Buchstaben-ACC, ermittelt auf dem Validierungs-Datensatz $\mathcal{S}_{\text{val}}$, ist in Abbildung 5.4 auf Seite 84 für Codebücher mit $N_{\text{cdb}} \in \{10; 100; 500; 1\,000; 2\,000; 5\,000; 7\,500\}$ eingetragen (—◆—). Zusätzlich sind die Ergebnisse des Experiments 3.7 gezeigt (—✱—). In Tabelle 5.2 sind die erhaltenen Ergebnisse als Buchstaben-ACC, ermittelt auf dem Test-Datensatz $\mathcal{S}_{\text{test}}$, angegeben und werden mit den Ergebnissen aus den Experimenten 3.7 verglichen.

5.2 Verlustfreie Druckmodellierung

Anhand der Experimente 5.1 und 5.2 wurde im vorangegangenen Abschnitt gezeigt, dass die Druckinformation durch die Vektorquantisierung an Signifikanz verliert. Dieser Verlust an Signifikanz wurde allgemein bereits in Kapitel 4 mit der ungleichmäßigen Beteiligung der Merkmale an der Quantisierung erklärt. Einen weiteren Grund stellt der generell mit der Quantisierung einhergehende Quantisierungsfehler dar [Sch08j]. In Kapitel 4 wurde jedoch ebenfalls gezeigt, dass die Druckinformation eine hohe Signifikanz bei der Erkennung mithilfe von kontinuierlichen HMM besitzt. Um eine verlustfreie Modellierung des Druckmerkmals zu gewährleisten und damit den diskreten Erkennungssystemen die Druckinformation verlustfrei zur Verfügung zu stellen, werden im folgenden Abschnitt die Verfahren nach [Sch08g; Sch08h; Sch08i; Sch08j] vorgestellt, angewendet und evaluiert.

5.2.1 Statistisch unabhängige Modellierung des Drucks

Wird die Druckinformation statistisch unabhängig von den verbleibenden Merkmalen angenommen, so gilt für die Verbundwahrscheinlichkeit aller Merkmale

$$p(\tilde{\mathbf{f}}) = p(\tilde{f}_1, \ldots, \tilde{f}_{24}) = p(\tilde{f}_1) \cdot p(\tilde{f}_2, \ldots, \tilde{f}_{24}) = p(\tilde{f}_1) \cdot p(\tilde{\mathbf{f}}^{\mathrm{red}}) \tag{5.4}$$

unabhängig vom Zeitpunkt k. Bereits in Abschnitt 2.2.1 wurde erwähnt, dass die Verteilung der Merkmale $p(\tilde{\mathbf{f}})$ durch die Verteilung der Codebucheinträge $p(\mathbf{c})$ nachgebildet wird. Dadurch lässt sich Gleichung 5.4 durch eine Quantisierung mit zwei Codebüchern $\mathcal{C}^{\mathrm{d}}$ und $\mathcal{C}^{\mathrm{red}}$ realisieren [Sch08j]. Das erste Codebuch $\mathcal{C}^{\mathrm{d}}$ besteht aus zwei Codebucheinträgen, d. h. $N^{\mathrm{d}}_{\mathrm{cdb}} = 2$, die den beiden möglichen Werten des normalisierten Druckmerkmals $\tilde{f}_1$ entsprechen. Die verbleibenden $D_{\mathrm{r}} = 23$ Merkmale $\mathbf{f}^{\mathrm{red}}$ werden durch das zweite Codebuch $\mathcal{C}^{\mathrm{red}}$ der Größe $N^{\mathrm{red}}_{\mathrm{cdb}}$ mit den Einträgen $\mathbf{r}_i \in \mathbb{R}^{D_{\mathrm{r}}}$ repräsentiert. Die Partitionierung des um das Druckmerkmal reduzierten Merkmalsraums ist für zwei Merkmale in Abbildung 5.5 links für $N^{\mathrm{red}}_{\mathrm{cdb}} = 10$ Codebucheinträge gezeigt und entspricht der Partitionierung aus Abbildung 5.2 rechts. Die beiden Codebücher werden anschließend zu einem gemeinsamen Codebuch $\mathcal{C}^{\mathrm{jo}}$ zusammengeführt (engl. *to join*). Für die Codebucheinträge $\mathbf{c}^{\mathrm{jo}}_i$ des gemeinsamen Codebuchs gilt

$$\mathbf{c}^{\mathrm{jo}}_i = \begin{cases} (\tilde{f}_1|_{f_1=0}\,,\mathbf{r}_j) & \text{wenn} \quad 1 \leq i \leq N^{\mathrm{red}}_{\mathrm{cdb}}, \quad j = i \\ (\tilde{f}_1|_{f_1=1}\,,\mathbf{r}_j) & \text{wenn} \quad N^{\mathrm{red}}_{\mathrm{cdb}} + 1 \leq i \leq 2 \cdot N^{\mathrm{red}}_{\mathrm{cdb}}, \quad j = i - N^{\mathrm{red}}_{\mathrm{cdb}} \end{cases} \tag{5.5}$$

mit $\tilde{f}_1|_{f_1=n}$ der Wert des normalisierten Druckmerkmals $\tilde{f}_1$ für $f_1 = n$ und $n \in \{0;1\}$. Insgesamt enthält das neue Codebuch $N_{\mathrm{cdb}} = 2 \cdot N^{\mathrm{red}}_{\mathrm{cdb}} \Rightarrow N^{\mathrm{red}}_{\mathrm{cdb}} = N_{\mathrm{cdb}}/2$ Codebucheinträge. Im Folgenden wird für N_{cdb} die Bezeichnung „resultierende" Codebuchgröße und für $N^{\mathrm{red}}_{\mathrm{cdb}}$ die Bezeichnung „effektive" Codebuchgröße verwendet. Die effektive Codebuchgröße dient dabei dem Vergleich mit einer gewöhnlichen Quantisierung.

Betrachtet man den durch das Druckmerkmal in zwei Unterräume unterteilten Merkmalsraum, so erhalten beide Räume dieselbe Partitionierung, da in beiden Unterräumen dieselbe Verteilung angenommen wird[26], d. h. $p(\mathbf{f}^{\mathrm{red}}|\tilde{f}_1 < 0) \equiv p(\mathbf{f}^{\mathrm{red}}|\tilde{f}_1 > 0)$. Dies ist in Abbildung 5.5 Mitte ($f_1 = 1$) und rechts ($f_1 = 0$) für die Verteilung aus Abbildung 5.1 nach einer Projektion entlang der Druckachse in Richtung $f_1 = 1$ und in Richtung $f_1 = 0$ verdeutlicht.

[26]Durch die Normalisierung des Druckmerkmals auf $\mu_1 = 0$ und $\mathrm{Var}_1 = 1$ gilt $\tilde{f}_1 < 0$ für $f_1 = 0$ und $f_1 > 0$ für $f_1 = 1$.

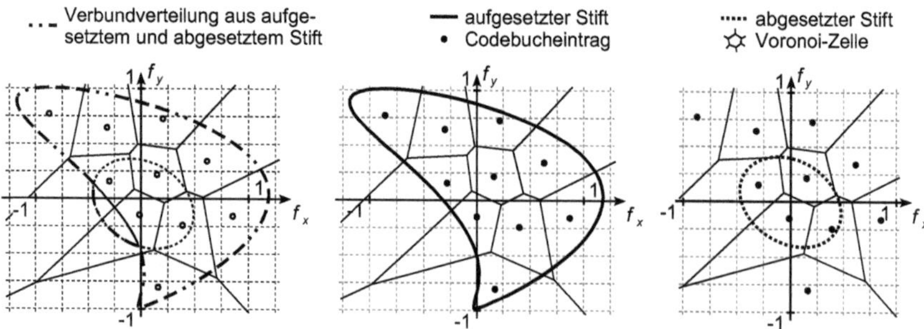

Abbildung 5.5: Zur Bildung eines „joined“ Codebuchs wird zunächst ein reduziertes Codebuch entsprechend der Verbundwahrscheinlichkeit aller Merkmale bis auf den Druck generiert (links) und dieses Codebuch anschließend um die binäre Druckkomponente erweitert (Mitte und rechts). Durch die Vernachlässigung der statistischen Bindungen zwischen dem Druckmerkmal und den restlichen Merkmalen werden die beiden Verteilungen nicht optimal nachgebildet. Dies zeigt sich im links dargestellten Fall an den außerhalb der Verteilung liegenden Codebucheinträgen.

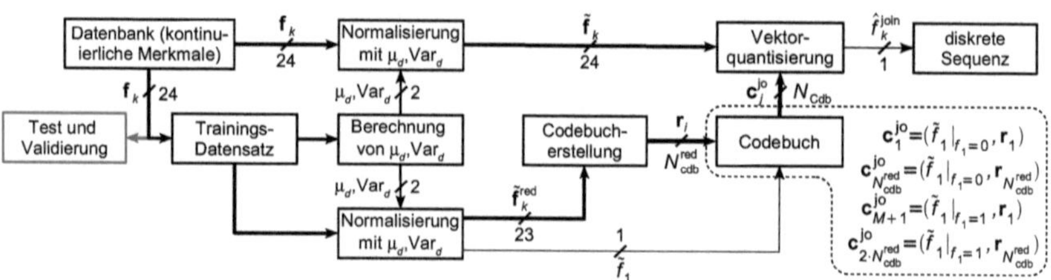

Abbildung 5.6: Diskretes Erkennungssystem, in dem der Stiftdruck (f_1) verlustfrei, aber statistisch unabhängig von den restlichen Merkmalen innerhalb des VQ modelliert wird. Die Partitionierung der beiden Verteilungen durch die die Codebucheinträge umgebenden Voronoi-Zellen entspricht der aus Abbildung 5.5. Aus Gründen der Übersichtlichkeit ist die Erkennereinheit nicht dargestellt.

Die Codebucherstellung nach Gleichung 5.5 ist anhand des in Abbildung 5.6 dargestellten diskreten Erkennungssystems zusammengefasst. Dessen Erkennungsleistung wird in Experiment 5.3 für unterschiedliche resultierende Codebuchgrößen N_{cdb} evaluiert. Die Ergebnisse sind in Tabelle 5.3 und in Abbildung 5.8 auf Seite 90 zusammengefasst. Ein relativer, statistisch hochsignifikanter Rückgang der Buchstaben-ACC um $\Delta r = -32{,}7\,\%$ auf $a^{\text{jo}}_{\text{v,Lloyd}} = 30{,}9\,\%$, ermittelt auf dem Validierungs-Datensatz $\mathcal{S}_{\text{val}}$, und um $\Delta r = -30{,}6\,\%$ auf $a^{\text{jo}}_{\text{t,Lloyd}} = 36{,}0\,\%$, ermittelt auf dem Test-Datensatz $\mathcal{S}_{\text{test}}$, jeweils bezogen auf das diskrete Referenzsystem aus Kapitel 3, stellt sich für eine resultierende Codebuchgröße von $N_{\text{cdb}} = 10$ Codebucheinträgen ein. Dieser Rückgang lässt sich mit der geringen Anzahl an effektiv zur Verfügung stehenden Codebucheinträgen erklären. Für $N_{\text{cdb}} = 10$ erhält man eine effektive Codebuchgröße von $N^{\text{red}}_{\text{cdb}} = 5$ Codebucheinträgen zur Beschreibung der Verbundverteilung $p(\mathbf{f}^{\text{red}})$ – eine zu geringe Codebuchgröße zur adäquaten

	diskrete HMM, N_{cdb}			
	10	1 000	5 000	7 500
$a^{\text{jo}}_{\text{t,Lloyd}}$	36,0 %	65,0 %	67,6 %	67,9 %
Δr (Exp. 3.5)	-30,6 % (0,99)⁺	-2,2 % (0,99)⁺	-0,7 % (0,94)	0,4 % (0,83)

Tabelle 5.3: Ergebnisse des Experiments 5.3 bei Verwendung des Lloyd-VQ und der verlustfreien, statistisch unabhängigen Druckmodellierung mithilfe eines gemeinsamen Codebuchs nach Gleichung 5.5 mit unterschiedlichen resultierenden Codebuchgrößen ($N_{\text{cdb}} \in \{10; 1000; 5000; 7500\}$). Dargestellt ist die Buchstaben-ACC, ermittelt auf dem Test-Datensatz $\mathcal{S}_{\text{test}}$. Zusätzlich ist die relative Veränderung Δr, bezogen auf das Experiment 3.5, sowie das Signifikanzniveau $(\cdot)$ angegeben, wobei $0,99^{+}$ eine Signifikanz von $p_r > 0,99$ anzeigt.

Beschreibung der Verteilung. Die zusätzliche, verlustfrei modellierte Druckinformation reicht nicht aus, um diese ungenügende Repräsentation zu kompensieren. Mit steigender Codebuchgröße N_{cdb} wird die Verteilung $p(\mathbf{f}^{\text{red}})$ feiner durch die effektiv zur Verfügung stehenden Codebucheinträge aufgelöst. Durch die Aufteilung des Codebuchs tritt für eine resultierende Codebuchgröße von $N_{\text{cdb}} = 7500$ Codebucheinträgen der Sparse-Data-Effekt weniger stark auf als im Referenzsystem. Deswegen wird die jeweilige höchste Buchstaben-ACC von $a^{\text{jo}}_{\text{v,Lloyd}} = 62,4\,\%$ und $a^{\text{jo}}_{\text{t,Lloyd}} = 66,4\,\%$ für eine resultierende Codebuchgröße von $N_{\text{cdb}} = 7500$ erreicht. Dies entspricht einem relativen, statistisch nicht signifikanten Rückgang von jeweils $\Delta r = -0,3\,\%$ ($p_r = 0,70$ bzw. $p_r = 0,74$), bezogen auf das Referenzsystem.

Experiment 5.3: *Statistisch unabhängige Druckmodellierung im VQ*

Dieses Experiment evaluiert die statistisch unabhängige Druckmodellierung mithilfe eines gemeinsamen Codebuchs nach Gleichung 5.5 im Erkennungssystem aus Abbildung 5.6. Als VQ dient der Lloyd-VQ. Die Buchstaben-ACC, ermittelt auf dem Validierungs-Datensatz $\mathcal{S}_{\text{val}}$, ist in Abbildung 5.8 auf Seite 90 für Codebücher mit $N_{\text{cdb}} \in \{10; 100; 500; 1000; 2000; 5000; 7500\}$ eingetragen (—▼—). In Tabelle 5.3 sind die Ergebnisse des Experiments zusammengefasst und werden mit der Buchstaben-ACC, ermittelt auf dem Test-Datensatz $\mathcal{S}_{\text{test}}$, der Referenzsysteme verglichen.

Das nach Gleichung 5.5 erstellte Codebuch ermöglicht eine verlustfreie Modellierung der Druckinformation. Diese erfolgt jedoch statistisch unabhängig von den verbleibenden Merkmalen. Wie die Ergebnisse aus Tabelle 5.3 zeigen, führt diese statistisch unabhängige Modellierung der Druckinformation in einem gemeinsamen Codebuch zu einer relativen, mitunter statistisch signifikanten Verschlechterung der Buchstaben-ACC sowohl auf dem Validierungs- als auch auf dem Test-Datensatz, obgleich dem Erkenner die Druckinformation verlustfrei zur Verfügung gestellt wird. Die systematische Verknüpfung zwischen der Druckinformation und den restlichen Merkmalen einerseits und der Modellierung durch dasselbe Codebuch andererseits führt dazu, dass in bestimmte Voronoi-Zellen keine Abtastpunkte fallen. In Abbildung 5.5 links ist dies durch die außerhalb der Verteilung $p(f_x, f_y | f_1 = 0)$ liegenden Codebucheinträge symbolisiert. Wie oben anhand der Codebuchgröße $N_{\text{cdb}} = 10$ erläutert, verringert sich dadurch die Anzahl der effektiv zur Quantisierung verwendeten Codebucheinträge, weswegen die Verteilung $p(\mathbf{f}^{\text{red}})$ nur unzureichend modelliert wird. Um eine eindeutige Aussage über den Einfluss einer verlustfrei zur Verfügung

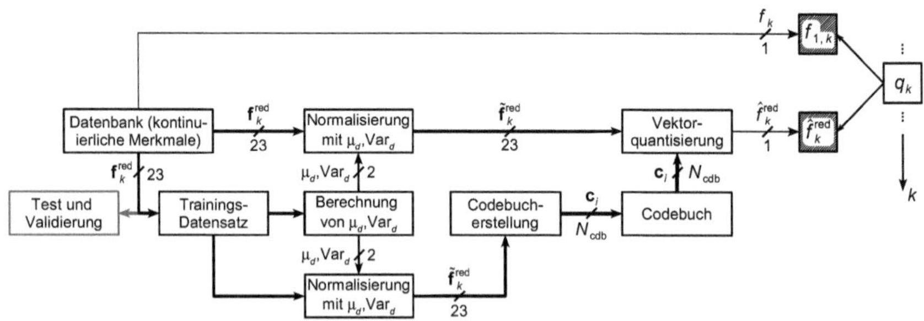

Abbildung 5.7: Erweiterung des in Abbildung 5.3 dargestellten Erkennungssystems zur statistisch unabhängigen Druckmodellierung mithilfe von diskreten MOHMM. Im Gegensatz zu dem in Abbildung 5.6 gezeigten Erkennungssystem erfolgt die verlustfreie und statistisch unabhängige Druckmodellierung nicht innerhalb des VQ, sondern direkt im Erkenner.

gestellten Druckinformation treffen zu können, wird im folgenden Abschnitt die resultierende Codebuchgröße durch den Einsatz der in Abschnitt 2.1 beschriebenen diskreten MOHMM erhöht [Sch08h]. Wegen der separaten Modellierung durch einen eigenen Beobachtungsstrom steht auch bei Verwendung der diskreten MOHMM die Druckinformation verlustfrei und statistisch unabhängig für die Erkennung zur Verfügung.

Statistisch unabhängige Modellierung durch diskrete MOHMM

Wie im vorausgegangenen Abschnitt erläutert, lässt sich mithilfe der innerhalb eines Codebuchs nach Gleichung 5.5 verlustfrei, aber statistisch unabhängig von den restlichen Merkmalen modellierten Druckinformation durch die verringerte effektive Codebuchgröße keine Verbesserung erzielen. Durch die Modellierung mithilfe eines diskreten MOHMM (siehe Abschnitt 2.1.2) wird die binärwertige Druckinformation dem Erkenner verlustfrei durch einen separaten Beobachtungsstrom zur Verfügung gestellt: Bilden die durch ein Codebuch der Größe $N_{\text{cdb}}^{\text{red}}$ vektorquantisierten Merkmalsvektoren $\hat{f}_k^{\text{red}}$ den zweiten Beobachtungsstrom, so erfolgt die Modellierung der Druckinformation ebenfalls statistisch unabhängig von den restlichen Merkmalen. Für die resultierende Anzahl der Codebucheinträge der beiden Beobachtungsströme erhält man $N_{\text{cdb}} = 2 + N_{\text{cdb}}^{\text{red}}$ [Sch08h]. Gegenüber dem Codebuch aus Gleichung 5.5 hat sich die Anzahl der zur Modellierung der Verteilung $p(\mathbf{f}^{\text{red}})$ effektiv zur Verfügung stehenden Codebucheinträge nahezu verdoppelt.

Ein entsprechend erweitertes Erkennungssystem ist in Abbildung 5.7 dargestellt. Es wird im Experiment 5.4 evaluiert, dessen Ergebnisse Tabelle 5.4 und Abbildung 5.8 zeigen. Die höhere, effektiv für die Quantisierung der Verteilung $p(\mathbf{f}^{\text{red}})$ zur Verfügung stehende Anzahl an Codebucheinträgen führt i. Allg. zu einer signifikanten Erhöhung der Buchstaben-ACC, ermittelt sowohl auf den Validierungs-Datensatz $\mathcal{S}_{\text{val}}$ als auch auf den Test-Datensatz $\mathcal{S}_{\text{test}}$, verglichen mit den Ergebnissen aus Experiment 5.3: Für $N_{\text{cdb}} = 10$ ergibt sich eine relative, statistisch hochsignifikante Erhöhung um $\Delta r = 15{,}6\,\%$ auf $a_{\text{v,MO}}^{\text{jo}} = 36{,}6\,\%$ bzw. um $\Delta r = 13{,}5\,\%$ auf $a_{\text{t,MO}}^{\text{jo}} = 41{,}6\,\%$. Mit steigender Anzahl an Codebucheinträgen geht jedoch das Maß der Verbesserung zurück: Es zeigt sich eine relative, statistisch nicht signifikante Erhöhung um $\Delta r = 0{,}3\,\%$ auf $a_{\text{v,MO}}^{\text{jo}} = 62{,}4\,\%$ ($p_r = 0{,}73$) bzw. eine relative, statistisch signifikante Erhöhung um $\Delta r_2 =$

	diskrete HMM, N_{cdb}			
	10	1 000	5 000	7 500
$a^{\text{jo}}_{\text{t,MO}}$	41,6 %	66,5 %	68,3 %	68,2 %
Δr_1 (Exp. 3.5)	-13,0 % (0,99)⁺	0,2 % (0,62)	0,3 % (0,74)	0,0 % (0,5)
Δr_2 (Exp. 5.3)	13,5 % (0,99)⁺	2,3 % (0,99)⁺	1,0 % (0,99)	0,4 % (0,80)

Tabelle 5.4: Ergebnisse des Experiments 5.4 bei Verwendung des Lloyd-VQ und der verlustfreien Druckmodellierung durch zwei statistisch unabhängige Beobachtungsströme zur Erkennung mit einem auf diskreten MOHMM basierenden Erkenner für unterschiedliche resultierende Codebuchgrößen ($N_{\text{cdb}} \in \{10; 1\,000; 5\,000; 7\,500\}$). Dargestellt ist die Buchstaben-ACC, ermittelt auf dem Test-Datensatz $\mathcal{S}_{\text{test}}$. Zusätzlich ist die relative Veränderung Δr_1, bezogen auf das Experiment 3.5, und die relative Veränderung Δr_2, bezogen auf das Experiment 5.3, sowie das jeweilige Signifikanzniveau $(\cdot)$ angegeben, wobei $0,99^{+}$ eine Signifikanz von $p_{x,r} > 0,99$ anzeigt.

$1,0\%$ auf $a^{\text{jo}}_{\text{t,MO}} = 68,3\%$ ($p_{2,r} = 0,99$) bei Verwendung von $N_{\text{cdb}} = 5\,000$ Codebucheinträgen (resultierend) zur Quantisierung. Verglichen mit dem diskreten Referenzsystem aus Kapitel 3, kann durch die verlustfreie Druckmodellierung jedoch keine statistisch signifikante Verbesserung erzielt werden. Die höchste Buchstaben-ACC entspricht einer relativen Verringerung um $\Delta r = -0,3\%$ ($p_r = 0,73$) auf $a^{\text{jo}}_{\text{v,MO}} = 62,4\%$ bzw. einer relativen Verbesserung um $\Delta r = 0,3\%$ ($p_r = 0,70$) auf $a^{\text{jo}}_{\text{t,MO}} = 68,3\%$.

Experiment 5.4: *Statistisch unabhängige Druckmodellierung durch diskrete MOHMM*

In diesem Experiment wird das in Abbildung 5.7 dargestellte Erkennungssystem evaluiert. Die Druckinformation wird verlustfrei, jedoch statistisch unabhängig von den restlichen Merkmalen durch diskrete MOHMM modelliert. Der erste Beobachtungsstrom wird durch das binärwertige Druckmerkmal, der zweite Beobachtungsstrom durch die vektorquantisierten, reduzierten Merkmalsvektoren $\hat{f}^{\text{red}}_k$ gebildet. Als VQ kommt der Lloyd-VQ zum Einsatz. Die Buchstaben-ACC, ermittelt auf dem Validierungs-Datensatz $\mathcal{S}_{\text{val}}$, ist in Abbildung 5.8 auf Seite 90 für Codebuchgrößen von $N_{\text{cdb}} \in \{10; 100; 500; 1\,000; 2\,000; 5\,000; 7\,500\}$ eingetragen (—▲—). In Tabelle 5.4 sind die Ergebnisse des Experiments zusammengefasst und werden mit der Buchstaben-ACC, ermittelt auf dem Test-Datensatz $\mathcal{S}_{\text{test}}$, der Referenzsysteme verglichen.

Wie durch Experiment 5.4 gezeigt, liefert die verlustfreie und statistisch unabhängige Modellierung des Drucks keine statistisch signifikante Verbesserung gegenüber dem Referenzsystem. Dieses Ergebnis legt den Schluss nahe, dass die verbleibenden Merkmale statistisch abhängig von der Druckinformation sind. In den Abbildungen 5.1, 5.2 und 5.5 ist die statistische Abhängigkeit zwischen dem Druckmerkmal und den Merkmalen f_x und f_y durch die unterschiedliche Form der beiden Verteilungen $p(f_x, f_y | f_1 = 0)$ und $p(f_x, f_y | f_1 = 1)$ verdeutlicht.

Die statistische Abhängigkeit zwischen dem Druckmerkmal und den restlichen Merkmalen liegt in der Vorverarbeitung begründet. Wie in Abschnitt 3.2 beschrieben ist, wird die Stifttrajektorie vor der Merkmalsextraktion derart neu abgetastet, dass ihre Abtastpunkte im gleichen Abstand zueinander liegen. Dies führt im Falle eines abgesetzten Stifts ($f_1 = 0$) zu einer linearen Interpolation zwischen dem letzten aufgesetzten und dem ersten aufgesetzten Abtastpunkt innerhalb der Stifttrajektorie. Die innerhalb der linear interpolierten Stifttrajektorie extrahierten

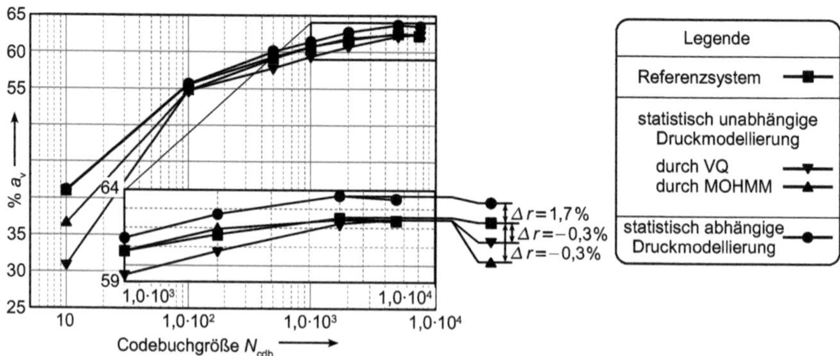

Abbildung 5.8: Graphische Zusammenfassung der Ergebnisse der Experimente 5.3, 5.4 und 5.5 zusammen mit den Ergebnissen aus Experiment 3.5 für unterschiedliche Codebuchgrößen ($N_{\text{cdb}} \in \{10; 100; 500; 1\,000; 2\,000; 5\,000; 7\,500\}$). Dargestellt ist die Buchstaben-ACC, ermittelt auf dem Validierungs-Datensatz $\mathcal{S}_{\text{val}}$, in Abhängigkeit der verwendeten Codebuchgröße für eine Erkennung mithilfe von diskreten HMM.

Online-Merkmale weisen deswegen starke Abhängigkeiten untereinander und zwischen zwei aufeinanderfolgenden Zeitschritten $k-1 \rightarrow k$ auf. In den folgenden Abschnitten werden daher bei der verlustfreien Modellierung der Druckinformation die statistischen Abhängigkeiten zwischen dem Druckmerkmal und den restlichen Merkmalen berücksichtigt.

5.2.2 Statistisch abhängige Modellierung des Drucks

Durch die Experimente 5.3 und 5.4 wurde im vorherigen Abschnitt gezeigt, dass die verlustfreie Modellierung der Druckinformation bei gleichzeitiger Vernachlässigung der statistischen Abhängigkeiten zwischen dem Druckmerkmal und den restlichen Merkmalen zu keiner statistisch signifikanten Verbesserung der Erkennungsleistung führt. Wie in Abschnitt 5.2.1 erläutert ist, bewirkt die hier eingesetzte Vorverarbeitung eine statistische Abhängigkeit zwischen den Merkmalen und der Druckinformation. Als Folge kommt es zu einer Reduktion der effektiv zur Quantisierung zur Verfügung stehenden Anzahl von Codebucheinträgen durch die fehlerhafte Annahme, dass sich die beiden Verteilungen $p(\tilde{\mathbf{f}}^{\text{red}}|\tilde{f}_1 < 0)$ und $p(\tilde{\mathbf{f}}^{\text{red}}|\tilde{f}_1 > 1)$ entsprechen. Es gilt demnach $p(\tilde{\mathbf{f}}^{\text{red}}|\tilde{f}_1 < 0) \neq p(\tilde{\mathbf{f}}^{\text{red}}|\tilde{f}_1 > 1)$.

Im Folgenden wird bei der verlustfreien Modellierung der Druckinformation die statistische Abhängigkeit zwischen dem Druckmerkmal und den restlichen Merkmalen innerhalb der Verteilung $p(\tilde{\mathbf{f}})$ berücksichtigt. Mithilfe des Satzes von Bayes [Båd00] lässt sich die Verteilung $p(\tilde{\mathbf{f}})$ umformen zu

$$p(\tilde{\mathbf{f}}) = p(\tilde{f}_1, \ldots, \tilde{f}_D) = p(\tilde{f}_2, \ldots, \tilde{f}_D|\tilde{f}_1) \cdot p(\tilde{f}_1) = \\ = \begin{cases} p(\tilde{\mathbf{f}}^{\text{red}}|\tilde{f}_1 < 0) \cdot p(\tilde{f}_1 < 0) & \text{wenn } f_1 = 0 \\ p(\tilde{\mathbf{f}}^{\text{red}}|\tilde{f}_1 > 0) \cdot p(\tilde{f}_1 > 0) & \text{wenn } f_1 = 1. \end{cases} \tag{5.6}$$

Aufgrund des binären Charakters des Drucks lässt sich die Verteilung $p(\tilde{\mathbf{f}}^{\text{red}}|\tilde{f}_1) \cdot p(\tilde{f}_1)$ in Abhängigkeit des Werts des Druckmerkmals f_1 bzw. $\tilde{f}_1$ in zwei verschiedene, unabhängige Verteilungen

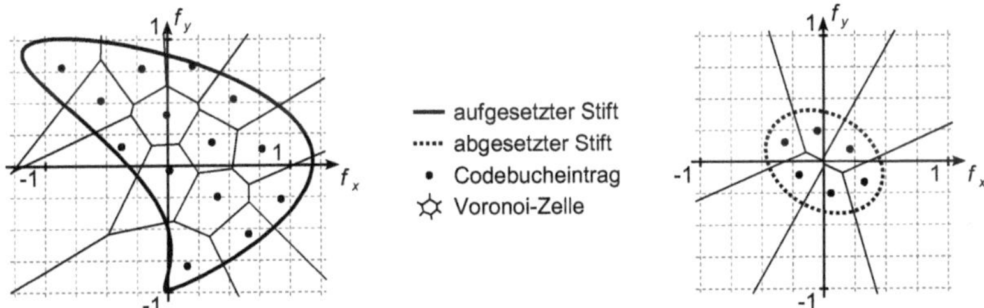

Abbildung 5.9: Partitionierung der Verteilung $p(\tilde{\mathbf{f}}^{\mathrm{red}}|\tilde{f}_1 > 0)$ (links) und der Verteilung $p(\tilde{\mathbf{f}}^{\mathrm{red}}|\tilde{f}_1 < 0)$ (rechts) durch die Codebucheinträge $\mathbf{r}_i^{\mathrm{k}}$ und $\mathbf{r}_j^{\mathrm{g}}$ der Codebücher $\mathcal{C}^{\mathrm{red,k}}$ und $\mathcal{C}^{\mathrm{red,g}}$ für $N_{\mathrm{cdb}} = 20$ und $R^{\mathrm{sw}} = 7/3$ (entsprechend den Codebuchgrößen $N_{\mathrm{cdb}}^{\mathrm{k}} = 6$ und $N_{\mathrm{cdb}}^{\mathrm{g}} = 14$). Durch die getrennte Anpassung der Codebucheinträge an die beiden Verteilungen werden diese optimal nachgebildet. Die Berücksichtigung der statistischen Bindungen zwischen der Druckinformation und den restlichen Merkmalen erfolgt im VQ.

unterteilen, wie in Gleichung 5.6 allgemein gezeigt ist. Die Verteilungen werden anschließend durch die Codebucheinträge zweier verschiedener Codebücher repräsentiert. Dabei modellieren die $N_{\mathrm{cdb}}^{\mathrm{k}}$ Codebucheinträge $\mathbf{r}_i^{\mathrm{k}} \in \mathbb{R}^{D-1}$, $1 \leq i \leq N_{\mathrm{cdb}}^{\mathrm{k}}$ des Codebuchs $\mathcal{C}^{\mathrm{red,k}}$ die Verteilung $p(\tilde{\mathbf{f}}^{\mathrm{red}}|\tilde{f}_1 < 0) \cdot p(\tilde{f}_1 < 0)$, d. h. $p(\mathbf{r}_{\mathrm{k}}) \equiv p(\tilde{\mathbf{f}}^{\mathrm{red}}|\tilde{f}_1 < 0) \cdot p(\tilde{f}_1 < 0)$ und die $N_{\mathrm{cdb}}^{\mathrm{g}}$ Codebucheinträge $\mathbf{r}_j^{\mathrm{g}} \in \mathbb{R}^{D-1}$, $1 \leq j \leq N_{\mathrm{cdb}}^{\mathrm{g}}$ des Codebuchs $\mathcal{C}^{\mathrm{red,k}}$ die Verteilung $p(\tilde{\mathbf{f}}^{\mathrm{red}}|\tilde{f}_1 > 0) \cdot p(\tilde{f}_1 > 0)$, d. h. $p(\mathbf{r}_{\mathrm{g}}) \equiv p(\tilde{\mathbf{f}}^{\mathrm{red}}|\tilde{f}_1 > 0) \cdot p(\tilde{f}_1 > 0)$. Die Anzahl der Codebucheinträge $N_{\mathrm{cdb}}^{\mathrm{k}}$ und $N_{\mathrm{cdb}}^{\mathrm{g}}$ der Codebücher $\mathcal{C}^{\mathrm{red,k}}$ und $\mathcal{C}^{\mathrm{red,g}}$ kann unterschiedlich sein und wird in Experiment 5.5 für die Verwendung eines Lloyd-VQ zur Quantisierung experimentell bestimmt. Aus Gründen der Vergleichbarkeit bei Verwendung nur eines Codebuchs der Größe N_{cdb} zur Quantisierung wird stets die resultierende Codebuchgröße $N_{\mathrm{cdb}} = N_{\mathrm{cdb}}^{\mathrm{k}} + N_{\mathrm{cdb}}^{\mathrm{g}}$ und das Verhältnis

$$R^{\mathrm{sw}} = \frac{N_{\mathrm{cdb}}^{\mathrm{g}}}{N_{\mathrm{cdb}}^{\mathrm{k}}} \Rightarrow N_{\mathrm{cdb}}^{\mathrm{g}} = \left\lfloor \frac{N_{\mathrm{cdb}}}{1 + 1/R^{\mathrm{sw}}} + 0.5 \right\rfloor, N_{\mathrm{cdb}}^{\mathrm{k}} = N_{\mathrm{cdb}} - N_{\mathrm{cdb}}^{\mathrm{g}} \tag{5.7}$$

betrachtet. In Gleichung 5.7 bezeichnet $\lfloor \cdot \rfloor$, analog zu Gleichung 4.20, die Abrundungsfunktion [Båd00]. Die Partitionierung der beiden Verteilungen durch die die Codebucheinträge umgebenden Voronoi-Zellen zeigt Abbildung 5.9. Wie in Abbildung 5.9 dargestellt ist, ermöglicht die getrennte Quantisierung der beiden Verteilungen $p(\tilde{\mathbf{f}}^{\mathrm{red}}|\tilde{f}_1 < 0)$ und $p(\tilde{\mathbf{f}}^{\mathrm{red}}|\tilde{f}_1 > 0)$ eine exakte Modellierung der beiden Verteilungen.

Für die adäquate Bildung der beiden Codebücher $\mathcal{C}^{\mathrm{red,k}}$ und $\mathcal{C}^{\mathrm{red,g}}$ entsprechend den Verteilungen $p(\tilde{\mathbf{f}}^{\mathrm{red}}|\tilde{f}_1 < 0) \cdot p(\tilde{f}_1 < 0)$ und $p(\tilde{\mathbf{f}}^{\mathrm{red}}|\tilde{f}_1 > 0) \cdot p(\tilde{f}_1 > 0)$ wird der Trainings-Datensatz $\mathcal{S}_{\mathrm{train}}$ in zwei disjunkte Mengen $\mathcal{F}_{\mathrm{k}}$ und $\mathcal{F}_{\mathrm{g}}$ unterteilt mit

$$\begin{aligned} \mathcal{F}_{\mathrm{k}} &= \{\tilde{\mathbf{f}}_k^{\mathrm{red}}|f_{1,k} = 0\} \\ \mathcal{F}_{\mathrm{g}} &= \{\tilde{\mathbf{f}}_k^{\mathrm{red}}|f_{1,k} = 1\} \end{aligned}, \; 1 \leq k \leq K, \forall \mathbf{F} \in \mathcal{S}_{\mathrm{train}}. \tag{5.8}$$

Anschließend werden die beiden Codebücher $\mathcal{C}^{\mathrm{red,k}}$ und $\mathcal{C}^{\mathrm{red,g}}$ aus den um das Druckmerkmal normierten, reduzierten Merkmalsvektoren $\tilde{\mathbf{f}}_{\mathrm{k},k}$ bzw. $\tilde{\mathbf{f}}_{\mathrm{g},k}$ aus den Mengen $\mathcal{F}_{\mathrm{k}}$ bzw. $\mathcal{F}_{\mathrm{g}}$ gebildet. Obwohl in den reduzierten Merkmalsvektoren $\tilde{\mathbf{f}}_{\mathrm{k},k}$ und $\tilde{\mathbf{f}}_{\mathrm{g},k}$ keinerlei Druckinformation enthalten ist, kann der Wert des Druckmerkmals aus der Zugehörigkeit zu der jeweiligen Menge $\mathcal{F}_\mathrm{k}$ bzw. $\mathcal{F}_\mathrm{g}$ geschlossen werden. In Abhängigkeit des Verhältnisses R^sw und der gewünschten resultierenden Codebuchgröße N_cdb lassen sich mithilfe von Gleichung 5.7 die Codebuchgrößen $N^\mathrm{k}_\mathrm{cdb}$ und $N^\mathrm{g}_\mathrm{cdb}$ der beiden einzelnen Codebücher $\mathcal{C}^\mathrm{red,k}$ und $\mathcal{C}^\mathrm{red,g}$ bestimmen.

Um dem Erkennungssystem die Druckinformation verlustfrei zur Verfügung zu stellen, werden zur Quantisierung der normalisierten Merkmalsvektoren $\tilde{\mathbf{f}}$ die beiden Codebücher $\mathcal{C}^\mathrm{red,k}$ und $\mathcal{C}^\mathrm{red,g}$ um den Wert des jeweiligen Druckmerkmals erweitert. Man erhält so die Codebucheinträge $\mathbf{c}^\mathrm{k}_i \in \mathcal{C}^\mathrm{k}$ und $\mathbf{c}^\mathrm{g}_i \in \mathcal{C}^\mathrm{g}$ mit

$$\begin{aligned} \mathbf{c}^\mathrm{k}_i &= (\tilde{f}_1|_{f_1=0}, \mathbf{r}^\mathrm{k}_i) \in \mathbb{R}^D, \quad 1 \leq i \leq N^\mathrm{k}_\mathrm{cdb} \text{ und} \\ \mathbf{c}^\mathrm{g}_j &= (\tilde{f}_1|_{f_1=1}, \mathbf{r}^\mathrm{g}_j) \in \mathbb{R}^D, \quad 1 \leq j \leq N^\mathrm{g}_\mathrm{cdb}. \end{aligned} \tag{5.9}$$

Eine weitere Zusammenfassung der beiden Codebücher $\mathcal{C}^\mathrm{k}$ und $\mathcal{C}^\mathrm{g}$ zu einem gemeinsamen Codebuch $\mathcal{C}$, d. h. $\mathcal{C} = \mathcal{C}^\mathrm{k} \cup \mathcal{C}^\mathrm{g}$, ist jedoch nicht sinnvoll: Aufgrund der unterschiedlichen Lage der Codebucheinträge $\mathbf{r}^\mathrm{k}_i$ und $\mathbf{r}^\mathrm{g}_j$ ist nicht sichergestellt, dass stets nur Codebucheinträge mit dem korrekten Wert der Druckinformation zur Quantisierung gewählt werden. Deswegen wird die Druckinformation $\tilde{f}_{1,k}$ dem VQ zur Verfügung gestellt, der anhand des Werts des Druckmerkmals entscheidet, welches der beiden Codebücher $\mathcal{C}^\mathrm{k}$ bzw. $\mathcal{C}^\mathrm{g}$ zur Quantisierung des Merkmalsvektors $\tilde{\mathbf{f}}_k$ verwendet wird. Man erhält so für den Wert des vektorquantisierten Merkmals

$$\hat{f}^\mathrm{sw}_k = \begin{cases} \underset{1 \leq i \leq N^\mathrm{k}_\mathrm{cdb}}{\operatorname{argmin}}\, d(\tilde{\mathbf{f}}_k, \mathbf{c}_{\mathrm{k},i}) & \text{wenn } \tilde{f}_{1,k} < 0 \\ \left[\underset{1 \leq j \leq N^\mathrm{g}_\mathrm{cdb}}{\operatorname{argmin}}\, d(\tilde{\mathbf{f}}_k, \mathbf{c}_{\mathrm{g},j}) \right] + N^\mathrm{k}_\mathrm{cdb} & \text{wenn } \tilde{f}_{1,k} > 0. \end{cases} \tag{5.10}$$

Der Quantisierer wechselt (engl. *to switch*) so in Abhängigkeit des Druckmerkmals das zur Quantisierung verwendete Codebuch [Sch08j]. In Abbildung 5.10 ist die Erweiterung des diskreten Referenzsystems zur Berücksichtigung der statistischen Abhängigkeit zwischen dem Druckmerkmal $f_{1,k}$ und den restlichen Merkmalen $\mathbf{f}^\mathrm{red}_k$ dargestellt.

Zur Evaluierung des in Abbildung 5.10 gezeigten Systems in Experiment 5.5 wird für jede resultierende Codebuchgröße $N_\mathrm{cdb} = N^\mathrm{k}_\mathrm{cdb} + N^\mathrm{g}_\mathrm{cdb}$ zunächst das optimale Verhältnis $R^\mathrm{sw}_\mathrm{opt}$ auf dem Validierungs-Datensatz $\mathcal{S}_\mathrm{val}$ experimentell bestimmt. Die jeweilige erreichte Buchstaben-ACC, ermittelt auf dem Validierungs-Datensatz $\mathcal{S}_\mathrm{val}$ in Abhängigkeit des Verhältnisses R^sw, zeigt Abbildung 5.11. Das jeweilige optimale Verhältnis $R^\mathrm{sw}_\mathrm{opt}$ sowie die damit erzielten Ergebnisse sind in Tabelle 5.5 und in Abbildung 5.8 zusammengefasst. Für beinahe alle Codebuchgrößen stellt sich eine Verbesserung der Buchstaben-ACC, ermittelt sowohl auf dem Validierungs-Datensatz $\mathcal{S}_\mathrm{val}$ als auch auf dem Test-Datensatz $\mathcal{S}_\mathrm{test}$, bezogen auf das Referenzsystem (siehe Kapitel 3) ein. Für $N_\mathrm{cdb} = 5\,000$ und $R^\mathrm{sw}_\mathrm{opt} = 5$ (d. h. $N^\mathrm{k}_\mathrm{cdb} = 833$ und $N^\mathrm{g}_\mathrm{cdb} = 4\,167$) erhält man eine Buchstaben-ACC von $a^\mathrm{sw}_\mathrm{v,Lloyd} = 63{,}7\,\%$ und $a^\mathrm{sw}_\mathrm{t,Lloyd} = 68{,}9\,\%$, was einer relativen, statistisch hochsignifikanten Verbesserung von $\Delta r = 1{,}7\,\%$ ($p_r > 0{,}99$) bzw. von $\Delta r = 1{,}2\,\%$ ($p_r = 0{,}99$) entspricht.

Experiment 5.5: *Statistisch abhängige Druckmodellierung im VQ*

In diesem Experiment wird das Erkennungssystem aus Abbildung 5.10 evaluiert. Es verwendet zwei verschiedene Codebücher, $\mathcal{C}^\mathrm{k}$ mit $N^\mathrm{k}_\mathrm{cdb}$ Codebucheinträgen und $\mathcal{C}^\mathrm{k}$ mit $N^\mathrm{g}_\mathrm{cdb}$ Codebucheinträgen, zur Quantisierung der Merkmalsvektoren $\mathbf{f}_k$. Beide Codebücher werden mithilfe des Lloyd-VQ aus den zwei Mengen von Merkmalsvektoren nach Gleichung 5.8 geschätzt. In einem ersten Schritt wird für jede resultierende Codebuchgröße $N_\mathrm{cdb} = N^\mathrm{k}_\mathrm{cdb} +$

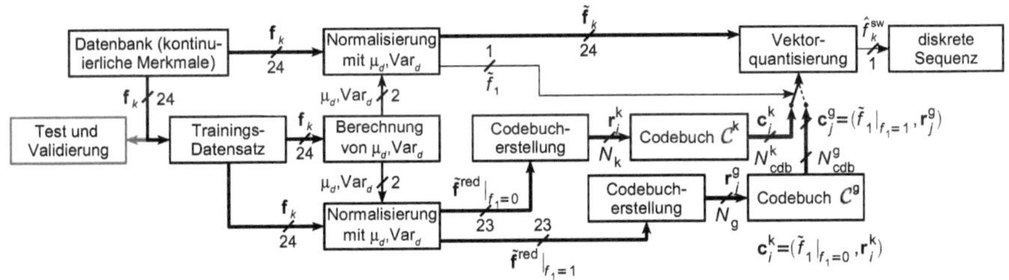

Abbildung 5.10: Erweiterung des Referenzsystems zur verlustfreien Modellierung der Druckinformation bei gleichzeitiger Berücksichtigung der statistischen Abhängigkeiten zwischen dem Druckmerkmal und den restlichen Merkmalen $\mathbf{f}_k^{\text{red}}$. Die Modellierung erfolgt innerhalb des VQ, der in Abhängigkeit der Druckinformation eines der an die jeweilige Verteilung angepassten Codebücher wählt. Die Partitionierung des Merkmalsraums entspricht dabei der aus Abbildung 5.9. Aus Gründen der Übersichtlichkeit ist die Erkennereinheit nicht dargestellt.

	diskrete HMM, N_{cdb} $(R_{\text{opt}}^{\text{sw}})$			
	10 (2)	1 000 (10)	5 000 (5)	7 500 (1)
$a_{\text{t,Lloyd}}^{\text{sw}}$	46,6 %	66,8 %	68,9 %	69,0 %
Δr (Exp. 3.5)	-0,9 % (0,88)	0,6 % (0,89)	1,2 % (0,99)	1,2 % (0,99)

Tabelle 5.5: Ergebnisse des Experiments 5.5 bei Verwendung des Lloyd-VQ und der verlustfreien Druckmodellierung aus Abschnitt 5.2.1 und unterschiedlichen resultierenden Codebuchgrößen ($N_{\text{cdb}} \in \{10; 1\,000; 5\,000; 7\,500\}$). Dargestellt ist die Buchstaben-ACC, ermittelt auf dem Test-Datensatz $\mathcal{S}_{\text{test}}$. Zusätzlich ist die relative Veränderung Δr, bezogen auf das Experiment 3.5, sowie das Signifikanzniveau p_r angegeben.

$N_{\text{cdb}}^{\text{g}}$ das Verhältnis $R_{\text{opt}}^{\text{sw}} = N_{\text{cdb}}^{\text{g}}/N_{\text{cdb}}^{\text{k}}$ ermittelt, für das die höchste Buchstaben-ACC auf dem Validierungs-Datensatz $\mathcal{S}_{\text{val}}$ erreicht wird. Die möglichen Werte für das Verhältnis werden dabei zu $R^{\text{sw}} \in \{0,1; 0,2; 0,5; 1; 2; 5; 10\}$ gewählt. In einem zweiten Schritt wird für das jeweilige beste Verhältnis die Buchstaben-ACC auf dem Test-Datensatz ermittelt. Die zugehörigen Buchstaben-ACC-Verläufe sind in Abhängigkeit der resultierenden Codebuchgröße $N_{\text{cdb}} \in \{10; 100; 500; 1\,000; 2\,000; 5\,000; 7\,500\}$ und des Verhältnisses R^{sw} in Abbildung 5.11 dargestellt. Die Buchstaben-ACC, ermittelt auf dem Validierungs-Datensatz $\mathcal{S}_{\text{val}}$ für das jeweilige optimale Verhältnis $R_{\text{opt}}^{\text{sw}}$ zwischen den beiden Codebucheinträgen, zeigt Abbildung 5.8 auf Seite 90 (—●—). In Tabelle 5.4 sind die Ergebnisse des Experiments zusammengefasst und werden mit der Buchstaben-ACC, ermittelt auf dem Test-Datensatz $\mathcal{S}_{\text{test}}$, der Referenzsysteme verglichen. Zusätzlich ist in Tabelle 5.5 für jede Codebuchgröße das optimale Verhältnis $R_{\text{opt}}^{\text{sw}}$ angegeben.

Mithilfe der getrennten Quantisierung der beiden, durch das Druckmerkmal separierten, Verteilungen $p(\mathbf{f}^{\text{red}}|\tilde{f}_1 < 0)$ und $p(\mathbf{f}^{\text{red}}|\tilde{f}_1 > 0)$ lässt sich, wie in Experiment 5.5 gezeigt ist, meist eine statistisch hochsignifikante Steigerung der Buchstaben-ACC, bezogen auf das Referenzsystem (siehe Kapitel 3), erreichen. Lediglich für $N_{\text{cdb}} = 100$ führt das optimale Verhältnis $R_{\text{opt}}^{\text{sw}} = 2$ (d. h.

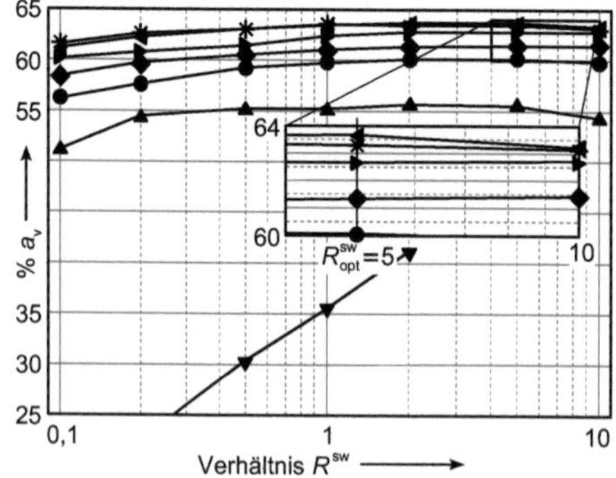

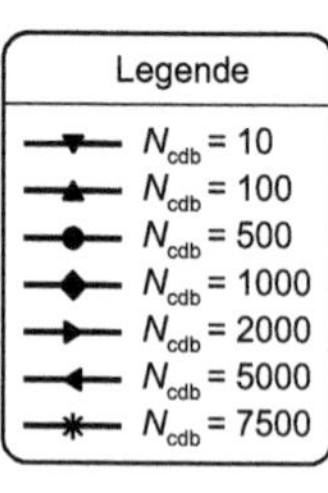

Abbildung 5.11: Buchstaben-ACC, ermittelt auf dem Validierungs-Datensatz $\mathcal{S}_{\text{val}}$, in Abhängigkeit des Verhältnisses $R^{\text{sw}} = N_{\text{g}}/N_{\text{k}}$ zur Ermittlung des optimalen Verhältnisses $R^{\text{sw}}_{\text{opt}}$ in Experiment 5.5 für unterschiedliche resultierende Codebuchgrößen ($N_{\text{cdb}} \in \{10; 100; 500; 1\,000; 2\,000; 5\,000; 7\,500\}$).

$N^{\text{k}}_{\text{cdb}} = 33$ und $N^{\text{g}}_{\text{cdb}} = 67$) zu einer statistisch nicht signifikanten Verringerung der Buchstaben-ACC um $\Delta r = -0.5\,\%$ auf $a^{\text{sw}}_{\text{t,Lloyd}} = 61{,}0\,\%$ ($p_r = 0{,}93$). Dies deutet auf ein nicht optimal gewähltes Verhältnis hin: Betrachtet man den zugehörigen Verlauf aus Abbildung 5.11, ergibt sich für $R^{\text{sw}}_{\text{opt}} = 2$ und $N_{\text{cdb}} = 100$ zwar ein Maximum der Buchstaben-ACC, jedoch nur bezüglich des beschränkten Wertebereichs von $R^{\text{sw}} \in \{0,1; 0,2; 0,5; 1; 2; 5; 10\}$. Die Wahl von $R^{\text{sw}}_{\text{opt}} > 1$ unabhängig von der Codebuchgröße lässt darauf schließen, dass die Verteilung $p(\tilde{\mathbf{f}}_k|\tilde{f}_1|_{f_1=1})$ „komplexer" gegenüber der Verteilung $p(\tilde{\mathbf{f}}_k|\tilde{f}_1|_{f_1=0})$ ist. Dies liegt, analog zu Abschnitt 5.2.1, an den zusätzlichen, statistischen Abhängigkeiten der Merkmale im Falle des abgesetzten Stifts durch die lineare Interpolation der Stifttrajektorie während der Vorverarbeitung.

Quantisierung mit weiteren VQ

Die Erhöhung der Buchstaben-ACC mithilfe einer Quantisierung nach Gleichung 5.10 unter Verwendung zweier unabhängiger Codebücher $\mathcal{C}^{\text{k}}$ der Größe $N^{\text{k}}_{\text{cdb}}$ und $\mathcal{C}^{\text{g}}$ der Größe $N^{\text{g}}_{\text{cdb}}$ wird im Folgenden auch bei Verwendung des WTA-NN-VQ und des NG-VQ gezeigt [Sch08g]. Dazu wird der jeweilige VQ zur Quantisierung innerhalb des in Abbildung 5.10 gezeigten Erkennungssystems eingesetzt. Das optimale Verhältnis der beiden Codebuchgrößen wird dabei für jede resultierende Codebuchgröße $N_{\text{cdb}} = N^{\text{k}}_{\text{cdb}} + N^{\text{g}}_{\text{cdb}}$ aus Experiment 5.5 übernommen. Die Evaluierung der beiden VQ erfolgt in Experiment 5.6. Die Ergebnisse sind in Tabelle 5.6 und in Abbildung 5.12 zusammengefasst. Sowohl bei Verwendung des WTA-NN-VQ als auch des NG-VQ zur Quantisierung stellt sich eine Erhöhung der Buchstaben-ACC, ermittelt sowohl auf dem Validierungs-Datensatz $\mathcal{S}_{\text{val}}$ als auch auf dem Test-Datensatz $\mathcal{S}_{\text{test}}$, verglichen mit dem diskreten Referenzsystem (siehe Kapitel 3), ein. Die höchste Buchstaben-ACC von $a^{\text{sw}}_{\text{v,WTA}} = 64{,}2\,\%$ und $a^{\text{sw}}_{\text{t,WTA}} = 70{,}2\,\%$ erhält man bei Verwendung des WTA-NN-VQ mit $N_{\text{cdb}} = 5\,000$ Codebucheinträgen und einem Verhältnis von $R^{\text{sw}} = 5$ (d. h. $N^{\text{k}}_{\text{cdb}} = 833$ und $N^{\text{g}}_{\text{cdb}} = 4\,167$). Dies entspricht einer relativen, statistisch hochsignifikanten Erhöhung der Buchstaben-ACC um $\Delta r_1 = 2{,}5\,\%$ bzw. $\Delta r_1 = 3{,}0\,\%$. Die Verbesserung, bezogen auf das diskrete Erkennungssystem aus Experiment 3.8, das für die

	diskrete HMM, N_{cdb}			
	10	1 000	5 000	7 500
$a^{\text{sw}}_{\text{t,WTA}}$	46,1 %	66,5 %	70,2 %	68,7 %
Δr_1 (Exp. 3.5)	-2,0 % (0,99)⁺	0,2 % (0,62)	3,0 % (0,99)	0,7 % (0,94)
Δr_2 (Exp. 3.8)	0,2 % (0,62)	-1,5 % (0,99)⁺	2,3 % (0,99)⁺	0,3 % (0,74)
$a^{\text{red}}_{\text{t,NG}}$	46,1 %	68,2 %	69,9 %	70,1 %
Δr_1 (Exp. 3.5)	-2,0 % (0,99)⁺	2,6 % (0,99)⁺	2,6 % (0,99)⁺	2,7 % (0,99)⁺
Δr_2 (Exp. 3.8)	0,2 % (0,60)	1,0 % (0,99)	1,9 % (0,99)⁺	2,3 % (0,99)⁺

Tabelle 5.6: Ergebnisse des Experiments 5.6 bei Verwendung des WTA-NN-VQ (oben) und des NG-VQ (unten) und der verlustfreien, statistisch abhängigen Druckmodellierung aus Abschnitt 5.2.2 für unterschiedliche resultierende Codebuchgrößen ($N_{\text{cdb}} \in \{10; 1000; 5000; 7500\}$). Dargestellt ist die Buchstaben-ACC, ermittelt auf dem Test-Datensatz $\mathcal{S}_{\text{test}}$. Zusätzlich ist jeweils die relative Veränderung Δr_1, bezogen auf das Experiment 3.5, und Δr_2, bezogen auf das Experiment 3.8, sowie das jeweilige Signifikanzniveau $(\cdot)$ angegeben, wobei $0,99^{+}$ eine Signifikanz von $p_r > 0,99$ anzeigt.

Quantisierung ebenfalls den WTA-NN-VQ verwendet, beträgt $\Delta r_2 = 1,6\,\%$ bzw. $\Delta r_2 = 2,3\,\%$ und ist statistisch hochsignifikant. Für den NG-VQ wird eine maximale Buchstaben-ACC von $a^{\text{sw}}_{\text{v,NG}} = 64,1\,\%$ und $a^{\text{sw}}_{\text{t,NG}} = 70,1\,\%$, entsprechend einer relativen, statistisch hochsignifikanten Steigerung um $\Delta r_1 = 2,3\,\%$ bzw. $\Delta r_1 = 2,9\,\%$, bezogen auf das diskrete Referenzsystem, erhalten. Im Unterschied zu der Quantisierung mit dem WTA-NN-VQ, die eine ähnliche Steigerung der Buchstaben-ACC bewirkt, werden für den NG-VQ $N_{\text{cdb}} = 7500$ Codebucheinträge benötigt. Es gilt in diesem Fall $R^{\text{sw}} = 1$, d. h. $N^{\text{k}}_{\text{cdb}} = N^{\text{g}}_{\text{cdb}} = 3750$. Auch bezogen auf das zugehörige Erkennungssystem aus Experiment 3.8, stellt sich eine relative, statistisch hochsignifikante Verbesserung um $\Delta r_2 = 1,6\,\%$ bzw. $\Delta r_2 = 2,3\,\%$ ein.

Experiment 5.6: *Statistisch abhängige Druckmodellierung mit NN basierten VQ*

In diesem Experiment wird das Erkennungssystem aus Abbildung 5.10 unter Verwendung des WTA-NN-VQ und des NG-VQ zur Erstellung der beiden unabhängigen Codebücher $\mathcal{C}^{\text{k}}$ und $\mathcal{C}^{\text{g}}$ evaluiert. Das Verhältnis R^{sw} zwischen den beiden Codebuchgrößen $N^{\text{k}}_{\text{cdb}}$ und $N^{\text{g}}_{\text{cdb}}$ wird für jede resultierende Codebuchgröße $N_{\text{cdb}} = N^{\text{k}}_{\text{cdb}} + N^{\text{g}}_{\text{cdb}}$ gemäß der Ergebnisse des Experiments 5.5 aus Tabelle 5.5 gewählt. Die Buchstaben-ACC, ermittelt auf dem Validierungs-Datensatz $\mathcal{S}_{\text{val}}$, zeigt Abbildung 5.12 auf Seite 96 unter Verwendung des WTA-NN-VQ (—▲—) und des NG-VQ (—●—) für Codebuchgrößen von $N_{\text{cdb}} \in \{10; 100; 500; 1000; 2000; 5000; 7500\}$. In Tabelle 5.6 sind die Ergebnisse des Experiments zusammengefasst und werden mit der Buchstaben-ACC, ermittelt auf dem Test-Datensatz $\mathcal{S}_{\text{test}}$, der Referenzsysteme und mit den Ergebnissen des Experiments 3.8 verglichen. Zusätzlich ist in Tabelle 5.4 für jede Codebuchgröße das optimale Verhältnis $R^{\text{sw}}_{\text{opt}}$ angegeben.

Auch bei Verwendung NN basierter VQ für die Quantisierung nach Gleichung 5.10 kann eine statistisch hochsignifikante Erhöhung der Buchstaben-ACC bezüglich des diskreten Referenzsystems des jeweiligen korrespondierenden Erkennungssystems aus Experiment 3.8 beobachtet werden. Der Verlauf der Buchstaben-ACC aus Abbildung 5.12 weist jedoch an einigen Stellen bemerkenswerte Sprünge auf. So erhält man beispielsweise bei der Wahl von $N_{\text{cdb}} = 500$ Codebuch-

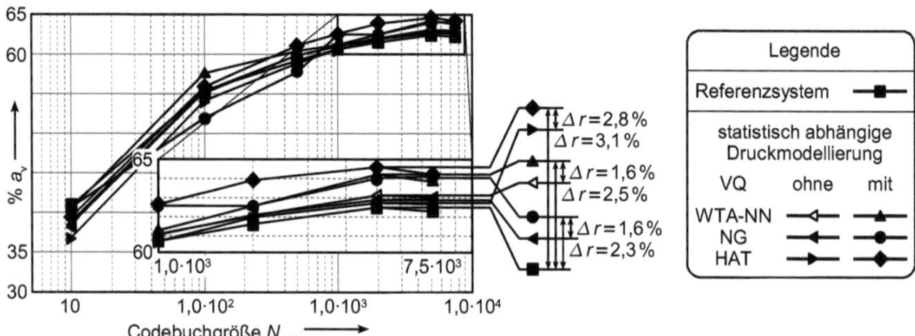

Abbildung 5.12: Graphische Zusammenfassung der Ergebnisse des Experiments 5.6 und des Experiments 5.7 zusammen mit den Ergebnissen des Referenzsystems (siehe Experiment 3.5) für unterschiedliche Codebuchgrößen ($N_{cdb} \in \{10; 100; 500; 1\,000; 2\,000; 5\,000; 7\,500\}$). Dargestellt ist die Buchstaben-ACC, ermittelt auf dem Validierungs-Datensatz $\mathcal{S}_{val}$, in Abhängigkeit der verwendeten Codebuchgröße für eine Erkennung mithilfe von diskreten HMM.

einträge und $R^{sw} = 5$ (d. h. $N_{cdb}^{k} = 83$ und $N_g = 417$) eine Buchstaben-ACC von $a_{v,NG}^{red} = 57,8\,\%$ für die Quantisierung mit dem NG-VQ, entsprechend einer relativen, statistisch hochsignifikanten Reduktion um $\Delta r_1 = -2,8\,\%$ und $\Delta r_2 = -3,6\,\%$. Dies lässt auf eine nicht optimale Wahl des Verhältnisses R_{opt}^{sw} schließen.

Die Experimente dieses Abschnitts haben gezeigt, dass die verlustfreie Druckmodellierung unter Berücksichtigung der statistischen Verbindungen zwischen dem Druckmerkmal und den restlichen Merkmalen, unabhängig vom verwendeten VQ, zu einer statistisch signifikanten Verbesserung der Buchstaben-ACC führt. In Abschnitt 3.3.5 wurde auf die Korrelation zwischen den Merkmalen und deren Kompensation eingegangen. Im folgenden Abschnitt wird daher die statistisch abhängige Druckmodellierung auf dekorrelierte und damit von statistischen Abhängigkeiten erster Ordnung befreite Merkmale angewendet.

5.2.3 Verlustfreie Druckmodellierung und Dekorrelation

Bereits in Abschnitt 3.3.5 wurde eine Dekorrelation der Merkmale mithilfe der HAT untersucht. Da, wie im vorherigen Abschnitt gezeigt, die Modellierung der statistischen Bindungen zwischen dem Druckmerkmal und den restlichen Merkmalen innerhalb eines VQ die Erkennungsleistung beeinflusst, wird im Folgenden die Dekorrelation der Merkmale mithilfe der HAT in Verbindung mit der verlustfreien Modellierung der Druckinformation bei gleichzeitiger Berücksichtigung der statistischen Bindungen zwischen dem Druckmerkmal und den verbleibenden Merkmalen untersucht [Sch08i]. Dazu ist eine weitere Anpassung des Erkennungssystems nötig: Durch die Dekorrelation nach Gleichung 3.25 geht der binäre Charakter der Druckinformation verloren [Sch08i]. Deswegen wird die Verteilung $p(\mathbf{f})$ anhand des Druckmerkmals in die beiden Verteilungen $p(\tilde{\mathbf{f}}^{red}|\tilde{f}_1 < 0)$ und $p(\tilde{\mathbf{f}}^{red}|\tilde{f}_1 > 0)$ aufgespaltet. Anschließend erfolgt die Berechnung der für die HAT benötigten Eigenvektoren (siehe Abschnitt 3.3.5) separat für die einzelnen Verteilungen. Man erhält so die Eigenvektoren $\mathbf{u}_k$ und $\mathbf{u}_g$. Die Dekorrelation wird getrennt für die beiden Verteilungen durchgeführt, und die in den beiden Verteilungen verschiedenen Korrelationen werden berücksichtigt. Auf diese Weise werden die dekorrelierten Merkmale $\tilde{\mathbf{f}}_{k,k}^{red}$ und $\tilde{\mathbf{f}}_{g,k}^{red}$

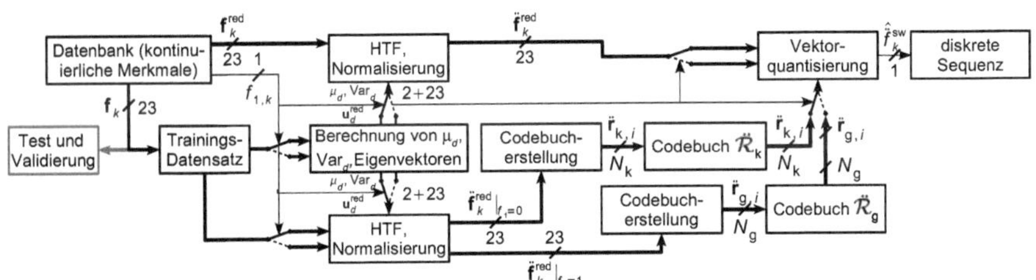

Abbildung 5.13: Erweiterung des Erkennungssystems aus Abbildung 5.10 zur verlustfreien Modellierung der Druckinformation bei gleichzeitiger Berücksichtigung der statistischen Abhängigkeiten zwischen dem Druckmerkmal und den restlichen *dekorrelierten* Merkmalen $\ddot{\mathbf{f}}^{\mathrm{red}}_{\mathrm{k},k}$ bzw. $\ddot{\mathbf{f}}^{\mathrm{red}}_{\mathrm{g},k}$. Die Modellierung erfolgt wie im System aus Abbildung 5.10 innerhalb des VQ. Die Partitionierung des Merkmalsraums entspricht der aus Abbildung 5.9. Zur Dekorrelation wird die HAT (siehe Abschnitt 3.3.5) verwendet. Aus Gründen der Übersichtlichkeit ist die Erkennereinheit nicht dargestellt.

gebildet. Nach der Dekorrelation erfolgt eine Normierung aller Merkmale auf den Mittelwert $\mu_{\mathrm{k},d} = \mu_{\mathrm{g},d} = 0$ und $\mathrm{Var}_{\mathrm{k},d} = \mathrm{Var}_{\mathrm{g},d} = 1$, sodass schließlich die normierten, dekorrelierten und reduzierten Merkmalsvektoren $\ddot{\mathbf{f}}^{\mathrm{red}}_{\mathrm{k},k}$ und $\ddot{\mathbf{f}}^{\mathrm{red}}_{\mathrm{g},k}$ erhalten werden.

Analog zu Abschnitt 5.2.2 erfolgt die Erstellung zweier Codebücher $\ddot{\mathcal{C}}^{\mathrm{red,k}}$ und $\ddot{\mathcal{C}}^{\mathrm{red,g}}$ mit den Einträgen $\ddot{\mathbf{r}}_{\mathrm{g},i}$ und $\ddot{\mathbf{r}}_{\mathrm{k},j}$ aus den Merkmalsvektoren $\ddot{\mathbf{f}}^{\mathrm{red}}_{\mathrm{k},k}$ und $\ddot{\mathbf{f}}^{\mathrm{red}}_{\mathrm{g},k}$ in Abhängigkeit der Druckinformation. Diese Codebücher werden jedoch direkt zur Quantisierung der reduzierten Merkmalsvektoren $\ddot{\mathbf{f}}^{\mathrm{red}}_{\mathrm{k},k}$ und $\ddot{\mathbf{f}}^{\mathrm{red}}_{\mathrm{g},k}$ verwendet, eine Erweiterung um das Druckmerkmal entfällt. Der VQ wählt aufgrund der zur Verfügung gestellten, unveränderten Druckinformation $f_{1,k}$ in jedem Zeitschritt k das zur Quantisierung zu verwendende Codebuch aus und bildet so das diskrete Symbol $\hat{\ddot{f}}^{\mathrm{red}}_k$. Das um die Dekorrelation erweiterte Erkennungssystem aus Abbildung 5.10 zeigt Abbildung 5.13. Die Anzahl der zur Quantisierung der jeweiligen Verteilung $p(\ddot{\mathbf{f}}^{\mathrm{red}}|f_1 = 0)$ und $p(\ddot{\mathbf{f}}^{\mathrm{red}}|f_1 = 1)$ verwendeten Codebucheinträge $N^{\mathrm{k}}_{\mathrm{cdb}}$ und $N^{\mathrm{g}}_{\mathrm{cdb}}$ kann, wie bereits in Abschnitt 5.2.2 erläutert, unterschiedlich gewählt werden. Das Erkennungssystem nach Abbildung 5.13 wird in Experiment 5.7 evaluiert. Analog zu Experiment 5.5 wird dabei zunächst das optimale Verhältnis $R^{\mathrm{sw}}_{\mathrm{opt}}$ der beiden Codebuchgrößen $N^{\mathrm{k}}_{\mathrm{cdb}}$ und $N^{\mathrm{g}}_{\mathrm{cdb}}$ für verschiedene resultierende Codebuchgrößen $N_{\mathrm{cdb}} = N^{\mathrm{k}}_{\mathrm{cdb}} + N^{\mathrm{g}}_{\mathrm{cdb}}$ auf dem Validierungs-Datensatz ermittelt. Das Ergebnis zeigt Abbildung 5.14. Die weiteren Ergebnisse für unterschiedliche Codebuchgrößen sind in Tabelle 5.7 und in Abbildung 5.12 zusammengefasst. Für alle Codebuchgrößen $N_{\mathrm{cdb}} > 10$ erhält man eine Erhöhung der Buchstaben-ACC, ermittelt sowohl auf dem Validierungs-Datensatz $\mathcal{S}_{\mathrm{val}}$ als auch auf dem Test-Datensatz $\mathcal{S}_{\mathrm{test}}$. Ab einer Codebuchgröße von $N_{\mathrm{cdb}} > 500$ ist diese Verbesserung statistisch hochsignifikant. Die höchste Buchstaben-ACC von $a^{\mathrm{sw}}_{\mathrm{v,PCA}} = 64{,}6\,\%$ bzw. $a^{\mathrm{sw}}_{\mathrm{t,PCA}} = 70{,}3\,\%$ ergibt sich für eine resultierende Codebuchgröße von $N_{\mathrm{cdb}} = 5\,000$ und einem Verhältnis von $R^{\mathrm{sw}}_{\mathrm{opt}} = 5$ (d. h. $N_{\mathrm{r}} = 833$ und $N^{\mathrm{g}}_{\mathrm{cdb}} = 4167$). Dies entspricht einer relativen Verbesserung von jeweils $\Delta r_2 = 2{,}8\,\%$, bezogen auf das Erkennungssystem aus Experiment 3.6. Wieder lässt die Wahl von $R^{\mathrm{sw}}_{\mathrm{opt}} > 1$ unabhängig von der Codebuchgröße auf eine höhere „Komplexität" der Verteilung $p(\ddot{\mathbf{f}}^{\mathrm{red}}_{\mathrm{g}})$ gegenüber der Verteilung $p(\ddot{\mathbf{f}}^{\mathrm{red}}_{\mathrm{k}})$ schließen – zur adäquaten Beschreibung der Verteilung $p(\ddot{\mathbf{f}}^{\mathrm{red}}_{\mathrm{g}})$ werden mehr Codebucheinträge benötigt als für die Verteilung $p(\ddot{\mathbf{f}}^{\mathrm{red}}_{\mathrm{k}})$.

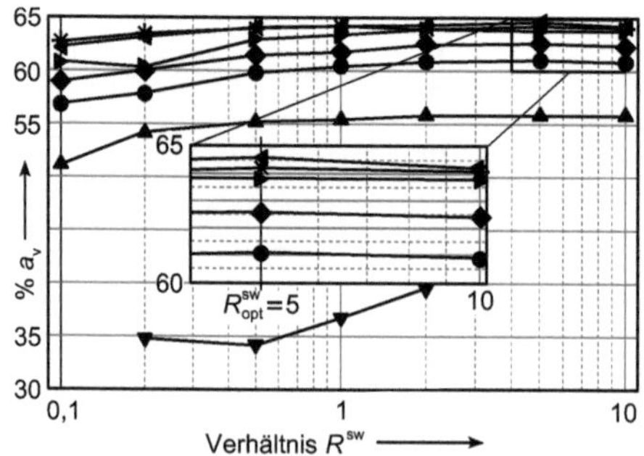

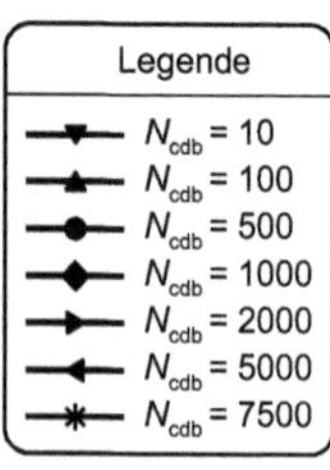

Abbildung 5.14: Buchstaben-ACC, ermittelt auf dem Validierungs-Datensatz $\mathcal{S}_{\text{val}}$, in Abhängigkeit des Verhältnisses $R^{\text{sw}} = N^{\text{g}}_{\text{cdb}}/N^{\text{k}}_{\text{cdb}}$ zur Ermittlung des optimalen Verhältnisses $R^{\text{sw}}_{\text{opt}}$ in Experiment 5.7 für unterschiedliche resultierende Codebuchgrößen ($N_{\text{cdb}} \in \{10; 100; 500; 1\,000; 2\,000; 5\,000; 7\,500\}$).

Experiment 5.7: *Statistisch abhängige Druckmodellierung dekorrelierter Daten*

In diesem Experiment wird das Erkennungssystem aus Abbildung 5.13 evaluiert. Darin wird die in Abschnitt 5.2.2 beschriebene verlustfreie Modellierung der Druckinformation unter Berücksichtigung der statistischen Bindungen zwischen dem Druckmerkmal und den restlichen Merkmalen auf dekorrelierte Merkmale erweitert. Die zur Quantisierung der Merkmalsvektoren $\tilde{\mathbf{f}}^{\text{red}}_{\text{k},k}$ und $\tilde{\mathbf{f}}^{\text{red}}_{\text{g},k}$ verwendeten Codebücher, $\mathcal{C}^{\text{k}}$ mit $N^{\text{k}}_{\text{cdb}}$ Codebucheinträgen und $\mathcal{C}^{\text{g}}$ mit $N^{\text{g}}_{\text{cdb}}$ Codebucheinträgen, werden mithilfe des Lloyd-VQ erstellt. Analog zu Experiment 5.5 wird zunächst für jede resultierende Codebuchgröße $N_{\text{cdb}} = N^{\text{k}}_{\text{cdb}} + N^{\text{g}}_{\text{cdb}}$ das optimale Verhältnis $R^{\text{sw}}_{\text{opt}} = N^{\text{g}}_{\text{cdb}}/N^{\text{k}}_{\text{cdb}}$ bezüglich größtmöglicher Buchstaben-ACC auf dem Validierungs-Datensatz $\mathcal{S}_{\text{val}}$ ermittelt. Die möglichen Werte für das Verhältnis werden dabei zu $R^{\text{sw}} \in \{0,1; 0,2; 0,5; 1; 2; 5; 10\}$ gewählt. Anschließend wird für das jeweilige beste Verhältnis die Buchstaben-ACC auf dem Test-Datensatz ermittelt. Die zugehörigen Buchstaben-ACC-Verläufe sind in Abhängigkeit der resultierenden Codebuchgröße N_{cdb} und des Verhältnisses R^{sw} in Abbildung 5.14 dargestellt. Abbildung 5.12 auf Seite 96 zeigt die Buchstaben-ACC, ermittelt auf dem Validierungs-Datensatz $\mathcal{S}_{\text{val}}$ für das jeweilige optimale Verhältnis $R^{\text{sw}}_{\text{opt}}$, für Codebuchgrößen von $N_{\text{cdb}} \in \{10; 100; 500; 1\,000; 2\,000; 5\,000; 7\,500\}$ (—◆—). In Tabelle 5.4 sind die Ergebnisse des Experiments zusammengefasst und werden mit der Buchstaben-ACC, ermittelt auf dem Test-Datensatz $\mathcal{S}_{\text{test}}$, des Referenzsystems verglichen. Zusätzlich ist in Tabelle 5.7 für jede Codebuchgröße das optimale Verhältnis $R^{\text{sw}}_{\text{opt}}$ angegeben.

5.3 Druckmodellierung mit Graphischen Modellen

Während in Abschnitt 5.2 das für die Online-Erkennung wichtige Druckmerkmal durch eine Erweiterung der VQ bzw. der zur Quantisierung verwendeten Codebücher verlustfrei modelliert wurde, bieten GM (siehe Abschnitt 2.1.1) eine weitere Möglichkeit zur Beschreibung der Merkmalsverteilungen: die verlustfreie Modellierung des Druckmerkmals im Erkenner [Sch09a]. Bereits in Experiment 3.7 wurde gezeigt, dass die Leistungsfähigkeit eines Erkennungssystems

	diskrete HMM, N_{cdb} ($R^{\text{sw}}_{\text{opt}}$)			
	10 (2)	1 000 (5)	5 000 (5)	7 500 (1)
$a^{\text{sw}}_{\text{t,PCA}}$	44,8 %	68,3 %	70,3 %	70,0 %
Δr_1 (Exp. 3.5)	-4,9 % $(0,99)^{+}$	2,8 % $(0,99)^{+}$	3,1 % $(0,99)^{+}$	2,6 % $(0,99)^{+}$
Δr_1 (Exp. 3.6)	8,5 % $(0,99)^{+}$	2,0 % $(0,99)^{+}$	2,8 % $(0,99)^{+}$	2,4 % $(0,99)^{+}$

Tabelle 5.7: Ergebnisse des Experiments 5.7 bei Verwendung des Lloyd-VQ und der verlustfreien Druckmodellierung aus Abschnitt 5.2.2 mit normierten, dekorrelierten Merkmalen für unterschiedliche resultierende Codebuchgrößen ($N_{\text{cdb}} \in \{10; 1\,000; 5\,000; 7\,500\}$). Dargestellt ist die Buchstaben-ACC, ermittelt auf dem Test-Datensatz $\mathcal{S}_{\text{test}}$. Zusätzlich ist die relative Veränderung Δr_1, bezogen auf das Experiment 3.5, und Δr_2, bezogen auf das Experiment 3.6, sowie das jeweilige Signifikanzniveau $(\cdot)$ angegeben, wobei $0,99^{+}$ eine Signifikanz von $p_{x,r} > 0,99$ anzeigt.

von der Implementierung abhängt. Deswegen werden die Ergebnisse in diesem Abschnitt nicht mit dem diskreten Referenzsystem aus Kapitel 3 verglichen, sondern mit dem mit GM realisierten System aus Experiment 3.7.

Ein GM zur Modellierung der Druckinformation ohne Berücksichtigung der statistischen Bindungen zwischen dem Druck und den restlichen Merkmalen ist in Abbildung 5.7 als MOHMM dargestellt und wurde in Experiment 5.4 untersucht. In diesem Abschnitt erfolgt eine Erweiterung dieses GM für die Modellierung der Druckinformation unter Berücksichtigung der statistischen Bindungen zu den verbleibenden Merkmalen. Dabei wird in allen Fällen mit $\hat{\mathbf{F}}$ die Beobachtungsfolge $\hat{\mathbf{F}} = [(f_{1,1}, \tilde{f}_1^{\text{red}}), \ldots, (f_{1,K}, \tilde{f}_K^{\text{red}})]$ bezeichnet.

5.3.1 Deterministische Modellierung

In diesem Abschnitt wird das Verfahren aus Abschnitt 5.2.2 als GM realisiert. Da die Druckinformation zwischen den beiden Verteilungen $p(\tilde{\mathbf{f}}^{\text{red}}|\tilde{f}_1 < 0)$ und $p(\tilde{\mathbf{f}}^{\text{red}}|\tilde{f}_1 > 1)$ unterscheidet, wird diese Art der Modellierung im Folgenden in Anlehnung an [Sch09a] als „deterministische Modellierung“ bezeichnet.

Graphisches Modell 1 (GM1) Das GM aus [Sch09a], hier als GM1 bezeichnet, berücksichtigt die statistischen Bindungen zwischen dem Druckmerkmal $\tilde{f}_1$ und den verbleibenden Merkmalen $\tilde{f}^{\text{red}}$, wobei die Druckinformation verlustfrei modelliert wird (siehe Abbildung 5.15 links). Durch das GM1 wird die Druckmodellierung gemäß Abschnitt 5.2.2 als GM realisiert, d. h. die Wahrscheinlichkeitstabelle wird in Abhängigkeit des Drucks gewählt. Dies ist in Abbildung 5.15 durch die *deterministische* Verbindung zwischen dem Beobachtungsknoten des Drucks ($\tilde{f}_1$) und den restlichen Merkmalen ($\tilde{f}^{\text{red}}$) verdeutlicht. Es ergibt sich für die Beobachtungswahrscheinlichkeit

$$
\begin{aligned}
p(\hat{\mathbf{F}}|\lambda_{\text{GM1}}) = \sum_{\mathbf{q} \in \mathcal{Q}} \pi_{q_1} \cdot & \begin{cases} p(\tilde{f}_1^{\text{red}}|q_1, \tilde{f}_{1,1} < 0) p(\tilde{f}_{1,1} < 0) & \text{wenn } f_1 = 0 \\ p(\tilde{f}_1^{\text{red}}|q_1, \tilde{f}_{1,1} > 0) p(\tilde{f}_{1,1} > 0) & \text{wenn } f_1 = 1 \end{cases} \\
\cdot \prod_{k=2}^{K} a_{q_{k-1} q_k} \cdot & \begin{cases} p(\tilde{f}_k^{\text{red}}|q_k, \tilde{f}_{1,k} < 0) p(\tilde{f}_{1,k} < 0) & \text{wenn } f_1 = 0 \\ p(\tilde{f}_k^{\text{red}}|q_k, \tilde{f}_{1,k} > 0) p(\tilde{f}_{1,k} > 0) & \text{wenn } f_1 = 1. \end{cases}
\end{aligned}
\tag{5.11}
$$

	diskrete HMM, N_{cdb}			
	10	1 000	2 000	5 000
$a_{\text{t,GM1}}$	39,7 %	63,8 %	64,0 %	61,2 %
Δr (Exp. 3.7)	10,8 % (0,99)$^{+}$	0,5 % (0,79)	0,0 % (0,50)	-0,2 % (0,61)

Tabelle 5.8: Ergebnisse des Experiments 5.8 bei Verwendung des GM1 zur Erkennung (siehe Abbildung 5.15 links) mit verschiedenen Codebuchgrößen ($N_{\text{cdb}} \in \{10; 1\,000; 2\,000; 5\,000\}$). Dargestellt ist die Buchstaben-ACC, ermittelt auf dem Test-Datensatz $\mathcal{S}_{\text{test}}$. Zusätzlich ist die relative Veränderung Δr, bezogen auf das Experiment 3.7, sowie das Signifikanzniveau $(\cdot)$ angegeben.

Die Fallunterscheidungen in Gleichung 5.11 machen dabei den deterministischen Zusammenhang zwischen dem Druckmerkmal und den restlichen Merkmalen deutlich: Zu jedem Zeitpunkt k wird durch den Wert des Druckmerkmals die jeweilige Verteilung determiniert, also festgelegt.

In Experiment 5.8 wird das GM1 nach Gleichung 5.11 und Abbildung 5.15 links evaluiert. Die Ergebnisse des Experiments sind in Abbildung 5.17 als Buchstaben-ACC, ermittelt auf dem Validierungs-Datensatz $\mathcal{S}_{\text{val}}$, und in Tabelle 5.8 als Buchstaben-ACC, ermittelt auf dem Test-Datensatz $\mathcal{S}_{\text{test}}$, zusammengefasst. Wie bereits in den Experimenten 5.5, 5.6 und 5.7 zeigt sich auch bei der Modellierung mithilfe der GM eine Verbesserung der Erkennungsleistung, verglichen mit dem ebenfalls durch GM realisierten Referenzsystem aus Experiment 3.7. Jedoch ist die Erhöhung der Buchstaben-ACC nicht in allen Fällen statistisch signifikant. Im besten Fall, hier erreicht für eine Codebuchgröße von $N_{\text{cdb}} = 2\,000$, ergibt sich eine Buchstaben-ACC von $a_{\text{v,GM1}} = 58,0\,\%$ und $a_{\text{t,GM1}} = 64,0\,\%$, entsprechend einer relativen Erhöhung um $\Delta r = 0,3\,\%$ bzw. $\Delta r = 0,0\,\%$. Der Grund für die nur moderate Erhöhung liegt an dem Wechsel der Implementierung: Zum einen wurde bereits in Experiment 3.7 gezeigt, dass die Wahl der Implementierung einen entscheidenden Einfluss auf die Leistungsfähigkeit des Systems hat, zum anderen führt die hier gezeigte Implementierung durch GM zu einer Erhöhung der freien Parameter und verstärkt damit den Sparse-Data-Effekt.

Experiment 5.8: *Evaluierung des GM1*

In diesem Experiment wird eine Erkennung mit dem GM1 nach Gleichung 5.11 und Abbildung 5.15 links durchgeführt. Die Ergebnisse sind als Buchstaben-ACC, ermittelt auf dem Validierungs-Datensatz $\mathcal{S}_{\text{val}}$, in Abbildung 5.17 auf Seite 106 für Codebuchgrößen von $N_{\text{cdb}} \in \{10; 100; 500; 1\,000; 2\,000; 5\,000; 7\,500\}$ (—▲—) und als Buchstaben-ACC, ermittelt auf dem Test-Datensatz $\mathcal{S}_{\text{test}}$, in Tabelle 5.8 gezeigt.

Die Ergebnisse des Experiments 5.8, zusammengefasst in Abbildung 5.17 und in Tabelle 5.8, zeigen eine deutliche Verbesserung der Erkennungsleistung für geringe Codebuchgrößen und eine moderate Verbesserung für große Codebücher im Falle einer deterministischen Modellierung der Druckinformation. Dies bestätigt die Ergebnisse aus Abschnitt 5.2.2 auch bei Verwendung von GM zur verlustfreien Modellierung der Druckinformation.

5.3.2 Stochastische Modellierung

Bei der deterministischen Modellierung aus Abschnitt 5.3.1 wurden die statistischen Bindungen zwischen dem Druck und den verbleibenden Merkmalen direkt aus dem Wert des Druckmerk-

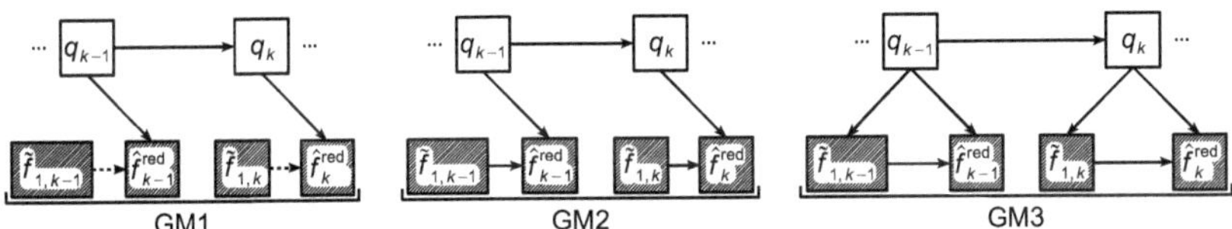

Abbildung 5.15: Deterministische Druckmodellierung nach [Sch09a] (GM1: links) und stochastische Druckmodellierung (GM2: Mitte, GM3: rechts). In den GM erfolgt die Druckmodellierung verlustfrei. Das GM1 berücksichtigt die statistischen Bindungen zwischen der Druckinformation und den restlichen Merkmalen gemäß Abschnitt 5.2.2 – jedoch erfolgt hier die Modellierung innerhalb des Erkenners. Die statistischen Bindungen werden im GM2 und im GM3 mithilfe des probabilistischen Schließens aus den Schriftzügen des Trainings-Datensatzes $\mathcal{S}_{\text{train}}$, gelernt. Durch die zusätzlichen Abhängigkeiten im GM3 wird die Anzahl der Parameter gegenüber dem GM2 reduziert.

mals abgeleitet – diese Modellierung entspricht damit der Modellierung innerhalb des VQ aus Abschnitt 5.2.2. Dagegen werden bei der *stochastischen* Modellierung nach [Sch09a] die statistischen Bindungen aus den Textzeilen des Trainings-Datensatz geschätzt. Die Druckmodellierung erfolgt demnach durch probabilistisches Schließen [Mur02]. Dies führt zu einer Verdoppelung der Parameter zur Beschreibung der statistischen Bindungen: Während in Abschnitt 5.3.1 die Anzahl der Parameter der resultierenden Codebuchgröße $N_{\text{cdb}} = N^{\text{k}}_{\text{cdb}} + N^{\text{g}}_{\text{cdb}}$ entspricht (die Druckinformation entscheidet über die Wahl der Verteilung), existieren bei der stochastischen Modellierung $N_{\text{cdb}} = 2 \cdot N^{\text{red}}_{\text{cdb}}$ Parameter, da jeder der $N^{\text{red}}_{\text{cdb}}$ Codebucheinträge des Codebuchs $\mathcal{C}^{\text{red}}$ mit dem Druckmerkmal $f_1 = 0$ oder $f_1 = 1$ verbunden werden kann.

Im Folgenden werden zwei mögliche stochastische Modellierungen der Verbundwahrscheinlichkeit betrachtet. Die jeweiligen GM sind in Abbildung 5.15 Mitte bzw. rechts dargestellt.

Graphisches Modell 2 (GM2) Bei dem GM2 handelt es sich um eine einfache Erweiterung des GM1 nach Gleichung 5.11. Es ist in Abbildung 5.15 Mitte dargestellt. Dabei werden die vorher deterministischen Übergänge durch stochastische Beziehungen ersetzt. Die Beobachtungswahrscheinlichkeit $p(\hat{\mathbf{F}}|\lambda_{\text{GM2}})$ errechnet sich zu

$$p(\hat{\mathbf{F}}|\lambda_{\text{GM2}}) = \sum_{\mathbf{q}\in\mathcal{Q}} \pi_{q_1} \underbrace{p(\tilde{f}_{1,1})p(\hat{f}^{\text{red}}_1|q_1,\tilde{f}_{1,1})}_{(*)} \prod_{k=2}^{K} a_{q_{k-1}q_k} \underbrace{p(\tilde{f}_{1,k})p(\hat{f}^{\text{red}}_k|q_k,\tilde{f}_{1,k})}_{(*)}, \tag{5.12}$$

wobei die stochastische Modellierung in Gleichung 5.12 durch $(*)$ angezeigt ist.

Das GM2 gemäß Gleichung 5.12 und Abbildung 5.15 Mitte wird in Experiment 5.9 evaluiert. Die Ergebnisse sind in Abbildung 5.17 als Buchstaben-ACC, ermittelt auf dem Validierungs-Datensatz $\mathcal{S}_{\text{val}}$, und in Tabelle 5.9 als Buchstaben-ACC, ermittelt auf dem Test-Datensatz $\mathcal{S}_{\text{test}}$, zusammengefasst. Unabhängig von der Codebuchgröße lässt sich ein statistisch hochsignifikanter Rückgang der Buchstaben-ACC beobachten: Die höchste Buchstaben-ACC wird für eine Codebuchgröße von $N_{\text{cdb}} = 2000$ erreicht. Es stellt sich in diesem Fall eine Buchstaben-ACC von $a_{\text{v,GM2}} = 55{,}2\,\%$ und $a_{\text{t,GM2}} = 60{,}8\,\%$ ein. Dies entspricht einer relativen, statistisch hochsignifikanten Verschlechterung der Erkennungs-ACC um $\Delta r = -6{,}3\,\%$ bzw. um $\Delta r = -5{,}3\,\%$, bezogen auf das Referenzsystem aus Experiment 3.7.

	diskrete HMM, N_{cdb}			
	10	1000	2000	5000
$a_{\text{t,GM2}}$	35,1 %	60,4 %	60,8 %	59,8 %
Δr (Exp. 3.7)	-0,9 % (0,80)	-5,1 % (0,99)$^{+}$	-5,3 % (0,99)$^{+}$	-2,5 % (0,99)$^{+}$

Tabelle 5.9: Ergebnisse des Experiments 5.9 bei Verwendung des GM2 zur Erkennung (siehe Abbildung 5.15 Mitte) mit verschiedenen Codebuchgrößen ($N_{\text{cdb}} \in \{10; 1000; 2000; 5000\}$). Dargestellt ist die Buchstaben-ACC, ermittelt auf dem Test-Datensatz $\mathcal{S}_{\text{test}}$. Zusätzlich ist die relative Veränderung Δr, bezogen auf das Experiment 3.7, sowie das Signifikanzniveau $(\cdot)$ angegeben.

Experiment 5.9: *Evaluierung des GM2*

In diesem Experiment wird eine Erkennung mit dem GM2 nach Gleichung 5.12 und Abbildung 5.15 Mitte durchgeführt. Die Ergebnisse sind als Buchstaben-ACC, ermittelt auf dem Validierungs-Datensatz $\mathcal{S}_{\text{val}}$, in Abbildung 5.17 auf Seite 106 für Codebuchgrößen von $N_{\text{cdb}} \in \{10; 100; 500; 1000; 2000; 5000; 7500\}$ (—●—) und als Buchstaben-ACC, ermittelt auf dem Test-Datensatz $\mathcal{S}_{\text{test}}$, in Tabelle 5.9 gezeigt.

Die hohe relative Reduktion der Buchstaben-ACC bei Verwendung des GM2 (siehe Gleichung 5.12 und Abbildung 5.15 Mitte) belegt, dass die stochastische Druckmodellierung aufgrund der erhöhten Anzahl von freien Parametern nicht für eine adäquate Modellierung der Druckinformation geeignet ist. Damit wird die Bedeutung der deterministischen Druckmodellierung nach Abschnitt 5.2.2, realisiert als VQ, und nach Abschnitt 5.3.1, realisiert als GM, unterstrichen.

Graphisches Modell 3 (GM3) Wie die Ergebnisse des vorausgegangenen Experiments 5.9 gezeigt haben, führt die große Anzahl an Parametern aufgrund des Sparse-Data-Effekts zu einer signifikanten Verschlechterung der Erkennungsleistung. Die Anzahl der Parameter wird im GM aus Abbildung 5.15 rechts (GM3, [Sch09d]) durch die zusätzlich Verbindung zwischen dem verborgenen Zustandsknoten q_k und dem Beobachtungsknoten $f_{1,k}$ des Druckmerkmals eingeschränkt: Während für das GM2 die gesamte Verteilung des Druckmerkmals berücksichtigt wird, erfolgt hier nur eine Betrachtung der Verteilung $p(\tilde{f}_1|q)$. Zudem wird durch die Verbindung des Beobachtungsknotens (f_1) und Zustandsknotens eine feinere Modellierung der Druckinformation ermöglicht. Die Beobachtungswahrscheinlichkeit $p(\hat{\mathbf{F}}|\lambda_{\text{GM3}})$ des GM3 ergibt sich zu

$$
\begin{aligned}
p(\hat{\mathbf{F}}|\lambda_{\text{GM3}}) = \sum_{\mathbf{q}\in\mathcal{Q}} \pi_{q_1} \underbrace{p(\tilde{f}_{1,1}|q_1)}_{(**)} p(\hat{f}_1^{\text{red}}|q_1, \tilde{f}_{1,1}) \cdot \\
\prod_{k=2}^{K} a_{q_{k-1}q_k} \underbrace{p(\tilde{f}_{1,k}|q_k)}_{(**)} p(\hat{f}_k^{\text{red}}|q_k, \tilde{f}_{1,k}).
\end{aligned}
\tag{5.13}
$$

Die Reduktion der Parameter gegenüber dem GM2 (siehe Gleichung 5.12) und die gleichzeitige Verfeinerung des Modells sind in Gleichung 5.13 durch $(**)$ hervorgehoben [Sch09d].

Das Experiment 5.10 evaluiert das GM3 nach Gleichung 5.13 und Abbildung 5.15 rechts. Die Ergebnisse des Experiments sind in Abbildung 5.17 als Buchstaben-ACC, ermittelt auf dem Validierungs-Datensatz $\mathcal{S}_{\text{val}}$, und in Tabelle 5.10 als Buchstaben-ACC, ermittelt auf dem

	diskrete HMM, N_{cdb}			
	10	1 000	2 000	5 000
$a_{\text{t,GM3}}$	44,0 %	63,4 %	64,0 %	62,7 %
Δr (Exp. 3.7)	19,5 % (0,99)⁺	-0,2 % (0,61)	0,0 % (0,50)	2,2 % (0,99)⁺

Tabelle 5.10: Ergebnisse des Experiments 5.10 bei Verwendung des GM3 zur Erkennung (siehe Abbildung 5.15 rechts) mit unterschiedlichen Codebuchgrößen ($N_{\text{cdb}} \in \{10; 1\,000; 2\,000; 5\,000\}$). Dargestellt ist die Buchstaben-ACC, ermittelt auf dem Test-Datensatz $\mathcal{S}_{\text{test}}$. Zusätzlich ist die relative Veränderung Δr, bezogen auf das Experiment 3.7, sowie das Signifikanzniveau $(\cdot)$ angegeben.

Test-Datensatz $\mathcal{S}_{\text{test}}$, zusammengefasst. Gerade für kleine Codebuchgrößen ergibt sich hier eine relative, statistisch hochsignifikante Verbesserung der Erkennungsleistung. Für eine Codebuchgröße von $N_{\text{cdb}} = 10$ erhält man eine Buchstaben-ACC von $a_{\text{v,GM3}} = 39,1\,\%$ und $a_{\text{t,GM3}} = 44,0\,\%$ entsprechend einer relativen, statistisch hochsignifikanten Verbesserung um $\Delta r = 16,4\,\%$ bzw. $\Delta r = 19,5\,\%$ bezüglich des Referenzsystems aus Experiment 3.7.

Experiment 5.10: *Evaluierung des GM3*

In diesem Experiment wird eine Erkennung mit dem GM3 nach Gleichung 5.13 und Abbildung 5.15 rechts durchgeführt. Die Ergebnisse sind als Buchstaben-ACC, ermittelt auf dem Validierungs-Datensatz $\mathcal{S}_{\text{val}}$, in Abbildung 5.17 auf Seite 106 für Codebuchgrößen von $N_{\text{cdb}} \in \{10; 100; 500; 1\,000; 2\,000; 5\,000; 7\,500\}$ (—◆—) und als Buchstaben-ACC, ermittelt auf dem Test-Datensatz $\mathcal{S}_{\text{test}}$, in Tabelle 5.10 gezeigt.

Für kleine Codebuchgrößen und damit einer geringeren Anzahl an freien Parametern lässt sich eine statistisch hochsignifikante Verbesserung der Erkennungsleistung beobachten. Dies liegt an der erweiterten, stochastischen Druckmodellierung. Auch bezüglich des diskreten Referenzsystems nach Kapitel 3 zeigt sich eine deutliche Verbesserung. Mit steigender Anzahl an freien Parametern steigt der Einfluss des Sparse-Data-Effekts – jedoch weniger stark als bei dem GM2 aus Experiment 5.9: Für $N_{\text{cdb}} = 2\,000$ Codebucheinträge verringert sich die Buchstaben-ACC relativ um $\Delta r = -0,2\,\%$ ($p_r = 0,61$) auf $a_{\text{v,GM3}} = 58,6\,\%$ bzw. bleibt konstant bei $a_{\text{t,GM3}} = 64,0\,\%$. Die Verringerung ist statistisch nicht signifikant. Somit wird der Sparse-Data-Effekt teilweise durch die feinere Modellierung des Drucks kompensiert.

5.3.3 Kontextabhängige Druckmodellierung

Die Druckinformation unterscheidet zwischen Bewegungen mit aufgesetztem und abgesetztem Stift. Insbesondere wird dabei das Aufsetzen des Stifts ($f_1 = 0 \rightarrow f_1 = 1$) und das Absetzten des Stifts ($f_1 = 1 \rightarrow f_1 = 0$) beschrieben. Durch das Absetzen des Stifts bzw. das Wiederaufsetzen werden z. B. Wortgrenzen angezeigt. In diesem Abschnitt wird die Einbeziehung des zeitlichen Kontexts des Stiftdrucks mithilfe von GM vorgestellt. Dazu werden das GM aus Abbildung 5.15 links (GM1) und das GM aus Abbildung 5.15 rechts (GM3) um eine zusätzliche zeitliche Abhängigkeit erweitert. Aufgrund der unzureichenden Erkennungsleistung des GM2, die sich mit der gestiegenen Anzahl an freien Parametern erklären lässt, ist eine Erweiterung dieses GM aufgrund einer damit einhergehenden, zusätzlichen Erhöhung der Anzahl der freien Parametern nicht

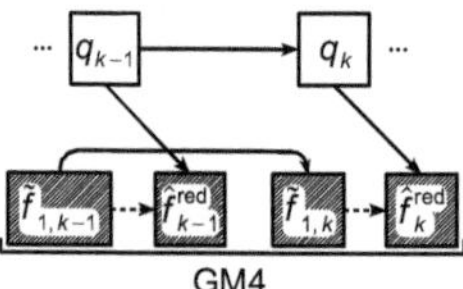

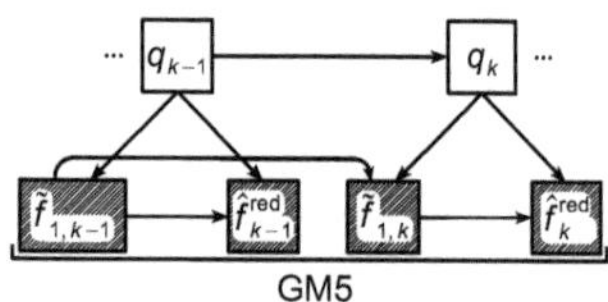

Abbildung 5.16: Zwei GM zur Modellierung des zeitlichen Kontexts der Druckinformation, abgeleitet vom GM1 aus Abbildung 5.15 links (GM4: links) und dem GM3 aus Abbildung 5.15 rechts (GM5: rechts). In beiden GM erfolgt die Druckmodellierung verlustfrei, und der zeitliche Kontext wird aus den Schriftzügen des Trainings-Datensatzes $\mathcal{S}_{\text{train}}$ gelernt.

sinnvoll und wird daher hier nicht weiterverfolgt. Die durch die Erweiterung entstandenen GM zeigt Abbildung 5.16. Diese werden im Folgenden beschrieben und auf ihre Leistungsfähigkeit hin untersucht.

Graphisches Modell 4 (GM4) Das GM4 erweitert das in Abbildung 5.15 links gezeigte GM dahingehend, dass eine explizite Modellierung des zeitlichen Kontexts der Druckinformation möglich ist. In Abbildung 5.16 ist dieses GM auf der linken Seite abgebildet. Um eine zu große Anzahl an freien Parametern zu vermeiden, wird dabei nur die zeitliche Abhängigkeit zwischen zwei aufeinanderfolgenden Druckwerten betrachtet. Die Modellierung der Druckinformation erfolgt wie im GM1 deterministisch. Die Beobachtungswahrscheinlichkeit $p(\hat{\mathbf{F}}|\lambda_{\text{GM4}})$ des GM4 ergibt sich zu

$$\begin{aligned} p(\hat{\mathbf{F}}|\lambda_{\text{GM4}}) = \sum_{\mathbf{q}\in\mathcal{Q}} \pi_{q_1} \cdot &\begin{cases} p(\tilde{f}_1^{\text{red}}|q_1, \tilde{f}_{1,1} < 0) p(\tilde{f}_{1,1} < 0) & \text{wenn } f_1 = 0 \\ p(\tilde{f}_1^{\text{red}}|q_1, \tilde{f}_{1,1} > 0) p(\tilde{f}_{1,1} > 0) & \text{wenn } f_1 = 1 \end{cases} \\ \cdot \prod_{k=2}^{K} a_{q_{k-1}q_k} \cdot &\begin{cases} p(\tilde{f}_k^{\text{red}}|q_k, \tilde{f}_{1,k} < 0) p(\tilde{f}_{1,k} < 0|f_{1,k-1}) & \text{wenn } f_1 = 0 \\ p(\tilde{f}_k^{\text{red}}|q_k, \tilde{f}_{1,k} > 0) p(\tilde{f}_{1,k} > 0|f_{1,k-1}) & \text{wenn } f_1 = 1. \end{cases} \end{aligned} \tag{5.14}$$

Der deterministische Einfluss des Druckmerkmals auf die restlichen Merkmale innerhalb eines Zeitschritts k ist in Gleichung 5.14 analog zu Gleichung 5.11 durch die Fallunterscheidungen verdeutlicht.

In Experiment 5.11 wird das GM4 nach Gleichung 5.14 und Abbildung 5.16 links evaluiert. Die Ergebnisse des Experiments sind in Abbildung 5.17 als Buchstaben-ACC, ermittelt auf dem Validierungs-Datensatz $\mathcal{S}_{\text{val}}$, und in Tabelle 5.11 als Buchstaben-ACC, ermittelt auf dem Test-Datensatz $\mathcal{S}_{\text{test}}$, zusammengefasst. Durch die deterministische Druckmodellierung einerseits und die zusätzliche Berücksichtigung des zeitlichen Kontexts andererseits ergeben sich unabhängig von der Codebuchgröße statistisch signifikante Verbesserungen der Erkennungsleistung. Die höchste Buchstaben-ACC von $a_{\text{v,GM4}} = 59{,}0\,\%$ bzw. $a_{\text{t,GM4}} = 64{,}6$ wird für eine Codebuchgröße von $N_{\text{cdb}} = 2\,000$ erreicht und entspricht einer relativen, statistisch signifikanten Erhöhung der Buchstaben-ACC um $\Delta r = 0{,}5\,\%$ $(p_r = 0{,}95)$ bzw. $\Delta r_1 = 0{,}9\,\%$ $(p_r = 0{,}95)$ bezüglich des Referenzsystems aus Experiment 3.7.

Experiment 5.11: *Evaluierung des GM4*

In diesem Experiment wird eine Erkennung mit dem GM4 nach Gleichung 5.14 und Abbildung 5.16 links durchgeführt. Die Ergebnisse sind als Buchstaben-ACC, ermittelt auf dem Validierungs-Datensatz $\mathcal{S}_{\text{val}}$, in Abbildung 5.17 auf Seite 106 für Codebuchgrößen von

	diskrete HMM, N_{cdb}			
	10	1 000	2 000	5 000
$a_{\text{t,GM4}}$	41,6 %	64,1 %	64,6 %	63,1 %
Δr_1 (Exp. 3.7)	14,9 % (0,99)$^+$	0,9 % (0,95)	0,9 % (0,96)	2,9 % (0,99)$^+$
Δr_2 (Exp. 5.8)	4,6 % (0,99)$^+$	0,5 % (0,79)	0,9 % (0,95)	3,0 % (0,99)$^+$

Tabelle 5.11: Ergebnisse des Experiments 5.11 bei Verwendung des GM4 zur Erkennung (siehe Abbildung 5.16 links) mit verschiedenen Codebuchgrößen ($N_{\text{cdb}} \in \{10; 1\,000; 2\,000; 5\,000\}$). Dargestellt ist die Buchstaben-ACC, ermittelt auf dem Test-Datensatz $\mathcal{S}_{\text{test}}$. Zusätzlich ist jeweils die relative Veränderung Δr_1, bezogen auf das Experiment 3.7, und Δr_2, bezogen auf das Experiment 5.8, sowie das jeweilige Signifikanzniveau $(\cdot)$ angegeben.

$N_{\text{cdb}} \in \{10; 100; 500; 1\,000; 2\,000; 5\,000; 7\,500\}$ (—▾—) und als Buchstaben-ACC, ermittelt auf dem Test-Datensatz $\mathcal{S}_{\text{test}}$, in Tabelle 5.11 gezeigt.

Nicht nur bezüglich des Referenzsystems aus Experiment 3.7, sondern auch bezogen auf das GM1 aus Experiment 5.8 ergibt sich durch die zusätzliche Modellierung des zeitlichen Kontexts des Drucks eine Verbesserung. Jedoch ist diese nicht in allen Fällen statistisch signifikant. Die höchste Buchstaben-ACC von $a_{\text{t,GM4}} = 64,6\%$, was einer relativen, statistisch signifikanten Verbesserung um $\Delta r_2 = 0,9\,\%$ $(p_r = 0,95)$ entspricht, ergibt sich für eine Codebuchgröße von $N_{\text{cdb}} = 2\,000$. Dies zeigt den positiven Einfluss der Modellierung des zeitlichen Kontexts auf die Erkennungsleistung.

Graphisches Modell 5 (GM5) In Anlehnung an das GM3 aus Abbildung 5.15 rechts, lässt sich die Druckinformation mithilfe eines GM, wie in Abbildung 5.16 rechts gezeigt ist, kontextabhängig modellieren. Dabei ist in dem in Abbildung 5.16 rechts gezeigten GM5 zur Vermeidung einer zu großen Anzahl von freien Parametern nur eine Modellierung der Zeitabhängigkeit zwischen zwei aufeinanderfolgenden Werten des Druckmerkmals realisiert. Im Gegensatz zum GM4 erfolgt hier eine stochastische Druckmodellierung. Die Erweiterung führt zu der Beobachtungswahrscheinlichkeit

$$\begin{aligned} p(\hat{\mathbf{F}}|\lambda_{\text{GM5}}) = \sum_{q \in \mathcal{Q}} \pi_{q_1} p(\tilde{f}_{1,1}|q_1) p(\hat{f}_1^{\text{red}}|q_1, \tilde{f}_{1,1}) \cdot \\ \prod_{k=2}^{K} a_{q_{k-1}q_k} p(\tilde{f}_{1,k}|q_k, \tilde{f}_{1,k-1}) \cdot p(\hat{f}_k^{\text{red}}|q_k, \tilde{f}_{1,k}). \end{aligned} \tag{5.15}$$

Das GM5 nach Gleichung 5.15 und Abbildung 5.16 rechts wird in Experiment 5.12 evaluiert. Die Ergebnisse des Experiments sind in Abbildung 5.17 als Buchstaben-ACC, ermittelt auf dem Validierungs-Datensatz $\mathcal{S}_{\text{val}}$, und in Tabelle 5.11 als Buchstaben-ACC, ermittelt auf dem Test-Datensatz $\mathcal{S}_{\text{test}}$, zusammengefasst. Durch die kontextabhängige Druckmodellierung erhöht sich die Anzahl an Parametern. Wie die Ergebnisse aus Abbildung 5.17 und Tabelle 5.11 zeigen, führt dies für das GM5 dazu, dass sich für große Codebücher eine statistisch hochsignifikante Verschlechterung der Erkennungsleistung einstellt. So wird die maximale Buchstaben-ACC von $a_{\text{v,GM5}} = 55,7\,\%$ für $N_{\text{cdb}} = 1\,000$ Codebucheinträge und $a_{\text{t,GM5}} = 61,4\,\%$ für $N_{\text{cdb}} = 2\,000$ Codebucheinträge erreicht. Dies entspricht einer relativen, statistisch hochsignifikanten Reduktion

	diskrete HMM, N_{cdb}			
	10	1 000	2 000	5 000
$a_{\text{t,GM5}}$	41,8 %	61,1 %	61,4 %	60,2 %
Δr_1 (Exp. 3.7)	15,3 % (0,99)⁺	-3,9 % (0,99)⁺	-4,2 % (0,99)⁺	-1,8 % (0,99)⁺
Δr_2 (Exp. 5.10)	-5,3 % (0,99)⁺	-3,8 % (0,99)⁺	-4,2 % (0,99)⁺	-4,2 % (0,99)⁺

Tabelle 5.12: Ergebnisse des Experiments 5.12 bei Verwendung des GM5 zur Erkennung (siehe Abbildung 5.16 rechts) mit unterschiedlichen Codebuchgrößen ($N_{\text{cdb}} \in \{10; 1\,000; 2\,000; 5\,000\}$). Dargestellt ist die Buchstaben-ACC, ermittelt auf dem Test-Datensatz $\mathcal{S}_{\text{test}}$. Zusätzlich ist jeweils die relative Veränderung Δr_1, bezogen auf das Experiment 3.7, und Δr_2, bezogen auf das Experiment 5.10, sowie das jeweilige Signifikanzniveau $(\cdot)$ angegeben.

der Buchstaben-ACC um $\Delta r = -4,7\,\%$ bzw. $\Delta r_1 = -4,2\,\%$ bezüglich des Referenzsystems aus Experiment 3.7.

Experiment 5.12: *Evaluierung des GM5*

In diesem Experiment wird eine Erkennung mit dem GM5 nach Gleichung 5.15 und Abbildung 5.16 rechts durchgeführt. Die Ergebnisse sind als Buchstaben-ACC, ermittelt auf dem Validierungs-Datensatz $\mathcal{S}_{\text{val}}$, in Abbildung 5.17 auf Seite 106 für Codebuchgrößen von $N_{\text{cdb}} \in \{10; 100; 500; 1\,000; 2\,000; 5\,000; 7\,500\}$ (—▸—) und als Buchstaben-ACC, ermittelt auf dem Test-Datensatz $\mathcal{S}_{\text{test}}$, in Tabelle 5.12 gezeigt.

Im Vergleich mit dem GM3 führt das GM5 in allen Fällen zu einer statistisch signifikanten Verschlechterung. Anders als in Experiment 5.11 kann in diesem Fall der Informationsgewinn durch die Modellierung des zeitlichen Kontexts der Druckinformation den Sparse-Data-Effekt, der durch die Vergrößerung des Parametersatzes bedingt ist, nicht kompensieren.

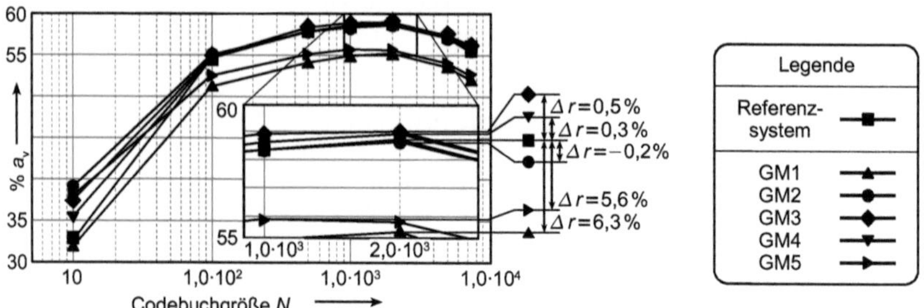

Abbildung 5.17: Graphische Zusammenfassung der Ergebnisse der Experimente 5.8 bis 5.12 zusammen mit den Ergebnissen des Experiments 3.7 für unterschiedliche Codebuchgrößen ($N_{\text{cdb}} \in \{10; 100; 500; 1\,000; 2\,000; 5\,000; 7\,500\}$). Dargestellt ist die Buchstaben-ACC, ermittelt auf dem Validierungs-Datensatz $\mathcal{S}_{\text{val}}$, in Abhängigkeit der verwendeten Codebuchgröße für eine Erkennung mithilfe der GM aus den Abbildungen 5.15 und 5.16 (GM1 – GM5).

5.4 Zusammenfassung des Kapitels

In diesem Kapitel wurde der Einfluss der Druckinformation auf die Erkennungsleistung der diskreten Erkennungssysteme untersucht. Ausgangspunkt der Überlegungen ist die Beobachtung des vorherigen Kapitels, dass die Druckinformation in den diskreten Erkennungssystemen keine Signifikanz für die Erkennung besitzt, während das Druckmerkmal in einem kontinuierlichen Erkennungssystem zu den sechs wichtigsten Merkmalen gehört.

In Abschnitt 5.1 wurde der Signifikanzverlust des Druckmerkmals für zwei unterschiedliche Implementierungen (durch das HTK und das GMTK) des Erkennungssystems und verschiedene VQ (Lloyd-VQ, WTA-NN-VQ und NG-VQ) zur Quantisierung gezeigt: Die Verwendung der um das Druckmerkmal reduzierten Merkmalsvektoren $\mathbf{f}_k^{\text{red}}$ anstelle der Merkmalsvektoren $\mathbf{f}_k$ zur Erkennung führt zu einer statistisch nicht signifikanten Veränderung der Buchstaben-ACC. Die Gründe für den Verlust der Signifikanz des Druckmerkmals liegen in der inadäquaten Modellierung durch den VQ, z. B. durch Quantisierungsfehler. Anschließend wurden in Abschnitt 5.2 zwei prinzipielle Verfahren zur verlustfreien Modellierung der Druckinformation vorgestellt: zum einen unter Vernachlässigung der statistischen Bindungen zwischen dem Druckmerkmal und den verbleibenden Merkmalen, zum anderen unter Berücksichtigung dieser Bindungen. In beiden Fällen erfolgt die Modellierung zunächst durch eine Erweiterung des VQ. Im ersten Fall stellt sich eine Verringerung der Buchstaben-ACC durch die Reduktion der effektiv zur Verfügung stehenden Codebucheinträge ein. Deswegen erfolgte eine Modellierung des Druckmerkmals mithilfe eines auf diskreten MOHMM basierenden Erkennungssystems. Darin dienen die Werte des Druckmerkmals als eigenständiger Beobachtungsstrom. Auch mit diesem Erkennungssystem ließ sich keine statistisch signifikante Veränderung der ACC beobachten. Im zweiten Fall, der verlustfreien Modellierung der Druckinformation unter Berücksichtigung der statistischen Bindungen zwischen dem Druckmerkmal und den verbleibenden Merkmalen, konnte eine statistisch hochsignifikante Verbesserung der Buchstaben-ACC unabhängig vom verwendeten VQ gezeigt werden. Eine weitere Erhöhung der Buchstaben-ACC ergibt sich bei zusätzlicher Dekorrelation der beiden Merkmalsunterräume mithilfe der HAT.

Eine eingehendere Untersuchung der Druckmodellierung unter Berücksichtigung der statistischen Bindungen zwischen der Druckinformation und den restlichen Merkmalen erfolgte in Abschnitt 5.3 mithilfe von GM. Es wurden zwei Arten der Modellierung unterschieden: die deterministische und stochastische Modellierung. Im ersten Fall, der deterministischen Modellierung, wird durch das Druckmerkmal die zur Modellierung der verbleibenden Merkmale verwendete Verteilung festgelegt. Im zweiten Fall, der stochastischen Modellierung, wird die Beziehung zwischen dem Druckmerkmal und den restlichen Merkmalen während der Trainingsphase gelernt. Dabei führt die deterministische Modellierung aufgrund der geringeren Anzahl an zu lernenden Parametern bei sonst gleichen Bedingungen zu einer höheren Erkennungsleistung als die stochastische Modellierung. Erst durch eine Reduktion der freien Parameter durch die Einführung von zusätzlichen Abhängigkeiten kann auch mit der stochastischen Modellierung eine Verbesserung erreicht werden. Anschließend wurde die kontextabhängige Modellierung der Druckinformation in Verbindung mit der zuvor beschriebenen deterministischen und stochastischen Modellierung untersucht. Es zeigt sich, dass die explizite Berücksichtigung des zeitlichen Kontexts der Druckinformation zusammen mit einer deterministischen Modellierung der statistischen Bindungen zwischen dem Druckmerkmal und den restlichen Merkmalen zu der höchsten Erkennungsleistung der mit GM realisierten Erkennungssystemen führt.

In Tabelle 5.13 ist die Buchstaben-ACC der in diesem Kapitel behandelten Erkennungssysteme, ermittelt auf dem Test-Datensatz $\mathcal{S}_{\text{test}}$, und die relative Veränderung der Erkennungsleistung

System		reduziert				
		Lloyd	WTA-NN	NG	GMTK	
a_t		68,0 %	68,3 %	69,3 %	64,0 %	
Δr		$-0,1\,\%$	$-0,4\,\%$	$0,0\,\%$	$0,0\,\%$	
		(Tab. 3.5)	(Tab. 3.8)		(Tab. 3.7)	

System	stat. unabh.		stat. abh.			
	Lloyd	MOHMM	Lloyd	WTA-NN	NG	HAT
a_t	67,9 %	68,3 %	68,9 %	70,2 %	70,1 %	70,3 %
Δr (Exp. 3.5)	0,4 %	$0,3\,\%$	$1,2\,\%^{+}$	$3,0\,\%^{+}$	$2,9\,\%^{+}$	$3,1\,\%^{+}$

System	GM1	GM2	GM3	GM4	GM5
a_t	$64,0\,\%$	$60,8\,\%$	$64,0\,\%$	$64,6\,\%$	$61,4\,\%$
Δr (Exp. 3.5)	$0,0\,\%$	$-5,3\,\%^{+}$	$0,0\,\%$	$0,9\,\%^{+}$	$-4,2\,\%^{+}$

Tabelle 5.13: Zusammenfassung der Ergebnisse als Buchstaben-ACC, ermittelt auf dem Test-Datensatz $\mathcal{S}_{\text{test}}$, der in diesem Kapitel durchgeführten Experimente 5.1 (reduziert Lloyd, WTA-NN und NG), 5.2 (reduziert GMTK), 5.3 (stat. unabh. Lloyd), 5.4 (stat. unabh. MOHMM), 5.5 (stat. abh. Lloyd), 5.6 (stat. abh. WTA-NN und NG), 5.7 (stat. abh. HAT) und 5.8 bis 5.12 (GM1 – GM5) sowie die relative Veränderung Δr, bezogen auf das jeweilige Referenzsystem. Durch $(\cdot)^{+}$ wird eine statistisch (hoch-)signifikante Änderung angezeigt.

bezüglich der jeweiligen, korrespondierenden Erkennungssysteme aus Kapitel 3 zusammengefasst. Um eine implizite Anpassung an den Test-Datensatz zu vermeiden, sind gemäß Abschnitt 2.3 die Werte aus Tabelle 5.13 für diejenigen Parametrisierungen angegeben, die auf dem Validierungs-Datensatz $\mathcal{S}_{\text{val}}$ die höchste Buchstaben-ACC erzielt haben.

Die Ergebnisse zeigen, dass sich durch eine implizite verlustfreie Druckmodellierung bei gleichzeitiger Berücksichtigung der statistischen Bindungen zu den restlichen Merkmalen auch mit dem vollständigen Merkmalsvektor $\mathbf{f}$ *ohne* Merkmalsselektion eine vergleichbar hohe Erkennungsrate erzielen lässt wie in Kapitel 4 nach einer Selektion der Merkmale. Werden die Merkmale ferner durch eine HAT dekorreliert (siehe Abschnitt 5.2.3), so ergibt sich die höchste Buchstaben-ACC von $a^{\text{sw}}_{\text{t,PCA}} = 70,3\,\%$, entsprechend einer relativen, statistisch hochsignifikanten Erhöhung der Buchstaben-ACC um $\Delta r = 3,1\,\%$. Voraussetzung für eine Verbesserung der Erkennungsleistung ist jedoch eine adäquate Anpassung der Anzahl der zur Quantisierung verwendeten Codebucheinträge. Durch die vertiefte Untersuchung der Druckmodellierung mithilfe der GM stellte sich heraus, dass die deterministische Modellierung der statistischen Bindungen des Druckmerkmals und der verbleibenden Merkmale einer stochastischen Modellierung deutlich überlegen ist.

6

Verbesserte Schriftlinienidentifikation

In diesem Kapitel wird die letzte in dieser Arbeit vorgenommene Anpassung vorgestellt, die sich auf die Identifikation der Schriftlinien innerhalb der an einem Whiteboard geschriebenen Textzeilen bezieht [Sch08d]. Die Schriftlinienidentifikation ist dabei Teil der Vorverarbeitung. Im nächsten Abschnitt werden die Schriftlinien und ihre Bedeutung für die Handschrifterkennung erläutert. Anschließend wird in Abschnitt 6.2 ein neues Verfahren zur Identifikation von Schriftlinien innerhalb einer auf einem Whiteboard geschriebenen Textzeile vorgestellt. In Abschnitt 6.3 werden verschiedene Möglichkeiten des Einsatzes der Information über die Lage der Schriftlinien zur Verbesserung der Erkennungsleistung beschrieben und mithilfe von Experimenten evaluiert.

6.1 Schriftlinien

Mithilfe der Schriftlinien werden die Position und die Größe des Schriftzugs charakterisiert. Bei Kenntnis des Verlaufs der Schriftlinien können schreiberabhängige Variationen, wie die Schriftgröße und die Zeilenneigung, korrigiert werden. Bereits in Abschnitt 3.2.4 wurde auf die Bedeutung der Schriftlinien innerhalb der Schriftzüge für die Normalisierung der Schriftgröße eingegangen. Wird die Zeilenneigung, wie in den Abschnitten 3.2.2 und A.2 erläutert, kompensiert, so wird davon ausgegangen, dass die Schriftlinien parallel und gerade verlaufen – hier dient der angenommene, lineare Verlauf der Schriftlinien als Grundlage für die Korrektur. Für gewöhnlich werden innerhalb des Schriftzugs vier Schriftlinien, die Oberlängenlinie, die Kernlinie, die Basislinie und die Unterlängenlinie unterschieden [Boz89; Bun95; Jae01]. Hierbei verläuft die Oberlängenlinie durch die Spitze der „großen" Buchstaben (wie beispielsweise „H" und „t"), die Kernlinie durch die Spitze der „kleinen" Buchstaben (wie beispielsweise „o" und „w"), die Basislinie durch den Fuß aller Buchstaben ohne Unterlänge (wie beispielsweise „s") und die Unterlängenlinie durch den Fuß aller Buchstaben mit Unterlänge (wie beispielsweise „y") [Ben94]. In Abschnitt 3.2.4 wurde angenommen, dass die Schriftlinien innerhalb der Schriftzüge horizontal verlaufen, und somit ihre jeweilige vertikale Position aus dem horizontalen Projektionsprofil geschätzt.

Der horizontale Verlauf der Schriftlinien ist jedoch in handgeschriebenen Notizen nicht gegeben [Jae01]. Es existieren Möglichkeiten zum Auffinden nicht horizontal verlaufender Schriftlinien. So werden die Kernlinie und die Basislinie durch Regressionsgeraden bestimmt, welche durch die lokalen Maxima bzw. lokalen Minima der Stifttrajektorie angenähert werden [Cae93]. Alle vier Schriftlinien werden in [Ben94; Jae01] als Polynomfunktionen zweiter Ordnung aufgefasst. Die Parameter der Polynomfunktionen werden mithilfe eines geometrischen Modells der Schriftlinien aus der Stifttrajektorie durch den EM-Algorithmus bestimmt [Ben94; Dem77].

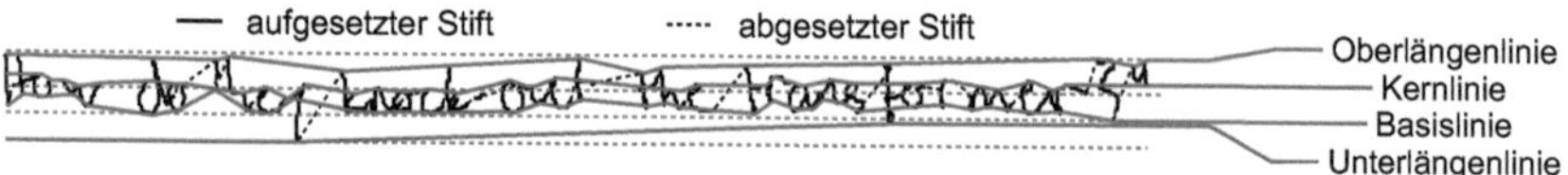

Abbildung 6.1: Horizontal verlaufende Schriftlinien aus Abbildung 3.5 (gestrichelt) und tatsächliche Schriftlinien gemäß [Ben94] (durchgehend). Während die horizontal verlaufenden Schriftlinien effizient z. B. mithilfe der Projektionsprofile geschätzt werden können (siehe Abschnitt A.4), werden die tatsächlichen Schriftlinien durch die Spitze der großen Buchstaben wie „t" (Oberlängenlinie), die Spitze der kleinen Buchstaben wie „o" (Kernlinie), den Fuß der Buchstaben ohne Unterlänge wie „s" (Basislinie) und durch den Fuß der Buchstaben mit Unterlänge wie „y" (Unterlängenlinie) festgelegt.

Da diese Verfahren lineare oder parabelförmige Schriftlinien aus dem Schriftzug schätzen können, eignen sie sich jedoch *nicht* für die Identifikation von Schriftlinien in handgeschriebenen Whiteboard-Notizen: Wie z. B. in [Gra08; Liw06] beschrieben, führen die Schreibbedingungen an einem Whiteboard zu Schriftlinien, die nicht mit Polynomfunktion zweiten Grads oder niedriger beschrieben werden können. Abbildung 6.1 zeigt die horizontalen Schriftlinien aus Abbildung 3.5 zusammen mit den Schriftlinien gemäß der obigen Definition. Deutlich ist darin die Abweichung des tatsächlichen Verlaufs der Schriftlinien von den horizontalen Schriftlinien zu erkennen. Zur Identifikation der Schriftlinien in Whiteboard-Notizen wird in [Liw06] eine Textzeile zunächst in horizontaler Richtung in kleinere Abschnitte unterteilt. Anschließend erfolgt eine Annäherung der Schriftlinien innerhalb dieser Abschnitte durch Geraden, die wiederum durch eine Regressionsanalyse der lokalen Maxima und Minima der Stifttrajektorie gefunden werden. Dieses Verfahren liefert stückweise lineare Schriftlinien, es bleibt jedoch unklar, innerhalb welcher Bereiche der Stifttrajektorie die Schriftlinien tatsächlich linear verlaufen. Deswegen wird im Folgenden ein neues Verfahren vorgestellt, das es ermöglicht, die Schriftlinien mit beliebigem, stückweise linearem Verlauf aus dem Schriftzug zu schätzen.

6.2 Schriftlinienidentifikation

Die hier vorgestellte Identifikation der Schriftlinien geht davon aus, dass die Schriftlinien, die sich innerhalb eines Schriftzugs befinden, durch die den Schriftlinien zugehörigen Abtastpunkte definiert sind [Sch08b; Sch08c; Sch08d]. Dies entspricht der in Abschnitt 6.1 gegebenen Definition der Schriftlinien nach [Ben94]. Dazu werden zunächst alle möglichen Abtastpunkt-Schriftlinien-Zuordnungen durch einen endlichen Zustandsautomaten modelliert. Anschließend erfolgt die Darstellung der Abtastpunkt-Schriftlinien-Zuordnungen und der innerhalb des endlichen Zustandsautomaten belegten Zustände in einem Trellisdiagramm. Dies ermöglicht das Finden der optimalen Zustandsfolge mithilfe des Viterbi-Algorithmus (siehe Abschnitt 2.1.4). Mit einer Nachverarbeitung der Abtastpunkt-Schriftlinien-Zuordnung gelangt man zur endgültigen Schätzung der Schriftlinienverläufe. Im nachfolgend erklärten Verfahren wird davon ausgegangen, dass die Schriftzeilen vorverarbeitet sind (siehe Abschnitt 3.2), d. h. die Schriftzüge sind von einer linearen Zeilenneigung und der Schriftneigung befreit und weisen eine einheitliche Höhe auf.

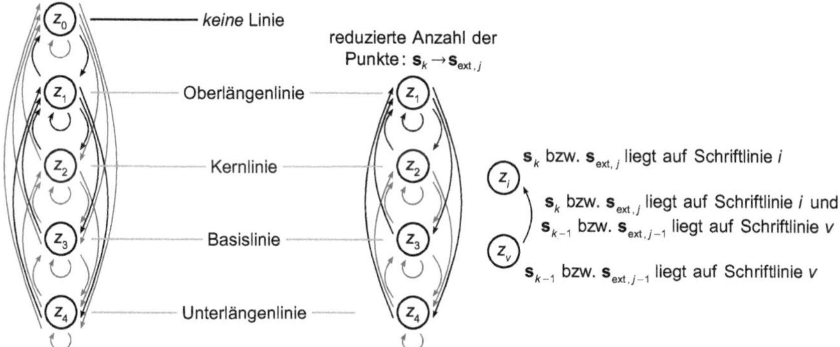

Abbildung 6.2: Endlicher Zustandsautomat zur Modellierung der möglichen Abtastpunkt-Schriftlinien-Zuordnungen (rechts) bzw., nach geeigneter Einschränkung, die Extrempunkt-Schriftlinien-Zuordnungen (Mitte). Zusätzlich ist die Definition eines Zustandsübergangs verdeutlicht (links). Während jeder Abtastpunkt genau einer Linie oder *keiner* Linie zugeordnet werden kann, wird jeder Extrempunkt stets einer Linie zugeordnet. Dadurch reduziert sich die Anzahl der Zustände. Gleichzeitig wird die Anzahl der nötigen Zuordnungen verringert, da die Anzahl der Extrempunkte geringer ist als die Anzahl der Abtastpunkte. Zur besseren Darstellung sind einige Zustandsübergänge (Pfeile) grau eingefärbt.

6.2.1 Modellierung durch einen endlichen Zustandsautomaten

Wie eingangs erklärt, wird im hier vorgestellten Ansatz davon ausgegangen, dass die vier Schriftlinien (Oberlängenlinie, Kernlinie, Basislinie und Unterlängenlinie, siehe Abbildung 6.1) durch die auf ihnen liegenden Abtastpunkte definiert sind. Jedoch ist die Zuordnung zwischen den Abtastpunkten und den Schriftlinien nicht eindeutig möglich und somit unbekannt. Eine sinnvolle Einschränkung ist die Forderung, dass jeder Abtastpunkt *genau einer* Schriftlinie oder *keiner* Schriftlinie zugeordnet wird. Die Abtastpunkt-Schriftlinien-Zuordnung kann dann mithilfe eines endlichen Zustandsautomaten [Gil62; Hop06; Sch08d] modelliert werden, wie Abbildung 6.2 links zeigt. Jede Zuordnung des Abtastpunkts $\mathbf{s}_{n,k}$ zu einer Schriftlinie l_k wird in einem Zustand z_{l_k} im endlichen Zustandsautomaten repräsentiert. Dabei gilt $l_k = 0$, wenn der aktuelle Abtastpunkt *keiner* und $1 \leq l_k \leq N_l$, wenn der aktuelle Abtastpunkt der Oberlängenlinie ($l_k = 1$), der Kernlinie ($l_k = 2$), der Basislinie ($l_k = 3$) oder der Unterlängenlinie ($l_k = 4$) zugeordnet wird. Der Übergang zwischen zwei Zuständen $z_v \rightarrow z_j$ erfolgt, wenn der vorausgegangene Abtastpunkt $\mathbf{s}_{k-1}$ der Schriftlinie v (d. h. $l_{k-1} = v$) und der aktuelle Abtastpunkt $\mathbf{s}_{n,k}$ der Schriftlinie i (d. h. $l_k = i$) zugeordnet wird[27]. Da, wie in Abbildung 6.2 links angedeutet ist, jeder Zustandsübergang infrage kommt, kann jeder der K Abtastpunkte *jeder* der $N_l = 4$ Schriftlinien zugeordnet werden, unabhängig davon, welcher Linie der vorausgegangene Abtastpunkt $\mathbf{s}_{k-1}$ zugeordnet wurde. Die Zuordnung $l_k = i$ ist damit unabhängig von der Zuordnung $l_{k-1} = v$. Man erhält auf diese Weise insgesamt $N_{\text{tot}} = (N_l + 1)^K$ unterschiedliche Abtastpunkt-Schriftlinien-Zuordnungen, wovon eine die „richtige" Zuordnung darstellt. Wählt man[28] $K \approx 100$, ergeben sich bei $N_l = 4$ Schriftlinien

[27] Sowohl der Abtastpunkt $\mathbf{s}_{k-1}$ als auch der Abtastpunkt $\mathbf{s}_k$ können auch *keiner* Linie zugeordnet werden, es gilt dann $v = 0$ bzw. $i = 0$.

[28] Diese Annahme gilt für eine kurze Textzeile aus der IAM-OnDB.

$N_{\text{tot}} \approx 7.8 \cdot 10^{69}$ unterschiedliche Zuordnungen. Diese Anzahl an unterschiedlichen Zuordnungen kann nicht durch eine erschöpfende Suche nach einer passenden, „richtigen“ Lösung durchsucht werden. Im Folgenden werden deswegen Maßnahmen beschrieben, um die Anzahl an möglichen Zuordnungen überschaubar zu halten.

6.2.2 Reduktion der Anzahl der Abtastpunkte

Eine beliebige Zuordnung der Abtastpunkte zu den Schriftlinien führt, wie im vorausgegangenen Abschnitt erläutert, zu einer unüberschaubaren Anzahl an möglichen Zuordnungen. Um diese Anzahl zu reduzieren, wird die Anzahl der die Schriftlinien definierenden und damit den Schriftlinien zuzuordnenden Abtastpunkte geeignet verringert. Es werden deswegen die *räumlichen* Extrempunkte der Stifttrajektorie als mögliche Punkte für die Schriftliniendefinition herangezogen. Prinzipiell würden sich für das hier beschriebene Verfahren auch die *zeitlichen* Extrempunkte [Vuo01], d. h. Abtastpunkte, für deren zweites Merkmal $f_2 = 0$ gilt, eignen. Jedoch schwankt die Abtastrate des Aufzeichnungssystems und verhindert so eine robuste Schätzung der zeitlichen Extrempunkte (siehe Abschnitt 3.1).

Die räumlichen Extrempunkte stellen die lokalen Minima und lokalen Maxima der Stifttrajektorie gemäß

$$\begin{aligned}\mathcal{P}_{\min} &= \left\{\mathbf{s}_{\text{n},k} \mid y_{\text{n},k} < y_{\text{n},k-1} \ \wedge \ y_{\text{n},k} < y_{\text{n},k+1}\right\} \\ \mathcal{P}_{\max} &= \left\{\mathbf{s}_{\text{n},k} \mid y_{\text{n},k} > y_{\text{n},k-1} \ \wedge \ y_{\text{n},k} > y_{\text{n},k+1}\right\},\end{aligned} \tag{6.1}$$

$2 \leq k \leq K-1$ dar, wobei $\mathcal{P}_{\min}$ die Menge aller $N_{\min}$ Minima $\mathbf{s}_{\min,j}$ und $\mathcal{P}_{\max}$ die Menge aller $N_{\max}$ Maxima $\mathbf{s}_{\max,j}$ innerhalb der Textzeile $\mathbf{S}$ bezeichnet, d. h.

$$\begin{aligned}&\mathbf{s}_{\min,j} \in \mathcal{P}_{\min}, &&1 \leq j \leq N_{\min} = |\mathcal{P}_{\min}| \text{ und} \\ &\mathbf{s}_{\max,j} \in \mathcal{P}_{\max}, &&1 \leq j \leq N_{\max} = |\mathcal{P}_{\max}|.\end{aligned} \tag{6.2}$$

Es ergeben sich insgesamt $N_{\text{ext}} = N_{\min} + N_{\max}$ Extrempunkte, die jeweils einer (beliebigen) Schriftlinie zugeordnet werden.

Da angenommen wird, dass jeder Extrempunkt $\mathbf{s}_{\text{ext},j} \in \mathcal{P}_{\text{ext}} = \mathcal{P}_{\min} \cup \mathcal{P}_{\max}$ auf einer Schriftlinie liegt, lässt sich durch die Reduktion der Punkte zur Definition der Schriftlinien auch die Anzahl der Zustände im endlichen Zustandsautomaten aus Abbildung 6.2 links verringern. Der um einen Zustand reduzierte Zustandsautomat ist in Abbildung 6.2 Mitte gezeigt. Jedoch führt auch diese Reduktion der Punkte zu einer unberechenbaren Anzahl an möglichen Zuordnungen: Man erhält $N_{\text{tot}} = (N_{\text{l}})^{N_{\text{ext}}}$ und für $N_{\text{ext}} \approx 30$ insgesamt $N_{\text{tot}} \approx 1.2 \cdot 10^{18}$ verschiedene Extrempunkt-Schriftlinien-Zuordnungen. Es wird daher eine weitere Reduktion der möglichen Zuordnungen benötigt.

6.2.3 Trellisrepräsentation

Obwohl sich nach dem Ersetzen der Abtastpunkte, welche die Schriftlinie definieren, durch die Extrempunkte die Anzahl der möglichen Schriftlinienzuordnungen deutlich reduziert, ist auch die Anzahl der möglichen Extrempunkt-Schriftlinien-Zuordnungen zu groß, um die korrekte Zuordnung mithilfe einer erschöpfenden Suche zu finden.

Um eine in gewissem Sinne optimale Zuordnung zwischen den Extrempunkten und den Schriftlinien bei gleichzeitig weiter reduziertem Rechenaufwand zu finden, werden die endlichen

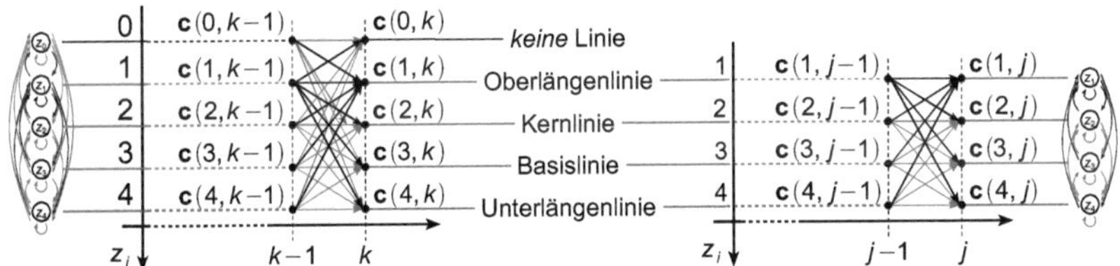

Abbildung 6.3: Trellisdiagramme, die durch „zeitliches Ausrollen" des in Abbildung 6.2 links dargestellten endlichen Zustandsautomaten (links) und des in Abbildung 6.2 rechts dargestellten reduzierten Zustandsautomaten (rechts) entstehen. Durch die Reduktion der zeitlichen Übergänge wird die Anzahl der möglichen Zuordnungen reduziert. Jeder vollständige Pfad durch das Trellisdiagramm (d. h. von $j = 1$ bis $j = N_{\text{ext}}$) entspricht einer eindeutigen Zuordnung aller Extrempunkte zu den Schriftlinien. Zur besseren Darstellung sind einige Zustandsübergänge (Pfeile) grau eingefärbt.

Zustandsautomaten aus Abbildung 6.2 links bzw. Mitte zeitlich „ausgerollt". Dies führt zu einer zeitlichen Interpretation der Extrempunkt-Schriftlinien-Zuordnung. Eine übersichtliche Darstellung dieser Zuordnung erlaubt ein Trellisdiagramm (siehe auch Abbildung 2.4 auf Seite 12). In Abbildung 6.3 links bzw. rechts sind die Trellisdiagramme der beiden Zustandsautomaten aus Abbildung 6.2 links bzw. Mitte dargestellt und zeigen einen Übergang vom Zeitschritt $k-1$ nach k bzw. $j-1$ nach j. Die Zuordnung des Extrempunkts $\mathbf{s}_{\text{ext},j}$ zur Linie l, $1 \leq l \leq N_{\text{l}}$ wird durch den Trellisknoten $\mathbf{c}(l, j)$ repräsentiert. Im Folgenden wird diese Zuordnung auch als „Hypothese" bezeichnet. In den Trellisdiagrammen aus Abbildung 6.3 sind alle möglichen Übergänge zwischen zwei Zuständen durch Pfeile angezeigt. Jeder Pfad durch das Trellisdiagramm entlang der möglichen Übergänge stellt eine bestimmte Zuordnung von allen Extrempunkten zu den Schriftlinien dar und beschreibt somit eine mögliche Definition der Schriftlinien. Die durch einen Pfad durch das Trellisdiagramm der Schriftlinie l zugeordneten Extrempunkte $\mathbf{s}_{\text{ext},j}$ werden in der Menge $\mathcal{L}_l$ zusammengefasst mit

$$\mathbf{s}_{\text{ext},j} \in \mathcal{L}_l, \text{ wenn } \mathbf{s}_{\text{ext},j} \text{ der Schriftlinie } l \text{ zugeordnet wird.} \tag{6.3}$$

Die Schriftlinie l wird so durch die aufeinanderfolgenden Extrempunkte $\mathbf{s}_{\text{ext},j} \in \mathcal{L}_l$ definiert. Es gilt ferner für die anfängliche y-Position $c_l(0)$ der Schriftlinie l, $1 \leq l \leq N_{\text{l}}$, wobei die Positionen $c_l(0)$ im Vektor $\mathbf{c}(0) = (c_1(0), \ldots, c_{N_{\text{l}}}(0))^{\text{T}}$ zusammengefasst werden,

$$\mathbf{c}(0) = \Big(\max_{1 \leq j \leq N_{\text{ext}}} y_{\text{ext},j}, 1, 0, \min_{1 \leq j \leq N_{\text{ext}}} y_{\text{ext},j} \Big)^{\text{T}}, \tag{6.4}$$

da während der Vorverarbeitung (siehe Abschnitt 3.2) der Abstand zwischen der Basis- und der Kernlinie auf den festen Wert ‚Eins' normiert wurde. Der absolute y-Abstand zwischen dem aktuellen Extrempunkt $\mathbf{s}_{\text{ext},j}$ und der Schriftlinie l, einen horizontalen Verlauf der Schriftlinien vorausgesetzt, errechnet sich zu

$$m(l, j) = |c_l(0) - y_{\text{ext},j}|. \tag{6.5}$$

Die Extrempunkt-Schriftlinien-Zuordnung wird dann durch die Suche nach der jeweilig am nächsten gelegenen Schriftlinie erhalten:

$$\hat{l}_j = \underset{1 \leq l \leq N_{\text{l}}}{\operatorname{argmin}}\, m(l, j) \Rightarrow \mathbf{s}_{\text{ext},j} \in \mathcal{L}_{\hat{l}_j} \tag{6.6}$$

mit $\hat{l}_j$ die Schriftlinien Hypothese des Extrempunkts $\mathbf{s}_{\text{ext},j}$. Allerdings ist die einfache Zuordnung nach Gleichung 6.6 nicht auf die Erkennung handgeschriebener Whiteboard-Notizen anwendbar. Wie in Abschnitt 6.1 beschrieben ist, können die Schriftlinien nicht durch Polynomfunktionen bis zum Grad zwei angenähert werden. Deswegen verlaufen die Schriftlinien im Allgemeinen nicht horizontal. Jeder Extrempunkt, der einer bestimmten Linie zugeordnet wird, ändert deren Verlauf. Außerdem kann der aktuelle Extrempunkt zu mehr als einer Schriftlinie gehören, und erst die Zuordnung der nachfolgenden Extrempunkte entscheidet darüber, ob die zuvor getroffene Zuordnung gültig ist. Im nächsten Abschnitt werden die Trellisknoten deswegen geeignet erweitert und eine verbesserte Schriftlinienzuordnung, die aus dem Trellisdiagramm ermittelt wird, erläutert.

6.2.4 Schriftlinienzuordnung

Wie in Abschnitt 6.2.1 erläutert ist, kann zunächst jeder Extrempunkt $\mathbf{s}_{\text{ext},j}$, $\mathbf{s}_{\text{ext},j} \in \mathcal{P}_{\text{ext}}$, $1 \leq j \leq N_{\text{ext}}$ je einer der $N_l = 4$ Schriftlinien l, $1 \leq l \leq N_l$ zugeordnet werden. Diese Zuordnungshypothesen werden in den Trellisknoten $\mathbf{c}(l,j) = (c_1(l,j),\ldots,c_{N_l}(l,j))^{\text{T}}$, $1 \leq l \leq N_l$, $1 \leq j \leq N_{\text{ext}}$ eines $N_l \times N_{\text{ext}}$-dimensionalen Trellisdiagramms (siehe Abbildung 6.3) repräsentiert, wobei $c_i(l,j)$ der aktuellen y-Position der Schriftlinie l entspricht, falls der Extrempunkt $\mathbf{s}_{\text{ext},j}$ der Schriftlinie l zugeordnet wird. Die Metrik $M_j(l)$ beschreibt die Veränderung des Verlaufs jeder Schriftlinie l, die die Zuordnung eines Extrempunkts $\mathbf{s}_{\text{ext},j}$ zu dieser Schriftlinie bewirkt, ausgedrückt als Betrag der Änderung der y-Position der jeweiligen Schriftlinie. Ein hoher Wert der Metrik $M_j(l)$ zeigt eine große Variation der vertikalen Position der Schriftlinie l an (gemessen bis zum Zeitpunkt j), während ein Wert von $M_j(l) = 0$ für exakt horizontale Schriftlinien erhalten wird.

Werden bestimmte Anforderungen an die Metrik $M_j(l)$ gestellt, können die Übergänge im Trellisdiagramm unter Berücksichtigung der vorausgegangenen Extrempunkt-Schriftlinien-Zuordnungen eingeschränkt werden. Wird beispielsweise eine möglichst geringe Metrik gefordert und diese für einen Übergang von $\mathbf{c}(2,j-1)$ nach $\mathbf{c}(4,j)$ erreicht, bedeutet dies, dass $\mathbf{s}_{\text{ext},j-1}$ der Kernlinie *und* $\mathbf{s}_{\text{ext},j}$ der Basislinie zugeordnet wird (siehe Abschnitt 6.2.1). Die Zuordnung des aktuellen Extrempunkts $\mathbf{s}_{\text{ext},j}$ hängt also von der Zuordnung des vorausgehenden Extrempunkts $\mathbf{s}_{\text{ext},j-1}$ ab.

Diese Eigenschaft macht man sich im Folgenden zunutze, um möglichst horizontal verlaufende Schriftlinien zu erhalten. Um dies zu erreichen, wird bei jedem Übergang im Trellisdiagramm die Metrik $M_j(l)$ für jeden Trellisknoten $\mathbf{c}(l,j)$ minimiert. Da die Metrik $M_j(l)$ die akkumulierte betragsmäßige Änderung der y-Position der zugehörigen Schriftlinie l darstellt, führt dieses Vorgehen zu möglichst horizontal verlaufenden Schriftlinien. Die endgültige Extrempunkt-Schriftlinien-Zuordnung liefert der Pfad durch das Trellisdiagramm, der zur kleinsten Metrik $M_{N_{\text{ext}}}(l)$ führt. Die Pfadvariable $\psi_j(l)$ gibt dazu stets den vorausgegangenen Trellisknoten, also die dem vorausgehenden Extrempunkt $\mathbf{s}_{\text{ext},j-1}$ zugeordnete Schriftlinie l an. Die Metrik $M_j(l)$, die Pfadvariable $\psi_j(l)$ und die Trellisknoten $\mathbf{c}(l,j)$ können rekursiv berechnet werden [Sch08d].

Zunächst werden dazu die Metrik $M_1(l)$, die Pfadvariable $\psi_1(l)$ und der Trellisknoten $\mathbf{c}(l,1)$, die jeweils zum ersten Extrempunkt $\mathbf{s}_{\text{ext}}(1)$ gehören, mithilfe der in Gleichung 6.4 getroffenen Annahmen mit der Position der Schriftlinien initialisiert:

$$
\begin{aligned}
M_1(l) &= m(l,1) = |c_l(0) - y_{\text{ext},1}| \\
\psi_1(l) &= 0 \\
c_i(l,1) &= \begin{cases} y_{\text{ext},1} & \text{wenn } l = i \\ c_i(0) & \text{sonst} \end{cases}
\end{aligned}
\tag{6.7}
$$

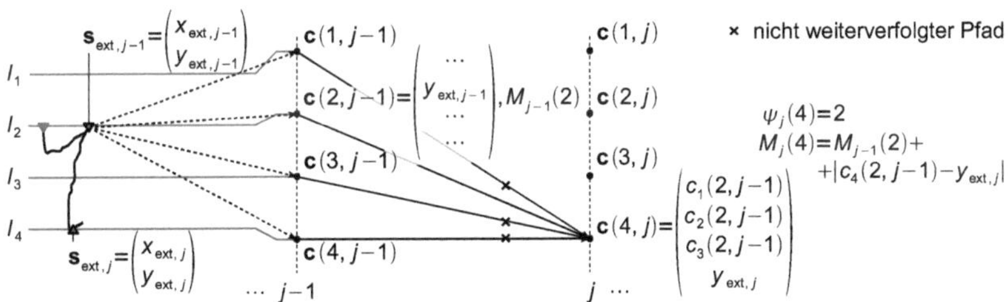

Abbildung 6.4: Für die Ermittlung des günstigsten Übergangs innerhalb des Trellisdiagrams wird für jeden Extrempunkt $\mathbf{s}_{\text{ext},j}$ und jede Schriftlinie l die Metrik $M_j(l)$ minimiert (in diesem Beispiel der Übergang $\mathbf{c}_{j-1}(2) \to \mathbf{c}_j(4)$). Die y-Position des aktuellen Extrempunkts $\mathbf{s}_{\text{ext},j}$ wird als neue Position der Schriftlinie $l = 4$ übernommen, da dieser Punkt dieser Schriftlinie zugeordnet wird. Die Information über die y-Position der restlichen Schriftlinien wird für diesen Trellisknoten aus den jeweiligen Positionsinformationen des vorausgegangenen Trellisknotens $\mathbf{c}(2, j-1)$ übernommen (d. h. $c_1(2, j-1)$, $c_2(2, j-1)$ und $c_3(2, j-1)$), da dieser Übergang zur geringsten Metrik $M_j(4)$ führt. Der Übersichtlichkeit halber sind einige Übergänge nicht dargestellt.

mit $1 \leq i, l \leq N_\text{l}$. Die rekursive Berechnung der Metrik $M_j(l)$, der Pfadvariable $\psi_j(l)$ und der Trellisknoten $\mathbf{c}(l, j)$ für den Extrempunkt $\mathbf{s}_{\text{ext},j}$ in Abhängigkeit der vorausgegangenen Werte $M_{j-1}(l)$ und $\mathbf{c}(l, j-1)$ erfolgt anschließend gemäß

$$\begin{aligned}
M_j(l) &= \min_{1 \leq i \leq N_\text{l}} \left(M_{j-1}(i) + |c_l(i, j-1) - y_{\text{ext},j}| \right) \\
\psi_j(l) &= \underset{1 \leq i \leq N_\text{l}}{\operatorname{argmin}} \left(M_{j-1}(i) + |c_l(i, j-1) - y_{\text{ext},j}| \right) \\
c_i(l, j) &= \begin{cases} y_{\text{ext},j} & \text{wenn } l = i \\ c_i(\psi_j(l), n-1) & \text{sonst} \end{cases}
\end{aligned} \tag{6.8}$$

mit $2 \leq j \leq N_\text{ext}$ und $1 \leq i, l \leq N_\text{l}$. Wird der aktuelle Extrempunkt $\mathbf{s}_{\text{ext},j}$ der Schriftlinie l zugeordnet, so ändert sich der Verlauf der Schriftlinie l derart, dass sie durch die Koordinaten dieses Punkts verläuft. Dieser Zusammenhang wird durch $c_l(l, j) = y_{\text{ext},j}$ ausgedrückt. Jedoch wird der Verlauf der restlichen Schriftlinien i, $1 \leq i \leq N_\text{l}$, $i \neq l$ nicht durch diese Zuordnung beeinflusst, und die y-Position der verbleibenden Linien wird aus dem Trellisknoten $\mathbf{c}(l, j)$ des vorausgegangenen Extrempunkts $\mathbf{s}_{\text{ext},j-1}$ übernommen, für den sich die geringste Metrik $M_{j-1}(l)$ ergibt, d. h. $c_i(l, j) = c_i(\psi_j(l), j-1)$. Die rekursive Berechnung nach Gleichung 6.8 ist in Abbildung 6.4 verdeutlicht, wobei für die Abbildung angenommen wird, dass ein Übergang von $\mathbf{c}(2, j-1)$ nach $\mathbf{c}(4, j)$ zu der geringsten Metrik $M_j(4)$ führt. In Abbildung 6.4 wird deswegen der Extrempunkt $\mathbf{s}_{\text{ext},j-1}$ der Kernlinie und $\mathbf{s}_{\text{ext},j}$ der Unterlängenlinie zugeordnet.

Die endgültige Extrempunkt-Schriftlinien-Zuordnung $\hat{l}_j$ für jeden Extrempunkt $\mathbf{s}_{\text{ext},j}$ liefert der Pfad durch das Trellisdiagramm, der zu der geringsten Metrik $M_{N_\text{ext}}(l)$ führt. Dazu wird derjenige Knoten $\mathbf{c}(N_\text{ext}, l)$ mit geringster Metrik gefunden und das Trellisdiagramm anschließend rückwärts durchlaufen:

$$\hat{l}_{N_\text{ext}} = \underset{1 \leq l \leq N_\text{l}}{\operatorname{argmin}} M_{N_\text{ext}}(l) \Rightarrow \mathbf{s}_{\text{ext},j} \in \mathcal{L}_{\hat{l}_j} \tag{6.9}$$

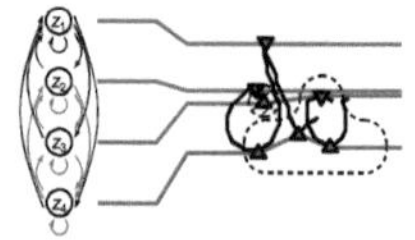

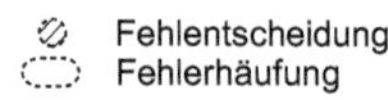

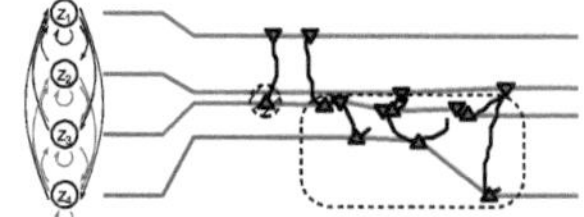

Abbildung 6.5: Fehlerhäufung bei der Extrempunkt-Schriftlinien-Zuordnung nach nur *einer* falschen Zuordnung (links) bzw. trotz korrekter Zuordnung (rechts). In beiden Fällen wird durch die Zuordnung des jeweiligen Extrempunkts der Verlauf der Basislinie derart verändert, dass sich eine geringere Metrik einstellt, wenn alle nachfolgenden, eigentlich auf der Basislinie liegenden Extrempunkte der Unterlängenlinie zugeordnet werden.

$$\hat{l}_j = \psi_{n+1}\left(\hat{l}_{j+1}\right), \, j = N_{\text{ext}} - 1, \ldots, 1, .$$

Dies wird auch als „Back-Tracking" bezeichnet. Man erhält so die explizite Zuordnung jedes Extrempunkts zu einer der $N_l = 4$ Schriftlinien $\mathbf{s}_{\text{ext},j} \in \mathcal{L}_{\hat{l}_j}$. Die Zuordnung nach Gleichung 6.9 realisiert den Viterbi-Algorithmus [Rab89; Sch08d; Vit67].

Die Extrempunkt-Schriftlinien-Zuordnung, wie in den Gleichungen 6.7, 6.8 und 6.9 beschrieben ist, lässt die Definition von Einschränkungen des Verlaufs der Schriftlinien zu. Ein Kreuzen oder Übereinanderliegen der Schriftlinien lässt sich beispielsweise durch Ausschluss aller Übergänge erreichen, für die

$$c_1(l,j) > \ldots > c_{N_l}(l,j), \; 1 \leq l \leq N_l, \, 1 \leq j \leq N_{\text{ext}} \tag{6.10}$$

nicht gilt.

6.2.5 Iterative Neuzuordnung der Extrempunkte

In dem im obigen Abschnitt beschriebenen trellisbasierten Ansatz zur Schriftlinienidentifikation, der durch die Gleichungen 6.7, 6.8 und 6.9 explizit ausgedrückt wird, erfolgt für jeden Extrempunkt $\mathbf{s}_{\text{ext},j}$ die Zuordnung zu einer Schriftlinie l, unabhängig davon, ob der aktuelle Extrempunkt tatsächlich auf einer Schriftlinie liegt. Dies führt zu ungenau geschätzten Schriftlinien. Durch die gegenseitige Abhängigkeit der Zuordnung der Extrempunkte, wie sie durch die Einführung der Metrik $M_j(l)$ ermöglicht wird, kommt es zu einer Fehlerfortpflanzung: Durch einen falsch zugeordneten Punkt werden u. U. auch nachfolgende Extrempunkte den falschen Linien zugeordnet. Die Folge ist eine Fehlerhäufung, wie in Abbildung 6.5 an zwei Beispielen verdeutlicht ist. In dem in Abbildung 6.5 links dargestellten Fall wird ein Extrempunkt, der zu *keiner* Linie gehört, aufgrund der Definition des Zustandsautomaten aus Abbildung 6.2 rechts der Basislinie zugeordnet, da diese Zuordnung zur geringsten Metrik M führt. Wegen der neuen y-Position der Basislinie werden alle nachfolgenden Extrempunkte, die tatsächlich auf der Basislinie liegen, fälschlicherweise der Unterlängenlinie zugeordnet. Wieder ergibt sich durch diese Zuordnung eine minimale Metrik M. Im zweiten Fall, gezeigt in Abbildung 6.5 rechts, gehört der der Basislinie zugeordnete Extrempunkt tatsächlich zu der Basislinie. Dennoch werden zur Minimierung der Metrik M sämtliche nachfolgenden, der Basislinie zugehörigen Extrempunkte auf die Unterlängenlinie gesetzt, und es kommt abermals zu einer Fehlerhäufung.

Um die erzwungene Zuordnung der Abtastpunkte zu vermeiden, wird der trellisbasierte Ansatz zur Schriftlinienidentifikation durch eine iterative Nachverarbeitung erweitert. Dazu werden die beiden folgenden Annahmen getroffen:

1. Die Minima, die in der Menge $\mathcal{P}_{\text{min}}$ enthalten sind, gehören zur Unterlängenlinie und zur Basislinie, wohingegen die Maxima, enthalten in der Menge $\mathcal{P}_{\text{max}}$, die Kernlinie und die Oberlängenlinie beschreiben.

2. Für jedes Paar von Schriftlinien (Unterlängenlinie und Basislinie bzw. Kernlinie und Oberlängenlinie) wird eine Hauptlinie definiert, auf der die Mehrzahl der jeweiligen Extrempunkte liegt. Dabei werden die Kernlinie als Hauptlinie für die Minima $\mathcal{P}_{\text{min}}$ und die Basislinie als Hauptlinie für die Maxima $\mathcal{P}_{\text{max}}$ gewählt.

Die erste Annahme stützt sich auf die Definition der Schriftlinien aus der Einleitung dieses Kapitels und ist weit verbreitet (siehe z. B. [Ben94; Jae01; Liw06]). Die zweite Annahme fußt auf der Beobachtung, dass die meisten Buchstaben die Basislinie und die Kernlinie beinhalten, wohingegen die Unterlängenlinie und die Oberlängenlinie in weniger Buchstaben enthalten sind [Kos00].

Algorithmus 6.1 Iterative Extrempunkt-Schriftlinien-Zuordnung

Benötigt: Menge der Minima $\mathcal{P}_{\text{min}}$, Menge der Maxima $\mathcal{P}_{\text{max}}$
Stellt sicher: Erhöhte oder gleiche Anzahl der Extrempunkte auf Hauptlinie

function ITERATIVEZUORDNUNG($\mathcal{P}_{\text{min}}, \mathcal{P}_{\text{max}}$)
  for $\mathcal{P} \in \{\mathcal{P}_{\text{min}}; \mathcal{P}_{\text{min}}\}$ **do**
    $\mathcal{P}_{\text{proc}} = \mathcal{P} = \{\mathbf{s}_{1,1}; \ldots; \mathbf{s}_{\text{ext},|\mathcal{P}_{\text{proc}}|}\}$
    $\text{b} = 1$
    while $\text{b} == 1$ **do** $N_{\text{m}}(0) =$ Anzahl Extrempunkte auf Hauptlinie($\mathcal{P}_{\text{proc}}$) nach Gleichungen 6.7, 6.8 und 6.9
      for $j \in \{1; \ldots; |\mathcal{P}_{\text{proc}}|\}$ **do**
        $N_{\text{m}}(j) =$ Anzahl Extrempunkte auf Hauptlinie $(\{\mathcal{P}_{\text{proc}} \setminus \mathbf{s}_{\text{ext},j}\})$ nach Gleichungen 6.7, 6.8 und 6.9
      end for
      if $(\hat{j} = \underset{0 \leq j \leq |\mathcal{P}_{\text{proc}}|}{\text{argmax}} \; N_{\text{m}}(j)) == 0$ **then** $\text{b} = 0$
      else $\mathcal{P}_{\text{proc}} = \{\mathcal{P}_{\text{proc}} \setminus \mathbf{s}_{\text{ext},\hat{j}}\}$
      end if
    end while
  end for
end function

Die trellisbasierte Schriftlinienidentifikation nach Abschnitt 6.2.4 erfolgt mit den oben beschriebenen Einschränkungen der Extrempunkt-Schriftlinien-Zuordnungen getrennt für die Menge der Minima $\mathcal{P}_{\text{min}}$ und die Menge der Maxima $\mathcal{P}_{\text{max}}$ nach Gleichung 6.2. Es werden jedoch sämtliche Zuordnungshypothesen sowohl für Minima und Maxima zugelassen. Dadurch werden Minima, die zu der Spitze großer Buchstaben gehören (wie beispielsweise im Buchstaben „J"), der Kernlinie oder der Oberlängenlinie zugeordnet und verfälschen somit den Verlauf der eigentlich für Minima relevanten Basislinie bzw. Unterlängenlinie nicht. Für beide Mengen $\mathcal{P}_{\text{min}}$ und $\mathcal{P}_{\text{max}}$ werden die nach der ersten Iteration der jeweiligen Hauptlinie zugeordneten Extrempunkte gezählt. Nach dieser ersten Zuordnung wird die Menge der Minima und Maxima jeweils um einen Extrempunkt verringert, und die Zuordnung für die reduzierten Mengen beginnt in einer zweiten Iteration von Neuem. Falls sich die Anzahl der Extrempunkte, die der jeweiligen Hauptlinie zugeordnet werden, durch die vorangegangene Reduktion erhöht hat, wird der zuvor ausgelassene Extrempunkt endgültig aus der Menge der Extrempunkte entfernt. In allen anderen Fällen wird der Extrempunkt

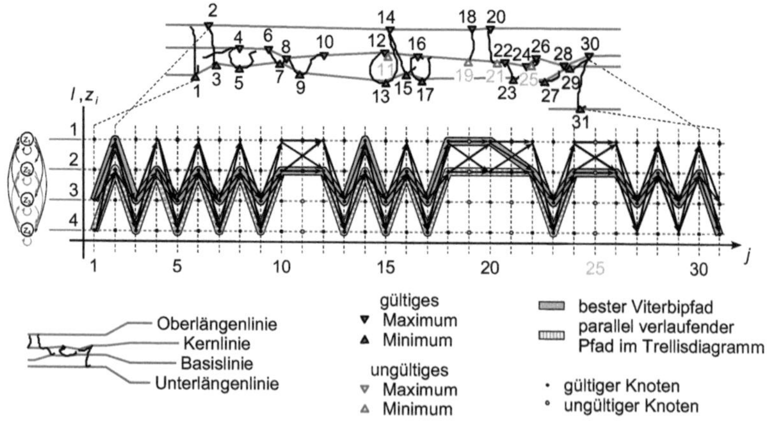

Abbildung 6.6: Zuordnung zwischen den Extrempunkten einer Textzeile und den Schriftlinien in einem Trellisdiagramm mithilfe des Viterbi-Algorithmus. Der Pfad durch das Trellisdiagramm, der zu der geringsten Metrik $M_{N_{\text{ext}}}(l)$ führt, liefert die gesuchte Extrempunkt-Schriftlinien-Zuordnung. Zusätzlich sind die parallel zum besten Pfad verlaufenden Pfade eingetragen. Die parallel verlaufenden Pfade entsprechen dabei alternativen Hypothesen der Extrempunkt-Schriftlinien-Zuordnung. Vereinen sich zwei parallele Pfade, so wird eine endgültige Entscheidung über die Zuordnung getroffen. Der Übersichtlichkeit halber sind einige Übergänge nicht dargestellt.

wieder in die Menge der gültigen Extrempunkte aufgenommen und der nächste Extrempunkt entfernt. Algorithmus 6.1 beschreibt die iterative Verringerung der für die Schriftlinienidentifikation relevanten Extrempunkte.

In Abbildung 6.6 sind das Trellisdiagramm und die zugehörigen Schriftlinien unter Verwendung der in Abschnitt 6.2.4 beschriebenen trellisbasierten Extrempunkt-Schriftlinien-Zuordnung und der anschließenden Nachverarbeitung gemäß Algorithmus 6.1 für einen Ausschnitt einer Textzeile dargestellt: Der endgültige Pfad wird erst am Ende durch das „Back-Tracking" gefunden. Treffen zwei parallele Pfade aufeinander, wird eine endgültige Entscheidung für die Extrempunkt-Schriftlinien-Zuordnung aller vorausgegangenen Extrempunkte getroffen.

In gängigen Verfahren wird davon ausgegangen, dass jeder Schriftzug alle vier Schriftlinien enthält. Während diese Annahme zumindest auf die Basis und die Kernlinie zutrifft [Kos00], gilt sie nicht in allen Fällen auch für die Ober- und Unterlängenlinie. Im hier vorgestellten Verfahren werden den Schriftlinien nur dann Abtastpunkte zugeordnet, wenn die Minimierung der Metrik den Schluss zulässt, dass sich die jeweiligen Schriftlinien tatsächlich in dem betreffenden Schriftzug befinden. Auf diese Weise wird für Schriftzüge, die z. B. keine Unterlängenlinie enthalten, diese Schriftlinie nicht mit Abtastpunkten belegt und somit richtigerweise *nicht* definiert.

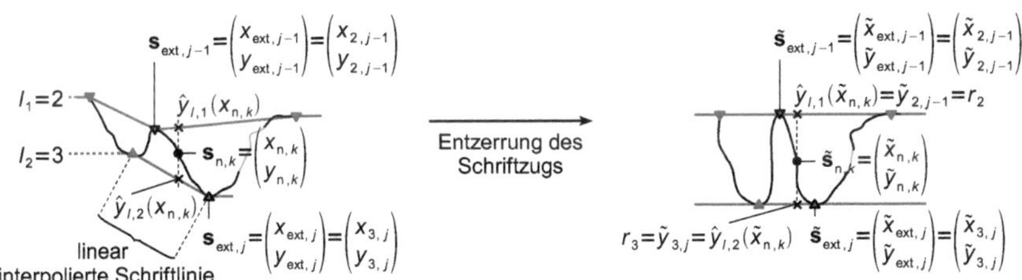

Abbildung 6.7: Stifttrajektorie nach der Standardvorverarbeitung gemäß Abschnitt 3.2 (links) und normalisierte Stifttrajektorie mit horizontal verlaufenden Schriftlinien (rechts). Für die verbesserte Normalisierung werden die durch die Extrempunkt-Schriftlinien-Zuordnungen definierten Schriftlinien interpoliert. Die Position des normalisierten Abtastpunkts $\tilde{\mathbf{s}}_{\text{n},k}$ ergibt sich aus der Position des nicht-normalisierten Abtastpunkts $\mathbf{s}_{\text{n},k}$ durch zentrische Streckung. Die erforderlichen Parameter werden aus dem Abstand des Abtastpunkts $\mathbf{s}_{\text{n},k}$ zu den beiden ihm nächstgelegenen, linear interpolierten Schriftlinien ermittelt.

6.3 Anwendung der Schriftlinienidentifikation

Nachdem der Verlauf der Schriftlinien aus den Textzeilen geschätzt wurde, kann diese Schriftlinieninformation zur Normalisierung [Sch08c] und als eigenständiges, die Linienzugehörigkeit jedes Abtastpunkts beschreibendes Merkmal [Sch08b] verwendet werden.

6.3.1 Normalisierung der Stifttrajektorie

Mithilfe des Verlaufs der Schriftlinien, die gemäß Gleichung 6.3 und mit den Ansätzen aus Abschnitt 6.2 gefunden wurden, lässt sich eine Stifttrajektorie derart normalisieren, dass nach der Normalisierung die Schriftlinien parallel, horizontal und in einem fest definierten Abstand zueinander verlaufen [Sch08c]. Da die Schriftlinien vor der Normalisierung einen beliebigen Verlauf besitzen können, werden durch die angestrebte Normalisierung auch die nicht durch Polynomfunktionen geringen Grads beschreibbaren Schriftlinien der handgeschriebenen Whiteboard-Notizen korrigiert. Nach der Normalisierung ist der vorliegende Schriftzug demnach um die Zeilenneigung korrigiert und in seiner Größe normiert. Des Weiteren werden auch schreiberabhängige Variationen, z. B. ungleichmäßige Buchstabengrößen innerhalb der Textzeilen erfasst, die durch die Standardvorverarbeitung nach Abschnitt 3.2 nicht kompensiert werden können.

Für die Normalisierung werden die Extrempunkte $\mathbf{s}_{\text{ext},j} \in \mathcal{L}_l$, die einer bestimmten Schriftlinie l zugeordnet wurden, so verschoben, dass sie auf einer horizontalen Linie liegen. Das prinzipielle Vorgehen ist in Abbildung 6.7 verdeutlicht. Die angestrebte y-Position r_l, $1 \leq l \leq N_l$ jeder Schriftlinie l wird hier auf die Werte $\mathbf{r} = (2,1,0,-1)^{\mathrm{T}}$ festgelegt. Abhängig von der Verschiebung der Extrempunkte $\mathbf{s}_{\text{ext},j-1} = \mathbf{s}_{k-\kappa}$ und $\mathbf{s}_{\text{ext},j} = \mathbf{s}_k$ wird auch die Position der dazwischen liegenden Abtastpunkte $\mathbf{s}_{k-\kappa+1},\ldots,\mathbf{s}_{k-1} = (x_{\text{n},k}, y_{\text{n},k})^{\mathrm{T}}$ geeignet angepasst. Dadurch wird der gesamte Schriftzug gemäß den Schriftlinien normalisiert. Zur Verschiebung der Abtastpunkte werden die Schriftlinien zwischen je zwei Extrempunkten $\mathbf{s}_{\text{ext},j_1}, \mathbf{s}_{\text{ext},j_2} \in \mathcal{L}_l$ linear interpoliert. Die y-Position $\hat{y}_l(x_{\text{n},k})$ der Linie l an der Stelle $x_{\text{n},k}$ errechnet sich zu

$$\hat{y}_l(x_{\text{n},k}) = y_l(j_1) + \frac{y_l(j_2) - y_l(j_1)}{x_l(j_2) - x_l(j_1)} \cdot (x_{\text{n},k} - x_l(j_1)) \tag{6.11}$$

mit $y_l(j_1)$ und $y_l(j_2)$ die y-Position und $x_l(j_1)$ und $x_l(j_2)$ die x-Position der beiden Extrempunkte $\mathbf{s}_{\text{ext},j_1}, \mathbf{s}_{\text{ext},j_2} \in \mathcal{L}_l$ $(j_2 > j_1)$, die den geringsten Abstand zum Abtastpunkt $\mathbf{s}_{\text{n},k}$ besitzen. Für die neue y-Position $\tilde{y}_{\text{n},k}$ des Abtastpunkts $\mathbf{s}_{\text{n},k}$ erhält man

$$\tilde{y}_k = r_{l2} + \frac{y_{\text{n},k} - \hat{y}_{l2}(x_{\text{n},k})}{\hat{y}_{l1}(x_{\text{n},k}) - \hat{y}_{l2}(x_{\text{n},k})} \cdot (r_{l1} - r_{l2}) \tag{6.12}$$

mit l_1 und l_2 $(l_1 < l_2)$ die beiden Schriftlinien mit geringstem Abstand, zwischen denen der Abtastpunkt $\mathbf{s}_{\text{n},k}$ liegt. Um die horizontalen Verzerrungen zu kompensieren, die mit der vertikalen Verschiebung der Abtastpunkte einhergehen, wird die x-Position $x_{\text{n},k}$ des Abtastpunkts $\mathbf{s}_{\text{n},k}$ um den Faktor

$$s = {}^1\!/\!_K \sum_{k=1}^{K} \frac{\hat{y}_{l2}(x_{\text{n},k}) - \hat{y}_{l1}(x_{\text{n},k})}{r_{l2} - r_{l1}} \tag{6.13}$$

skaliert. Die normierte x-Koordinate ergibt sich somit zu

$$\tilde{x}_{\text{n},k} = s \cdot x_{\text{n},k}, \; 1 \leq k \leq K. \tag{6.14}$$

Sie entspricht der verschobenen x-Position des Abtastpunkts $\mathbf{s}_{\text{n},k}$. Man erhält so den normalisierten Schriftzug $\tilde{\mathbf{S}}_\text{n} = (\tilde{\mathbf{s}}_{\text{n},1}, \ldots, \tilde{\mathbf{s}}_{\text{n},K})^\text{T}$, $\tilde{\mathbf{s}}_{\text{n},k} = (\tilde{x}_{\text{n},k}, \tilde{y}_{\text{n},k})^\text{T}$. Die hier vorgestellte Schriftnormalisierung illustriert Abbildung 6.7. Die Extrempunkte $\mathbf{s}_{\text{ext},j}$, die der Schriftlinie l zugeordnet sind, werden gemäß den Gleichungen 6.12 und 6.14 vertikal verschoben und kommen an der Stelle $\tilde{\mathbf{s}}_{\text{ext},j} = (\tilde{x}_{l_j}, \tilde{y}_{l_j})^\text{T}$ zu liegen. Nach der Verschiebung teilen sich die einer Schriftlinie l zugeordneten Extrempunkte $\mathbf{s}_{\text{ext},j} \in \mathcal{L}_l$ eine gemeinsame y-Position $\tilde{y}_{l_j} = r_l$, wie in Abbildung 6.7 rechts angedeutet ist.

Nach der Normalisierung gemäß den Gleichungen 6.12 und 6.14 wird der Schriftzug neu abgetastet, um einen konstanten räumlichen Abstand zwischen zwei benachbarten Abtastpunkten innerhalb der Textzeilen der IAM-OnDB zu erreichen (siehe Abschnitt 3.2.1). Anschließend werden die $D = 24$ Merkmale aus Abschnitt 3.3 extrahiert und die Merkmalsvektoren gebildet. Abbildung 6.8 oben zeigt den Einfluss der hier vorgestellten Normalisierung auf eine vollständige Textzeile. Das um die neue Normalisierung erweiterte Erkennungssystem ist in Abbildung 6.8 unten dargestellt.

In Experiment 6.1 wird die hier vorgestellte Methode zur Schriftnormalisierung evaluiert und mit den beiden in Kapitel 3 vorgestellten Referenzsystemen verglichen. Wie Tabelle 6.1 zeigt, führt die in diesem Abschnitt beschriebene verbesserte Normalisierung bei Verwendung von kontinuierlichen HMM zu einer relativen, statistisch hochsignifikanten Verbesserung von $\Delta r = 1{,}8\,\%$ $(p_r > 0{,}99)$, bezogen auf das kontinuierliche Referenzsystem. Es wird eine Buchstaben-ACC von $a_{\text{t,nz}} = 68{,}0\,\%$ auf dem Test-Datensatz $\mathcal{S}_\text{test}$ erreicht. Im Falle der Erkennung mit diskreten HMM ist eine statistisch signifikante Verbesserung nur für die Codebuchgrößen $N_\text{cdb} \in \{10; 100\}$ auf $a_{\text{t,nz}} = 48{,}7\,\%$ bzw. $a_{\text{t,nz}} = 61{,}9\,\%$ zu beobachten, was einer relativen Verbesserung von $\Delta r = 3{,}5\,\%$ bzw. $\Delta r = 1{,}0\,\%$, bezogen auf das diskrete Referenzsystem, entspricht. In den restlichen Fällen ist die Verbesserung statistisch nicht signifikant: Für $N_\text{cdb} = 5\,000$ wird eine Buchstaben-ACC von $a_{\text{t,nz}} = 68{,}4\,\%$ $(\Delta r = 0{,}4\,\%,\ p_r = 0{,}83)$, bezogen auf das diskrete Referenzsystem, erreicht. Die Verwendung von Codebüchern der Größen $N_\text{cdb} \in \{500; 1\,000\}$ führt zu einem Rückgang der Buchstaben-ACC.

Experiment 6.1: *Neuartige Normalisierung*

In diesem Experiment wird das Erkennungssystem nach Abbildung 6.8 unten evaluiert. Es verwendet die in Abschnitt 6.3.1 vorgestellte Normalisierung der Textzeile, die auf den nach

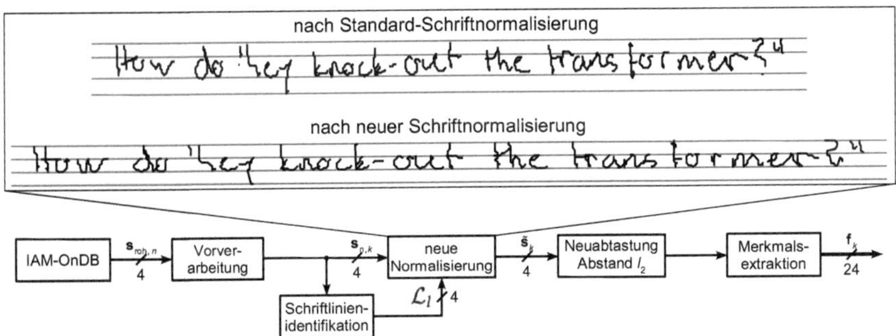

Abbildung 6.8: Schriftzug nach der Vorverarbeitung gemäß Abschnitt 3.2 und nach der Normalisierung aus Abschnitt 6.3.1 (oben). Während die ersten beiden Repräsentanten des Buchstabens „o" vor der Normalisierung eine hohe Intraklassenvarianz aufweisen, ist diese Varianz nach der Normalisierung reduziert. Überblick des um die neue Vorverarbeitung erweiterten Erkennungssystems (unten). Aus Gründen der Übersichtlichkeit ist die Erkennereinheit, die auf kontinuierlichen und diskreten HMM basiert, nicht dargestellt.

Abschnitt 6.2 innerhalb einer Textzeile gefundenen Schriftlinien basiert. Die Erkennung erfolgt mithilfe der auf kontinuierlichen und auf diskreten HMM basierenden Erkennern; die Erkennungssysteme entsprechen bis auf die zusätzliche Normalisierung und die anschließende Neuabtastung den Referenzsystemen aus Kapitel 3. Die Buchstaben-ACC, ermittelt auf dem Validierungs-Datensatz $\mathcal{S}_{\text{val}}$, ist in Abbildung 6.12 auf Seite 129 bei Verwendung von kontinuierlichen HMM (—▽—) und diskreten HMM für Codebuchgrößen von $N_{\text{cdb}} \in \{10; 100; 500; 1\,000; 2\,000; 5\,000; 7\,500\}$ (—▼—) zur Erkennung eingetragen. In Tabelle 6.1 sind die Ergebnisse dieses Experiments zusammengefasst und werden mit der Buchstaben-ACC, ermittelt auf dem Test-Datensatz $\mathcal{S}_{\text{test}}$, der Referenzsysteme verglichen.

Der Grund für die nur moderate Verbesserung der Leistungsfähigkeit der Erkennungssysteme, die die verbesserte Normalisierung verwenden, erklärt sich mit den fehlerhaften Extrempunkt-Schriftlinien-Zuordnungen: Die Zuordnung eines Extrempunkts zu einer falschen Linie führt zu einer fehlerhaften Verzerrung des Schriftzugs gemäß dem fehlerhaften Schriftlinienverlauf. Dies ist in Abbildung 6.9 am Beispiel des Worts „`Gaitskell`" dargestellt: Durch die fehlerhafte Zuordnung der Linien zu den Extrempunkten (siehe Abbildung 6.9 links) werden sowohl die Basis als auch die Unterlängenlinie falsch geschätzt, und der gesamte Schriftzug wird somit deformiert (siehe Abbildung 6.9 rechts). Da die Merkmalsextraktion nach der Entzerrung stattfindet, sind von der fehlerhaften Entzerrung sämtliche Merkmale betroffen. Aufgrund der unnatürlichen Verzerrung der Schriftzüge werden die Wertebereiche der Merkmale trotz der Normierung auf den Mittelwert $\mu_d = 0$ und die Varianz Var_d vergrößert. Diese vergrößerte Dynamik kann von den VQ nur unzureichend verarbeitet werden und ist der Verbesserung durch die neue Normalisierung gegenläufig. Die in Abbildung 6.12 auf Seite 129 dargestellte und auf dem Validierungs-Datensatz $\mathcal{S}_{\text{val}}$ ermittelte Buchstaben-ACC bestätigt diese Behauptung. Während der Übergang von $N_{\text{cdb}} = 5\,000$ auf $N_{\text{cdb}} = 7\,500$ im Referenzsystem zu einem Rückgang der Buchstaben-ACC um $\Delta r = -0{,}3\,\%$ führt (siehe Abbildung 3.12), kommt es bei Verwendung der neuen Normalisierung zu keiner Verringerung der Buchstaben-ACC: Der Sparse-Data-Effekt, der zuvor zu einem Rückgang der Buchstaben-ACC geführt hat, wird hier durch die bessere Abbildung des vergrö-

System	kontinuierliche HMM	diskrete HMM, $N_{cdb} =$ 10	100	500
$a_{t,nz}$	68,0 %	48,7 %	61,9 %	65,5 %
Δr (Exp. 3.5)	1,8 % (0,99⁺)	3,5 % (0,99⁺)	1,0 % (0,96)	0,6 % (0,89)
System	1 000	diskrete HMM, $N_{cdb} =$ 2 000	5 000	7 500
$a_{t,nz}$	66,0 %	67,2 %	68,4 %	68,2 %
Δr (Exp. 3.5)	-0,6 % (0,90)	-0,3 % (0,73)	0,4 % (0,83)	0,0 % (0,50)

Tabelle 6.1: Ergebnisse des Experiments 6.1 nach Anwendung der Normalisierung aus Abschnitt 6.3.1. Die Erkennung erfolgt mithilfe von kontinuierlichen und diskreten HMM mit unterschiedlichen Codebuchgrößen ($N_{cdb} \in \{10; 100; 500; 1\,000; 2\,000; 5\,000; 7\,500\}$). Dargestellt ist die Buchstaben-ACC, ermittelt auf dem Test-Datensatz $\mathcal{S}_{test}$. Zusätzlich ist die relative Veränderung Δr, bezogen auf das in Experiment 3.5 evaluierte System, sowie das Signifikanzniveau $(\cdot)$ angegeben, wobei $(0,99^{+})$ ein Signifikanzniveau von $p_r > 0,99$ anzeigt.

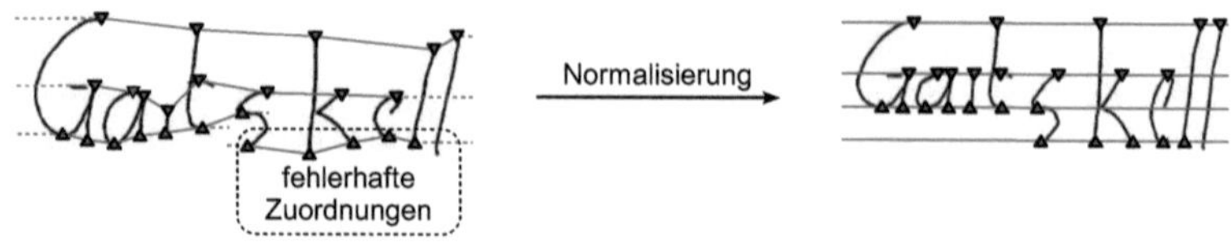

Abbildung 6.9: Beispiel einer fehlerhaften Zuordnung der Schriftlinien zu den Abtastpunkten (links) und anschließender fehlerhaften Normalisierung (rechts). Aufgrund der fälschlichen Zuordnung einiger Extrempunkte zu der Unterlängenlinie werden die Abtastpunkte verschoben und die Buchstaben in diesem Bereich unnatürlich verzerrt.

ßerten Wertebereichs kompensiert. Dies betrifft v. a. die Offline-Merkmale (f_{14-24}), aber auch die die Nachbarschaft beschreibenden Online-Merkmale (f_{9-13}). Die restlichen Merkmale (f_{1-8}) sind aufgrund ihrer lokalen Beschränktheit weniger stark von der fehlerhaften Normalisierung betroffen.

6.3.2 Schriftlinienzuordnung als Merkmal

Wie die in Tabelle 6.1 aufgelisteten Ergebnisse des Experiments 6.1 zeigen, führt eine Normalisierung des Schriftzugs durch die Begradigung der Schriftlinien zu einer teilweisen statistisch hochsignifikanten Verbesserung der Buchstaben-ACC. Jedoch ist das in Abbildung 6.8 unten dargestellte System anfällig für fehlerhaft geschätzte Schriftlinienverläufe [Sch08c]: Da die Normalisierung vor der Merkmalsextraktion erfolgt, sind alle Merkmale von einer falschen Normalisierung betroffen (siehe Abbildung 6.9). Dagegen wird die Schriftlinieninformation in [Sch08b] als zusätzliches Merkmal übernommen. Die Begründung für dieses Vorgehen verdeutlicht Abbildung 6.10. Die Unterscheidung von einzelnen Buchstaben erweist sich auch für einen menschlichen Beobachter als schwierig. Dies ist insbesondere dann der Fall, wenn sich die Buchstaben nur durch ihre Größe,

Abbildung 6.10: Mögliche paarweise Verwechslungen von Buchstaben, die sich in ihrer Größe, nicht aber in ihrer Form unterscheiden (ohne Schriftlinieninformation: links). Durch die Schriftlinien lassen sich die relative Lage und Größe der Buchstaben beschreiben (rechts). Sind die Schriftlinien und damit die Lage sowie die Größe der Buchstaben bekannt, so lassen sich die Buchstaben voneinander unterscheiden.

nicht aber durch ihre Form unterscheiden. Anders verhält es sich, wenn die Information über die Schriftlinienposition – in Abbildung 6.10 rechts ist die Lage der Schriftlinien eingetragen – zur Verfügung steht. Durch die explizite Angabe der Größeninformation und der Lage des jeweiligen Buchstabens in der Textzeile gelingt eine eindeutige Zuordnung der Buchstaben. Im Ansatz aus [Sch08b] wird deswegen die Linienzugehörigkeit der Abtastpunkte der Stifttrajektorie während der Erkennung in Form eines weiteren Merkmals zur Verfügung gestellt – eine fehlerhafte Zuordnung der Schriftlinien zu den Abtastpunkten wirkt sich jedoch nur auf dieses eine Merkmal aus. Das zusätzliche, die Linienzugehörigkeit beschreibende Merkmal f_{25} lässt sich für jeden Abtastpunkt $\mathbf{s}_{\mathrm{n},k}$ des Schriftzugs $\mathbf{S} = (\mathbf{s}_{\mathrm{n},1}, \ldots, \mathbf{s}_{\mathrm{n},K})$ angeben zu

$$f_{25,k}^{\mathrm{lm1}} = \begin{cases} 0 & \text{wenn } \mathbf{s}_{\mathrm{n},k} \text{ auf } \textit{keiner} \text{ Schriftlinie liegt} \\ 1 & \text{wenn } \mathbf{s}_{\mathrm{n},k} \text{ auf der Oberlängenlinie liegt} \\ 2 & \text{wenn } \mathbf{s}_{\mathrm{n},k} \text{ auf der Kernlinie liegt} \\ 3 & \text{wenn } \mathbf{s}_{\mathrm{n},k} \text{ auf der Basislinie liegt} \\ 4 & \text{wenn } \mathbf{s}_{\mathrm{n},k} \text{ auf der Unterlängenlinie liegt.} \end{cases} \tag{6.15}$$

Durch die Einschränkung, dass nur Extrempunkte auf den Schriftlinien in Betracht gezogen werden (siehe Abschnitt 6.2.4), und die anschließende, iterative Aussortierung der Extrempunkte (siehe Abschnitt 6.2.5) kann der Wert des Merkmals über die den einzelnen Schriftlinien l zugeordneten Extrempunkte $\mathbf{s}_{\mathrm{ext},j}$, $1 \leq j \leq N_{\mathrm{ext}}$ aus der zugehörigen Menge $\mathcal{L}_l$ und dem interpolierten Wert $\hat{y}_l(k)$ der jeweiligen Schriftlinie ermittelt werden. Man erhält so für das Merkmal f_{25}^{lm1} aus Gleichung 6.15

$$f_{25,k}^{\mathrm{lm1}} = \sum_{l}^{N_l} l \cdot \begin{cases} 1 & \text{wenn } \mathbf{s}_{\mathrm{n},k} \in \mathcal{L}_l \wedge \hat{y}_l(k) - f_{4,k} = 0 \\ 0 & \text{sonst} \end{cases} \tag{6.16}$$

mit $f_{4,k}$ die y-Position des Abtastpunkts $\mathbf{s}_{\mathrm{n},k}$ (siehe Abschnitt 3.3). Der Merkmalsvektor $\mathbf{f}_k$ wird anschließend um das die Linienzugehörigkeit beschreibende Merkmal nach den Gleichungen 6.15 und 6.16 erweitert, und man erhält so den $D = 25$-dimensionalen, erweiterten Merkmalsvektor $\mathbf{f}_k^{\mathrm{lm1}}$. Da sich im Unterschied zu der in Abschnitt 6.3.1 vorgestellten Normalisierung die Position der Abtastpunkte nicht ändert, ist keine weitere Neuabtastung nötig. Abbildung 6.11 oben fasst das um die Auswertung der Linieninformation nach Gleichung 6.16 erweiterte Erkennungssystem zusammen. In Experiment 6.2 wird das zusätzliche Merkmal nach Gleichung 6.16 evaluiert und mit den Referenzsystemen aus Kapitel 3 verglichen. Tabelle 6.2 fasst die Ergebnisse zusammen. Es zeigt sich, dass sich in beinahe allen Fällen eine statistisch hochsignifikante Verbesserung erzielen lässt. Lediglich für kleine Codebuchgrößen lässt sich keine Verbesserung beobachten. Wie anhand der Verläufe der Buchstaben-ACC $a_{\mathrm{v,lm1}}$, ermittelt auf dem Validierungs-Datensatz

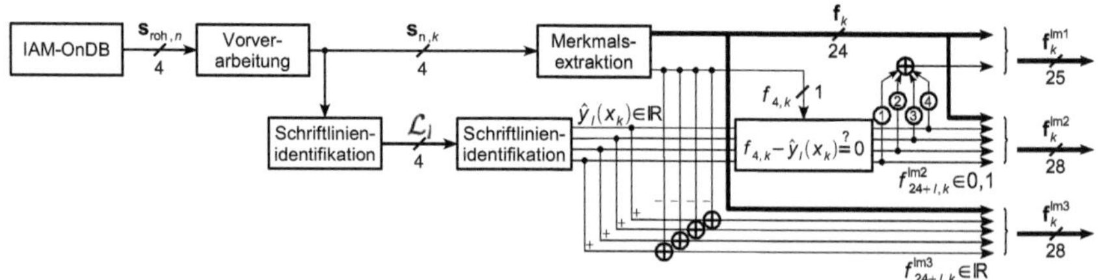

Abbildung 6.11: Verwendung der Linienzugehörigkeit als einzelnes Merkmal ($\mathbf{f}_k^{\mathrm{lm1}}$: oben), als ein Merkmal je Schriftlinie ($\mathbf{f}_k^{\mathrm{lm2}}$: Mitte) und als Merkmal zur Beschreibung der Abstände zu jeder Schriftlinie ($\mathbf{f}_k^{\mathrm{lm3}}$: unten). Durch die Einbeziehung der Schriftlinieninformation wird die Position und Größe der Buchstaben festgelegt, und die paarweisen Buchstabenverwechslungen aus Abbildung 6.10 werden reduziert. Aus Gründen der Übersichtlichkeit ist die Erkennereinheit, die auf kontinuierlichen und diskreten HMM basiert, nicht dargestellt.

$\mathcal{S}_{\mathrm{val}}$, in Abbildung 6.12 auf Seite 129 zu sehen ist, stellt sich für die Codebuchgrößen $N_{\mathrm{cdb}} \in \{10; 100\}$ eine relative Reduktion um $\Delta r = -17,6\,\%$ ($p_r > 0,99$) auf $a_{\mathrm{v,lm1}} = 35,1\,\%$ bzw. um $\Delta r = -0,4\,\%$ ($p_r = 0,72$) auf $a_{\mathrm{v,lm1}} = 55,4\,\%$ ein, verglichen mit dem diskreten Referenzsystem. Quantisierer mit kleinen Codebüchern vermögen die erhöhte Anzahl von Merkmalen nicht adäquat zu modellieren. Bei Verwendung von kontinuierlichen HMM lässt sich eine statistisch hochsignifikante Erhöhung der Buchstaben-ACC um $\Delta r = 3,3\,\%$ ($p_r > 0,99$) auf $a_{\mathrm{v,lm1}} = 65,5\,\%$ beobachten und $\Delta r = 3,6\,\%$ ($p_r > 0,99$) auf $a_{\mathrm{v,lm1}} = 69,3\,\%$, verglichen mit dem kontinuierlichen Referenzsystem für das auf kontinuierlichen HMM basierenden Erkennungssystem. Für das auf diskreten HMM basierende Erkennungssystem führt der erweiterte Merkmalsvektor zu einer Steigerung der Buchstaben-ACC um $\Delta r = 4,4\,\%$ ($p_r > 0,99$) auf $a_{\mathrm{v,lm1}} = 65,5\,\%$ und um ebenfalls $\Delta r = 4,4\,\%$ ($p_r > 0,99$) auf den höchsten Wert von $a_{\mathrm{t,lm1}} = 71,2\,\%$ bei Verwendung von $N_{\mathrm{cdb}} = 5\,000$ Codebucheinträgen.

Experiment 6.2: *Schriftlinienzuordnung als Merkmal*

In diesem Experiment wird das Erkennungssystem nach Abbildung 6.8 unten evaluiert. Verwendet wird sowohl ein auf kontinuierlichen als auch ein auf diskreten HMM basierender Erkenner; die Erkennungssysteme entsprechen bis auf das zusätzliche, die Linienzugehörigkeit jedes Abtastpunkts beschreibende Merkmal den Referenzsystemen aus Kapitel 3. Die Buchstaben-ACC, ermittelt auf dem Validierungs-Datensatz $\mathcal{S}_{\mathrm{val}}$, ist in Abbildung 6.12 auf Seite 129 bei Verwendung von kontinuierlichen HMM (—△—) und diskreten HMM für Codebuchgrößen von $N_{\mathrm{cdb}} \in \{10; 100; 500; 1\,000; 2\,000; 5\,000; 7\,500\}$ zur Erkennung eingetragen (—▲—). In Tabelle 6.2 sind die Ergebnisse dieses Experiments zusammengefasst und werden mit der Buchstaben-ACC, ermittelt auf dem Test-Datensatz $\mathcal{S}_{\mathrm{test}}$, der Referenzsysteme verglichen.

Die Verbesserung bei Erweiterung des Merkmalsvektors um die explizite Linienzugehörigkeit des jeweiligen Abtastpunkts lässt sich mit der Reduktion der eingangs erwähnten paarweisen Buchstabenverwechslungen erklären. Dies ist stellvertretend für die restlichen Experimente in Tabelle 6.3 bei Verwendung von kontinuierlichen HMM zur Erkennung gezeigt. Dargestellt ist die absolute Anzahl der Buchstabenverwechslungen bestimmter Paare von Buchstaben („e“ und „l“, „s“ und „S“ sowie „a“ und „d“), ausgewertet für das kontinuierliche Referenzsystem und das System aus Abbildung 6.11 oben auf dem Validierungs-Datensatz $\mathcal{S}_{\mathrm{val}}$. Ein Vergleich der Anzahl

System	kontinuierliche HMM	diskrete HMM, $N_{\text{cdb}} =$ 10	100	500
$a_{\text{t,lm1}}$	69,3 %	39,5 %	61,5 %	66,8 %
Δr (Exp. 3.5)	3,6 % (0,99)⁺	-19,0 % (0,99)⁺	0,3 % (0,73)	2,5 % (0,99)⁺
System	**diskrete HMM, $N_{\text{cdb}} =$ 1 000**	**2 000**	**5 000**	**7 500**
$a_{\text{t,lm1}}$	68,7 %	70,1 %	71,2 %	71,1 %
Δr (Exp. 3.5)	3,3 % (0,99)⁺	3,9 % (0,99)⁺	4,4 % (0,99)⁺	4,1 % (0,99)⁺

Tabelle 6.2: Ergebnisse des Experiments 6.2 bei Verwendung der Linienzugehörigkeit jedes Abtastpunkts als zusätzliches Merkmal (siehe Abbildung 6.11 oben) bei der Erkennung mithilfe von kontinuierlichen und diskreten HMM mit unterschiedlichen Codebuchgrößen ($N_{\text{cdb}} \in \{10; 100; 500; 1\,000; 2\,000; 5\,000; 7\,500\}$). Dargestellt ist die Buchstaben-ACC, ermittelt auf dem Test-Datensatz $\mathcal{S}_{\text{test}}$. Zusätzlich ist die relative Veränderung Δr, bezogen auf das in Experiment 3.5 evaluierte System, sowie das Signifikanzniveau $(\cdot)$ angegeben, wobei $(0,99^{+})$ ein Signifikanzniveau von $p_r > 0,99$ anzeigt.

System		e ↔ l	s ↔ S	a ↔ d
ohne	Linienzugehörigkeit	388	392	156
mit	Linienzugehörigkeit	139	193	90

Tabelle 6.3: Absolute Anzahl der in Experiment 3.5 (oben) und in Experiment 6.2 (unten) auftretenden paarweisen Buchstabenverwechslungen, ermittelt auf dem Validierungs-Datensatz $\mathcal{S}_{\text{val}}$.

der im Referenzsystem und im neuen System auftretenden Buchstabenverwechslungen zeigt, dass sich die Anzahl der paarweisen Buchstabenverwechslungen halbieren lässt. Diese Reduktion der Buchstabenverwechslungen, die sich auch für andere Paare von Buchstaben beobachten lässt, zeigt sich vorrangig für die Verbesserung der Buchstaben-ACC, unabhängig vom verwendeten Datensatz, verantwortlich. Wie das Experiment 6.2 gezeigt hat, lässt sich mithilfe der direkten Modellierung der Linienzugehörigkeit jedes Abtastpunkts nach [Sch08b] eine deutliche Erhöhung der Buchstaben-ACC um bis zu $\Delta r = 4,4\%$ auf $a_{\text{t,lm1}} = 71,2\%$ bei Verwendung von diskreten HMM zur Erkennung und $N_{\text{cdb}} = 5\,000$ Codebucheinträgen erreichen.

Die Definition des die Linienzugehörigkeit jedes Abtastpunkts beschreibenden Merkmals aus den Gleichungen 6.15 und 6.16 lässt einen Spielraum für Erweiterungen zu: Zum einen wird die Forderung aus Abschnitt 6.2.1 nach Zuordnung jedes Abtastpunkts zu entweder genau einer oder *keiner* Schriftlinie nur indirekt durch den dem Merkmal zugewiesenen Wert erfüllt, zum anderen erhalten alle Abtastpunkte, die nicht als gültige Extrempunkte betrachtet werden, den Merkmalswert $f_{25}^{\text{lm1}} = 0$, unabhängig davon, welche Lage der jeweilige Abtastpunkt innerhalb der Textzeile besitzt.

Dieses Verbesserungspotenzial wird im Folgenden auf zwei Weisen genutzt. Zunächst wird die Schriftlinienzugehörigkeit jedes Abtastpunkts in je einem Merkmal pro Schriftlinie modelliert. Dadurch kann die Forderung nach Zuordnung von nur je einer Linie oder keiner Linie nach

Abschnitt 6.2.1 erfüllt werden, indem stets nur eines der vier neuen Merkmale einen Wert verschieden von ‚null' besitzt. Im zweiten Ansatz wird der Abstand des jeweiligen Abtastpunkts zu den Schriftlinien in einem eigenen Merkmal dem Erkenner bzw. dem VQ zur Verfügung gestellt, unabhängig davon, ob der aktuelle Abtastpunkt ein gültiger Extrempunkt ist.

Separates Merkmal je Schriftlinie

In [Sch08b] und Gleichung 6.16 wird die Linienzugehörigkeit mit nur einem Merkmal beschrieben. Eine Erweiterung dieses Ansatzes ist, für jede mögliche Abtastpunkt-Schriftlinien-Zuordnung ein eigenes Merkmal zu definieren. Die Linienzugehörigkeit des aktuellen Abtastpunkts $\mathbf{s}_{\mathrm{n},k}$ wird damit in dem, der jeweiligen Linie zugeordneten Merkmal $f_{24+l,k}$, $1 \leq l \leq N_{\mathrm{l}}$ als binärer Wert gemäß

$$f^{\mathrm{lm2}}_{24+l,k} = \begin{cases} 1 & \text{wenn } \mathbf{s}_{\mathrm{n},k} \in \mathcal{L}_l \wedge \hat{y}_l(k) - f_{4,k} = 0 \\ 0 & \text{sonst} \end{cases}, 1 \leq l \leq N_{\mathrm{l}} \tag{6.17}$$

angegeben. Dies führt zu einer höheren Gewichtung der Linienzugehörigkeit innerhalb des Merkmalsvektors. Außerdem kann die Forderung aus Abschnitt 6.2.1, dass jeder Abtastpunkt entweder genau einer oder *keiner* Schriftlinie zugeordnet wird, direkt durch die Merkmale ausgedrückt werden: Durch die Definition nach Gleichung 6.17 ist stets nur eines dieser Merkmale verschieden von ‚null'. Die neuen Merkmale $f^{\mathrm{lm2}}_{24+l,k}$, $1 \leq l \leq N_{\mathrm{l}}$ werden anschließend zum $D = 28$ dimensionalen Merkmalsvektor $\mathbf{f}^{\mathrm{lm2}}_k$ zusammengefasst. Das erweiterte Erkennungssystem zeigt Abbildung 6.11 Mitte und wird in Experiment 6.3 evaluiert. Die Ergebnisse sind in Tabelle 6.4 zusammengefasst. Wie die Ergebnisse zeigen, bewirkt der erweiterte Merkmalsvektor $\mathbf{f}^{\mathrm{lm2}}_k$ nur in Verbindung mit dem auf diskreten HMM basierenden Erkennungssystem eine mitunter statistisch hochsignifikante Verbesserung der Buchstaben-ACC.

Experiment 6.3: *Linienzuordnung als ein Merkmal je Schriftlinie*

In diesem Experiment wird das Erkennungssystem nach Abbildung 6.8 Mitte evaluiert, welches die Zugehörigkeit der Abtastpunkte zu den nach Abschnitt 6.2 innerhalb einer Textzeile gefundenen Schriftlinien als Merkmal verwendet. Zur Erkennung werden die um die zusätzlichen Merkmale erweiterten Referenzsysteme aus Kapitel 3 verwendet. Die Buchstaben-ACC, ermittelt auf dem Validierungs-Datensatz $\mathcal{S}_{\mathrm{val}}$, ist in Abbildung 6.12 auf Seite 129 bei Verwendung von kontinuierlichen HMM (—o—) und diskreten HMM für Codebuchgrößen von $N_{\mathrm{cdb}} \in \{10; 100; 500; 1\,000; 2\,000; 5\,000; 7\,500\}$ (—•—) zur Erkennung eingetragen. Tabelle 6.4 zeigt die Ergebnisse dieses Experiments, verglichen mit der Buchstaben-ACC, ermittelt auf dem Test-Datensatz $\mathcal{S}_{\mathrm{test}}$, der Referenzsysteme und mit den Ergebnissen aus Experiment 6.2.

Die Modellierung der Abtastpunkt-Schriftlinien-Zuordnung in je einem separaten Merkmal pro Schriftlinie führt im Falle des kontinuierlichen Erkennungssystems zu einer relativen, statistisch nicht signifikanten Verschlechterung der Buchstaben-ACC um $\Delta r = -0.3\,\%$ ($p_r = 0,62$, siehe Abbildung 6.12) auf $a_{\mathrm{v,lm2}} = 61,1\,\%$, ermittelt auf dem Validierungs-Datensatz $\mathcal{S}_{\mathrm{val}}$, bzw. zu einer ebenfalls statistisch nicht signifikanten Verbesserung um $\Delta r = 0.1\,\%$ ($p_r = 0,62$, siehe Tabelle 6.4) auf $a_{\mathrm{t,lm2}} = 66,9\,\%$, ermittelt auf dem Test-Datensatz $\mathcal{S}_{\mathrm{test}}$, bezogen auf das Referenzsystem. Dies legt den Schluss nahe, dass die vier binären Merkmale nicht kontinuierlich modelliert werden können. Bei Verwendung des auf diskreten HMM basierenden Erkennungssystems kann im besten Fall mit der für jede Schriftlinie individuellen Zuordnungsbeschreibung durch ein eigenes Merkmal eine maximale Buchstaben-ACC von $a_{\mathrm{v,lm2}} = 65,5\,\%$ (eine relative, statistisch hochsignifikante

System	kontinuierliche HMM	diskrete HMM, $N_{cdb} =$ 10	100	500
$a_{t,lm2}$	66,9 %	42,2 %	61,1 %	67,0 %
Δr_2 (Exp. 3.5)	0,1 % (0,62)	-11,4 % (0,99)+	-0,3 % (0,73)	2,8 % (0,99)+
Δr_2 (Exp. 6.2)	-3,6 % (0,99)+	6,4 % (0,99)+	-0,7 % (0,89)	0,3 % (0,73)
System	**diskrete HMM, $N_{cdb} =$ 1 000**	**2 000**	**5 000**	**7 500**
$a_{t,lm2}$	68,8 %	70,2 %	71,3 %	71,3 %
Δr_1 (Exp. 3.5)	3,5 % (0,99)+	4,0 % (0,99)+	4,5 % (0,99)+	4,3 % (0,99)+
Δr_2 (Exp. 6.2)	0,1 % (0,62)	0,1 % (0,63)	0,1 % (0,63)	0,3 % (0,74)

Tabelle 6.4: Ergebnisse des Experiments 6.3 bei Verwendung der Linienzugehörigkeit jedes Abtastpunkts je Schriftlinie als zusätzliche Merkmale (siehe Abbildung 6.11 Mitte) bei der Erkennung mithilfe von kontinuierlichen und diskreten HMM mit unterschiedlichen Codebuchgrößen ($N_{cdb} \in \{10; 100; 500; 1\,000; 2\,000; 5\,000; 7\,500\}$). Dargestellt ist die Buchstaben-ACC, ermittelt auf dem Test-Datensatz $\mathcal{S}_{test}$. Zusätzlich ist die relative Veränderung Δr_1, bezogen auf das in Experiment 3.5 evaluierte System, und Δr_2, bezogen auf das in Experiment 6.2 evaluierte System, sowie das jeweilige Signifikanzniveau $(\cdot)$ angegeben, wobei $(0,99^{+})$ ein Signifikanzniveau von $p_{x,r} > 0,99$ anzeigt.

Verbesserung um $\Delta r = 4,4\,\%$, bezogen auf das Referenzsystem) bzw. $a_{t,lm2} = 71,3\,\%$ (eine relative, statistisch hochsignifikante Verbesserung um $\Delta r_1 = 4,5\,\%$) für $N_{cdb} = 5\,000$ Codebucheinträge erreicht werden. Bemerkenswert ist, dass auf dem Test-Datensatz dieselbe Buchstaben-ACC auch bei einem mit $N_{cdb} = 7\,500$ Codebucheinträgen quantisierten Merkmalsvektor erhalten wird. Dies entspricht einer relativen, statistisch hochsignifikanten Verbesserung von $\Delta r_1 = 4,3\,\%$, bezogen auf das diskrete Referenzsystem, und kann mit der besseren Quantisierungseigenschaft aufgrund der erhöhten Anzahl von Codebucheinträgen erklärt werden. Der Sparse-Data-Effekt wird hier durch die bessere Aussagekraft durch die Verteilung der Linienzugehörigkeit auf vier Merkmale kompensiert.

Vergleicht man die Ergebnisse des diskreten Erkennungssystems aus Experiment 6.3 mit den Ergebnissen des Experiments 6.2, so stellt sich heraus, dass die beobachteten Veränderungen größtenteils statistisch nicht signifikant sind. Für $N_{cdb} = 100$ stellt sich eine Verringerung der Buchstaben-ACC, ermittelt auf dem Validierungs-Datensatz, um $\Delta r = 0,7\,\%$ ($p_r = 0.88$) auf $a_{v,lm2} = 55,2\,\%$ bzw. um $\Delta r_2 = 0,7\,\%$ ($p_r = 0.89$) auf $a_{t,lm2} = 61,1\,\%$, ermittelt auf dem Test-Datensatz, ein. Diese Verringerung lässt sich mit der höheren Dimensionalität des Merkmalsvektors erklären, für dessen Quantisierung größere Codebücher benötigt werden.

Merkmale zur Beschreibung der Abstände zu den Schriftlinien

In den bisherigen Ansätzen, die Abtastpunkt-Schriftlinien-Zuordnungen als Merkmal zu verwenden, wurden nur jene Abtastpunkte betrachtet, die gleichzeitig auf den Schriftlinien liegende Extrempunkte der Stifttrajektorie sind. Im hier beschriebenen Ansatz werden die vertikalen Abstände des Abtastpunkts $\mathbf{s}_{n,k}$ zu den N_l Schriftlinien jeweils als Merkmale $f^{lm3}_{24+l,k}$, $1 \leq l \leq N_l$

System	kontinuierliche HMM	diskrete HMM, $N_{cdb}=$ 10	100	500
$a_{t,lm3}$	69,7 %	37,8 %	59,7 %	65,7 %
Δr_1 (Exp. 3.5)	4,2 % (0,99)⁺	-24,3 % (0,99)⁺	-2,7 % (0,99)⁺	0,9 % (0,97)
Δr_2 (Exp. 6.2)	0,6 % (0,90)	-4,5 % (0,99)⁺	-3,0 % (0,99)⁺	-1,7 % (0,99)⁺
System	diskrete HMM, $N_{cdb}=$ 1 000	2 000	5 000	7 500
$a_{t,lm3}$	67,9 %	69,2 %	70,5 %	70,0 %
Δr_1 (Exp. 3.5)	2,2 % (0,99)⁺	2,6 % (0,99)⁺	3,4 % (0,99)⁺	2,6 % (0,99)⁺
Δr_2 (Exp. 6.2)	-1,2 % (0,99)	-1,3 % (0,99)⁺	-1,0 % (0,99)	-1,6 % (0,99)⁺

Tabelle 6.5: Ergebnisse des Experiments 6.4 bei Verwendung des Abstands der Abtastpunkte zu jeder Schriftlinie als zusätzliche Merkmale (siehe Abbildung 6.11 unten) bei der Erkennung mithilfe von kontinuierlichen und diskreten HMM mit unterschiedlichen Codebuchgrößen ($N_{cdb} \in \{10;100;500;1\,000;2\,000;5\,000;7\,500\}$). Dargestellt ist die Buchstaben-ACC, ermittelt auf dem Test-Datensatz $\mathcal{S}_{test}$. Zusätzlich ist die relative Veränderung Δr_1, bezogen auf das in Experiment 3.5 evaluierte System, und Δr_2, bezogen auf das in Experiment 6.2 evaluierte System, sowie das jeweilige Signifikanzniveau $(\cdot)$ angegeben, wobei $(0,99^{+})$ ein Signifikanzniveau von $p_{x,r} > 0,99$ anzeigt.

übernommen, d. h.

$$f^{\mathrm{lm3}}_{24+l,k} = \hat{y}_l - f_{4,k}, 1 \leq l \leq N_l. \tag{6.18}$$

Die Merkmale $f^{\mathrm{lm3}}_{24+l,k}$ werden zusammen mit den Merkmalen $\mathbf{f}_k$ zum erweiterten Merkmal $\mathbf{f}^{\mathrm{lm3}}_k$ zusammengefasst, wie in Abbildung 6.11 unten dargestellt ist. Das Experiment 6.4 evaluiert den Merkmalsvektor $\mathbf{f}^{\mathrm{lm3}}_k$, die Ergebnisse sind in Tabelle 6.5 zusammengefasst. Wie die Ergebnisse zeigen, führt die Erweiterung des Merkmalsvektors um den horizontalen Abstand der Abtastpunkte zu jeder der vier Schriftlinien zu einer teilweise statistisch hochsignifikanten Verbesserung der Buchstaben-ACC. Die für das kontinuierliche System auftretende relative, statistisch hochsignifikante Verbesserung der Buchstaben-ACC um $\Delta r = 3,8\,\%$ ($p_r > 0,99$) auf $a_{v,lm3} = 63,6\,\%$, ermittelt auf dem Validierungs-Datensatz $\mathcal{S}_{val}$, bzw. um $\Delta r_1 = 4,2\,\%$ ($p_r > 0,99$) auf $a_{t,lm3} = 69,7\,\%$ ermittelt auf dem Test-Datensatz $\mathcal{S}_{test}$, entspricht dabei der höchsten Buchstaben-ACC des kontinuierlichen Erkennungssystems.

Experiment 6.4: *Horizontaler Abstand zwischen Schriftlinie und Abtastpunkt als Merkmal*

In diesem Experiment wird das Erkennungssystem nach Abbildung 6.8 unten, in dem die Abstände der Abtastpunkte zu jeder der vier Schriftlinien als separates Merkmal verwendet werden, sowohl mit einem auf kontinuierlichen als auch mit einem auf diskreten HMM basierenden Erkenner evaluiert. Die Buchstaben-ACC, ermittelt auf dem Validierungs-Datensatz $\mathcal{S}_{val}$, ist in Abbildung 6.12 auf Seite 129 bei Verwendung von kontinuierlichen HMM (—◇—) und diskreten HMM für Codebuchgrößen von $N_{cdb} \in \{10;100;500;1\,000;2\,000;5\,000;7\,500\}$ (—◆—) zur Erkennung eingetragen. In Tabelle 6.5 sind die Ergebnisse dieses Experiments zusammengefasst und werden mit der Buchstaben-ACC, ermittelt auf dem Test-Datensatz $\mathcal{S}_{test}$ der Referenzsysteme, und den Ergebnissen des Experiments 6.2 verglichen.

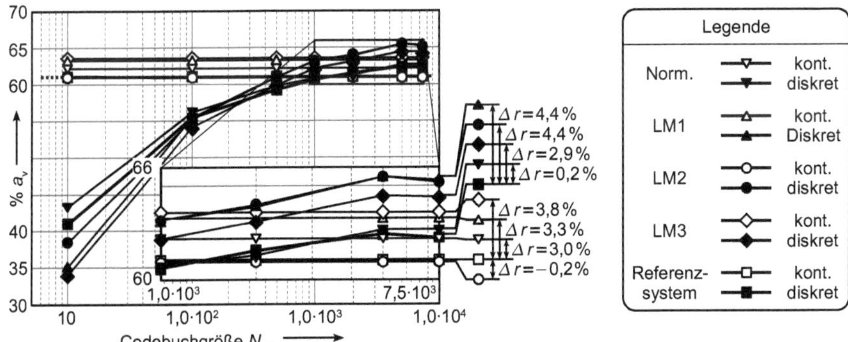

Abbildung 6.12: Graphische Zusammenfassung der Ergebnisse der in diesem Kapitel durchgeführten Experimente (6.1 – 6.4) zusammen mit den Ergebnissen des Referenzsystems (siehe Experiment 3.5) für verschiedene Codebuchgrößen ($N_{\text{cdb}} \in \{10; 100; 500; 1\,000; 2\,000; 5\,000; 7\,500\}$). Dargestellt ist die Buchstaben-ACC, ermittelt auf dem Validierungs-Datensatz $\mathcal{S}_{\text{val}}$, in Abhängigkeit der verwendeten Codebuchgröße im Falle einer Erkennung mithilfe von kontinuierlichen und diskreten HMM.

Die Ergebnisse des Experiments 6.4 sind in gewissem Sinne dual zu den Ergebnissen des Experiments 6.3: Während sich zwar für das kontinuierliche System eine, wenn auch statistisch nicht signifikante, doch aber deutliche, relative Erhöhung der Buchstaben-ACC um $\Delta r = 0,5\,\%$ ($p_r = 0,82$) bzw. $\Delta r_2 = 0,6\,\%$ ($p_r = 0,90$) einstellt, führt die zusätzliche Erweiterung des Merkmalsvektors zu einer statistisch signifikanten Verschlechterung des diskreten Erkennungssystems, unabhängig von der verwendeten Codebuchgröße, jeweils bezogen auf die Ergebnisse des Experiments 6.2. Während sich die zusätzlichen kontinuierlichen Merkmale zur Modellierung mit kontinuierlichen HMM eignen, führt ihr großer Wertebereich bei diskreter Modellierung zu einer verminderten Buchstaben-ACC aufgrund der für die Erkennung mit diskreten HMM benötigten Vektorquantisierung.

6.4 Zusammenfassung des Kapitels

In diesem Kapitel wurden zunächst die innerhalb einer Textzeile liegenden Schriftlinien beschrieben und einige gängige Methoden, die Schriftlinien in einer Textzeile zu identifizieren, vorgestellt. Jedoch sind diese Verfahren nicht für Whiteboard-Notizen geeignet, da sie die Variationen der Schriftlinien nur unzureichend nachbilden können. Deswegen wurde, sich auf die Definition der Schriftlinien aus [Ben94] stützend, in diesem Kapitel ein angepasstes Verfahren zur Identifikation von Schriftlinien, die einen beliebigen Verlauf aufweisen dürfen, vorgestellt [Sch08b]. Der Viterbi-Algorithmus liefert diejenige Abtastpunkt-Schriftlinien-Zuordnung, die zu möglichst horizontal verlaufenden Schriftlinien führt. Die Forderung nach möglichst horizontal verlaufenden Schriftlinien ist sinnvoll, da durch die in Abschnitt 3.2 vorgestellte Vorverarbeitung die Schriftzüge horizontal ausgerichtet sind.

In Abschnitt 6.3 wurden zwei prinzipielle Möglichkeiten vorgestellt, wie der Verlauf der zuvor identifizierten Schriftlinien zur Verbesserung der Referenzsysteme verwendet werden kann.

System	Norm.		lm1		lm2		lm3	
	kont.	disk.	kont.	disk.	kont.	disk.	kont.	disk.
a_t	68,0 %	68,4 %	69,3 %	71,2 %	66,9 %	71,3 %	69,7 %	70,5 %
Δr (Tab. 3.9)	$1{,}8\,\%^+$	0,4 %	$3{,}6\,\%^+$	$4{,}4\,\%^+$	0,1 %	$4{,}5\,\%^+$	$4{,}2\,\%^+$	$3{,}4\,\%^+$

Tabelle 6.6: Zusammenfassung der Ergebnisse als Buchstaben-ACC, ermittelt auf dem Test-Datensatz $\mathcal{S}_{\text{test}}$, der in diesem Kapitel durchgeführten Experimente 6.1 (Norm.), 6.2 (LM1), 6.3 (LM2) und 6.4 (LM3) unter Verwendung von kontinuierlichen und diskreten HMM zur Erkennung sowie die relative Veränderung Δr, bezogen auf das jeweilige Referenzsystem. Durch $(\cdot)^+$ wird eine statistisch (hoch-)signifikante Änderung angezeigt.

Das erste Verfahren verwendet die Schriftlinien, um die Stifttrajektorie zu normalisieren: Es wird gefordert, dass die Schriftlinien nach der Normalisierung horizontal und parallel in einem konstanten Abstand zueinander verlaufen. Dabei wird die Stifttrajektorie geeignet verzerrt, um den gewünschten Verlauf der Schriftlinien zu erreichen. In einem zweiten Ansatz werden die Abtastpunkt-Schriftlinien-Zuordnungen als Merkmal übernommen, der Verlauf der Stifttrajektorie jedoch nicht verändert. In dieser Arbeit wurden drei Möglichkeiten unterschieden, die Merkmale zu bilden:

1. Codierung der Schriftlinienzugehörigkeit in einem Merkmal ($\mathbf{f}_k^{\text{lm1}}$)
2. Codierung der Schriftlinienzugehörigkeit in je einem eigenen Merkmal je Schriftlinie ($\mathbf{f}_k^{\text{lm2}}$)
3. Verwendung des Abstands jedes Abtastpunkts zu den Schriftlinien als je ein Merkmal ($\mathbf{f}_k^{\text{lm3}}$)

Die so entwickelten Systeme wurden in den Experimenten 6.1 bis 6.4 auf ihre Leistungsfähigkeit hin überprüft. Die Ergebnisse, ermittelt auf dem Validierungs-Datensatz $\mathcal{S}_{\text{val}}$, zeigt Abbildung 6.12 als Buchstaben-ACC. In Tabelle 6.6 ist die Buchstaben-ACC, ermittelt auf dem Test-Datensatzes $\mathcal{S}_{\text{test}}$, der einzelnen in diesem Kapitel behandelten Erkennungssysteme und die relative Veränderung der Erkennungsleistung bezüglich des Referenzsystems zusammengefasst. Um eine implizite Anpassung an den Test-Datensatz zu vermeiden, sind gemäß Abschnitt 2.3 die Werte aus Tabelle 6.6 für diejenigen Parametrisierungen angegeben, die auf dem Validierungs-Datensatz die höchste Buchstaben-ACC erzielten.

Es stellte sich heraus, dass sich mit der verbesserten Normalisierung zwar eine statistisch hochsignifikante Verbesserung der Buchstaben-ACC erreichen lässt, jedoch die explizite Verwendung der Linienzugehörigkeit als eigenständiges Merkmal zu noch leistungsfähigeren Systemen führt. Eine Begründung liegt in der begrenzten Auswirkung von falschen Zuordnungen: Während bei der verbesserten Normalisierung sämtliche Merkmale von der fehlerhaften Zuordnung betroffen sind, wirkt sie sich im Falle der Beschreibung durch eigenständige Merkmale nur auf diese aus. Die die Linienzugehörigkeit beschreibenden Merkmale besitzen, auch verglichen mit den restlichen Merkmalen, eine hohe Signifikanz (siehe Kapitel 4). Dies lässt sich wie folgt erklären: Die neuen Merkmale werden nicht von der Stifttrajektorie direkt abgeleitet und sind somit weitestgehend unabhängig von den verbleibenden Merkmalen.

Ein Vergleich der kontinuierlichen und der diskreten Systeme zeigt, dass die diskreten Systeme zu einer höheren Erkennungsrate führen. In den jeweiligen günstigsten Fällen (siehe Tabelle 6.6) ergibt sich ein relativer, statistisch hochsignifikanter Unterschied von $\Delta r = 2{,}2\,\%$ ($p_r = 0{,}99$).

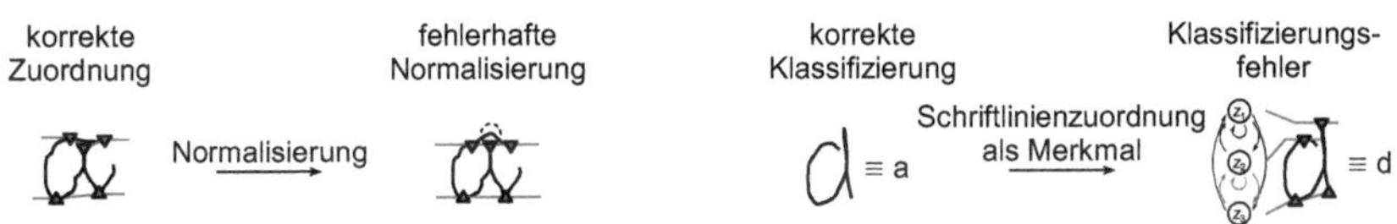

Abbildung 6.13: Unnatürliche Verzerrung der Stifttrajektorie bei Anwendung der Normalisierung nach Abschnitt 6.3.1 trotz korrekter Extrempunkt-Schriftlinien-Zuordnung (links) und zusätzliche paarweise Buchstabenverwechslung durch eine fehlerhafte Extrempunkt-Schriftlinien-Zuordnung (rechts).

Eine genauere Analyse der Ergebnisse zeigt auch hier, dass sich die höhere Erkennungsleistung des diskreten Systems mit der besseren Modellierung der Merkmale im VQ erklären lässt. So führt die Verwendung des kontinuierlichen Abstands jeder Linie zu den Extrempunkten als Merkmal ($\mathbf{f}^{\mathrm{lm3}}$) im kontinuierlichen Fall zu einer höheren relativen Verbesserung als bei Verwendung der diskreten Systeme.

Ein Problem der hier vorgestellten Normalisierung ist in Abbildung 6.13 links dargestellt: Obwohl die Abtastpunkt-Schriftlinien-Zuordnung für die in Abbildung 6.13 links gezeigten Extrempunkte richtig erfolgt, führt die in diesem Kapitel vorgestellte Normalisierung zu einer unnatürlichen Verzerrung. Ein Ansatz, diese unerwünschten Verfälschungen der Stifttrajektorie zu vermeiden, ist eine nur lokal wirkende Normalisierung. Die i. Allg. höhere Leistungsfähigkeit der Systeme, die die Linienzugehörigkeit als Merkmal verwenden, konnte durch die Reduktion der paarweisen Buchstabenverwechslungen begründet werden. In bestimmten Fällen führt dies jedoch trotz der Begrenzung auf nur ein Merkmal auch hier zu einer Erhöhung der Buchstabenverwechslung, was in Abbildung 6.13 rechts anhand einer fehlerhaften Extrempunkt-Schriftlinien-Zuordnung verdeutlicht ist. Durch eine weitere Reduktion der fehlerhaften Extrempunkt-Schriftlinien-Zuordnungen kann eine weitere Verbesserung durch eine zusätzliche Verringerung der paarweisen Buchstabenverwechslungen erreicht werden.

7 Zusammenfassung und Ausblick

Die vorliegende Arbeit befasste sich mit der automatischen Online-Erkennung von handschriftlichen Whiteboard-Notizen auf Buchstabenebene. Aus Notizen, die in Form von Textzeilen zur Verfügung stehen, wurden aussagekräftige Online- und Offline-Merkmale extrahiert und diese sowohl kontinuierlich als auch diskret modelliert. Ausgehend von einem kontinuierlichen und einem diskreten Referenzsystem, die im Rahmen dieser Arbeit entwickelt wurden, konnten drei Anpassungen umgesetzt werden, die zu einer Verbesserung der Erkennungsleistung führen.

7.1 Beiträge und Ergebnisse

Nach einer Einführung in die theoretischen Grundlagen (die gemeinsame Segmentierung und Erkennung handgeschriebener Buchstaben mithilfe der Hidden-Markov-Modelle (HMM), die Vektorquantisierung kontinuierlicher Daten durch die Vektorquantisierer (VQ) und die Durchführung der Experimente) wurden ein auf kontinuierlichen HMM basierendes Referenzsystem und ein auf diskreten HMM basierendes Referenzsystem entwickelt. Es wurde auf die gängigen Vorverarbeitungsschritte sowie im Detail auf die extrahierten und zum Teil angepassten Merkmale eingegangen. Ebenso wurden Maßnahmen und Einflüsse wie die Art der Normierung, der Einsatz einer Dekorrelation der Daten, die Implementierung und im diskreten Fall der verwendete VQ untersucht und bei der Wahl der Referenzsysteme berücksichtigt.

Anschließend erfolgte eine Selektion der in den Referenzsystemen verwendeten Merkmale. Für das kontinuierliche Erkennungssystem wurde die Selektion durch die Sequential Forward Selection (SFS) und die Sequential Forward Floating Selection (SFFS) durchgeführt. Es stellte sich heraus, dass die wesentlich rechenzeitintensivere SFFS zu denselben, annähernd um die Hälfte in ihrer Größe reduzierten Merkmalssätze wie die SFS führt. Im diskreten Fall wird die Signifikanz der Merkmale durch den Quantisierungsfehler beeinflusst. Deswegen wurde für die Merkmalsselektion im diskreten Erkennungssystem ein neuartiger VQ entwickelt, der eine gleichmäßige Verteilung des Quantisierungsfehlers auf die Merkmale sicherstellt. So ließen sich auch für die diskrete Erkennung mitunter im Umfang halbierte Merkmalssätze ermitteln, die gleichzeitig zu einer statistisch signifikanten Verbesserung der Erkennungsleistung führen.

Durch die Merkmalsselektion konnte in dieser Arbeit eine hohe Signifikanz des Druckmerkmals für die kontinuierliche Erkennung nachgewiesen werden. Es zeigte sich jedoch auch, dass das Druckmerkmal bei diskreter Modellierung an Signifikanz verliert. Diese Beobachtung wurde für unterschiedliche VQ und Implementierungen bestätigt. Im weiteren Verlauf der Arbeit wurden geeignete Verfahren vorgestellt, das Druckmerkmal verlustfrei für die Erkennung innerhalb eines diskreten Erkennungssystems zur Verfügung zu stellen. Eine statistisch signifikante Verbesserung der Erkennungsleistung lässt sich durch eine verlustfreie Modellierung der Druckinformation bei gleichzeitiger Berücksichtigung der statistischen Bindungen zwischen dem Druckmerkmal und den restlichen Merkmalen erzielen. Wie in dieser Arbeit durch eine Erweiterung der HMM mithilfe von Graphischen Modellen (GM) gezeigt wurde, kann die Erkennungsleistung durch eine kontextabhängige Druckmodellierung weiter verbessert werden.

Im letzten Teil dieser Arbeit wurde eine auf die Erkennung von Whiteboard-Notizen angepasste Methode zur Identifikation von Schriftlinien innerhalb der Textzeilen vorgestellt. Ausgehend von der Hypothese, dass jeder Abtastpunkt einer der vier Schriftlinien oder *keiner* Linie zugeordnet werden kann, wurden die möglichen Abtastpunkt-Schriftlinien-Zuordnungen schrittweise reduziert und die optimale Zuordnung schließlich mithilfe des Viterbi-Algorithmus gefunden. Anschließend wurden zwei mögliche Anwendungen für die so identifizierten Schriftlinien vorgestellt: zum einen die Normalisierung der Stifttrajektorie, zum anderen die direkte Verwendung der Schriftlinienzugehörigkeit jedes Abtastpunkts als Merkmal innerhalb des Erkennungssystems. In beiden Fällen lässt sich eine statistisch signifikante Verbesserung der Erkennungsleistung erzielen. Bemerkenswert ist die Beobachtung, dass die in Form von Merkmalen in die Erkennung einfließende Linieninformation zu den besten Systemen dieser Arbeit führt: Da sich der Entstehungsprozess dieser Merkmale von den verbleibenden Merkmalen unterscheidet, liefern diese Merkmale zusätzliche Informationen für die Erkennung.

Bei der Präsentation der Ergebnisse dieser Arbeit wurde, wenn möglich, stets zwischen der Erkennung basierend auf kontinuierlichen oder diskreten HMM unterschieden. Es zeigt sich, dass die beste Erkennungsleistung mit den diskreten HMM erreicht wird. Diese lässt sich mit der Art der Modellierung der Verteilung der Merkmale im Merkmalsraum erklären: Während im kontinuierlichen Fall die Verteilung der Merkmale durch Gauß-Mixtur-Modelle (GMM) nachgebildet wird, kann die Verteilung im diskreten System aus den relativen Häufigkeiten der Codebucheinträge geschätzt werden. Beispielsweise führt die für die Handschrifterkennung gewählte Codierung der Schreibrichtung als Sinus und Kosinus der Sekantensteigung dazu, dass die Verbundverteilung dieser beiden Merkmale einen Kreis beschreibt. Diese Verteilung lässt sich auch mit einer hohen Anzahl von Mixturen innerhalb der GMM nicht nachbilden. Durch die Anpassung der Codebucheinträge gelingt jedoch eine Nachbildung im diskreten Fall. Demnach zeigt sich die bessere Modellierung der handschriftlichen Daten für die größere Leistungsfähigkeit des diskreten Erkennungssystems verantwortlich. Diese Behauptung wird durch die Ergebnisse der Merkmalsselektion belegt: Hier lässt sich eine stärkere Verbesserung der Erkennungsleistung bei kontinuierlicher Modellierung erzielen. Durch den Wegfall eines Teils der Merkmale werden die verbleibenden Merkmale besser durch die GMM modelliert. Auch aufgrund des deutlich reduzierten Rechenzeitbedarfs ist für die automatische Erkennung von Whiteboard-Notizen eine Modellierung mit diskreten HMM von Vorteil.

7.2 Ausblick

Die hier gemachten Beobachtungen bezüglich der Merkmalsselektion in Verbindung mit diskreten HMM zur Erkennung beziehen sich nur auf den Fall der automatischen Erkennung von Whiteboard-Notizen. Eine Untersuchung, in wieweit eine Erweiterung des hier vorgestellten Ansatzes auf andere Disziplinen möglich ist, ist weiterführenden Arbeiten vorbehalten.

Durch eine geeignete Kombination und Erweiterung der hier vorgestellten Verfahren ließen sich zusätzliche Verbesserungen erzielen. So wäre eine Übertragung der impliziten Modellierung von Merkmalen, wie in Kapitel 5 beschrieben, über das Druckmerkmal hinaus, z. B. auf die die Schriftlinienzugehörigkeit beschreibenden Merkmale aus Kapitel 6 möglich. Neben den Schriftlinien und damit der Zeilenneigung (d. h. die Neigung der Textzeile gegenüber der Horizontalachse) weist auch die Schriftneigung (d. h. die Neigung der Buchstaben gegenüber der Vertikalachse) in handgeschriebenen Whiteboard-Notizen eine schreiberabhängige Variation innerhalb einer Textzeile auf. Geeignete Verfahren zur Kompensation der variablen Schriftneigung könnten hier Verbesserungen erreichen.

In anderen Gebieten der Handschrifterkennung werden durch eine hybride Erkennung Verbesserungen der Erkennungsleistung erzielt [Bra99; Kos98; Sch06b]. So werden in [Sch06b] ein HMM und ein Neuronales Netz (NN) geeignet verkoppelt, um die Merkmale zu modellieren. Eine Erweiterung dieser Methoden auf die Erkennung handschriftlicher Notizen am Whiteboard erscheint deswegen Erfolg versprechend.

A

Anhang

A.1 Neuabtastung

In Abbildung A.1 ist eine aus drei Abtastpunkten bestehende Stifttrajektorie dargestellt. Da für die ortsäquidistante Neuabtastung nur die x- und y-Komponenten der Rohdaten entscheidend sind, gelte im Folgenden $\mathbf{x}_{\text{roh},n} = (x_{\text{roh},n}, y_{\text{roh},n})^{\text{T}}$, d. h. $\mathbf{x}_{\text{roh},n}$ enthält nur die x- und y-Komponente der zugehörigen Abtastpunkte $\mathbf{s}_{\text{roh},n}$ aus den Rohdaten. Als Abstand $d(\mathbf{x}_{\text{roh},n}, \mathbf{x}_{\text{roh},n+1})$ zwischen zwei Abtastpunkten $\mathbf{x}_{\text{roh},n}$ und $\mathbf{x}_{\text{roh},n+1}$ wird in dieser Arbeit der euklidische Abstand $d_{\text{E}}(\mathbf{x}_{\text{roh},n}, \mathbf{x}_{\text{roh},n+1}) = \sqrt{d_{\text{Q}}(\mathbf{x}_{\text{roh},n}, \mathbf{x}_{\text{roh},n+1})}$ (siehe Gleichung 2.21 auf Seite 14) verwendet. Somit wird die Stifttrajektorie zwischen den Abtastpunkten linear interpoliert. In anderen Arbeiten (siehe [Kos00]) erfolgt die Interpolation der Abtastpunkte durch sog. „Splines". Als Abstand ergibt sich dann das Wegintegral, ausgewertet zwischen den beiden Abtastpunkten [Båd00]. Hier beschränkt man sich auf den Fall der linearen Interpolation: Zum einen verringert diese den Aufwand erheblich, zum anderen ist nicht garantiert, dass der tatsächliche Verlauf der Stifttrajektorie zwischen zwei Abtastpunkten gemäß der durch die Splines interpolierte Kurve verläuft. Ausgehend von dem Abtastpunkt $\mathbf{x}_{\text{neu},n}$ wird ein weiterer Abtastpunkt $\mathbf{x}_{\text{neu},k}$ so gefunden, dass

$$d_{\text{E}}(\mathbf{x}_{\text{roh},n}, \mathbf{x}_{\text{neu},k}) \stackrel{!}{=} l \tag{A.1}$$

gilt. Dazu wird angenommen, dass der neue Punkt $\mathbf{x}_{\text{neu},k}$ zwischen den beiden Punkten $\mathbf{x}_{\text{roh},n+\Delta n}$ und $\mathbf{x}_{\text{roh},n+\Delta n+1}$ liegt, wobei $\Delta n = 1$ wie in Abbildung A.1 nicht notwendigerweise gilt (siehe

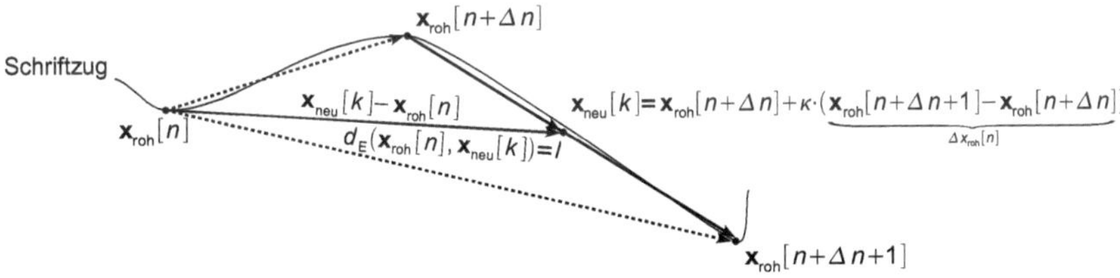

Abbildung A.1: Ausgehend vom aktuellen Abtastpunkt $\mathbf{s}_{\text{neu},n}$ (dargestellt durch seine x- und y-Komponente $\mathbf{x}_{\text{neu},n}$), wird ein neuer Abtastpunkt $\mathbf{x}_{\text{neu},k}$ so gewählt, dass für den euklidischen Abstand $d_{\text{E}}(\mathbf{x}_{\text{neu},k}, \mathbf{x}_{\text{neu},n}) \stackrel{!}{=} l$ gilt.

Algorithmus A.1). Für $\mathbf{x}_{\text{neu},k}$ erhält man

$$\mathbf{x}_{\text{neu},k} = \mathbf{x}_{\text{roh},n+\Delta n} + \omega \cdot \Delta\mathbf{x}_{\text{roh},n} \text{ mit } \Delta\mathbf{x}_{\text{roh},n} = \mathbf{x}_{\text{roh},n+\Delta n+1} - \mathbf{x}_{\text{roh},n+\Delta n}. \tag{A.2}$$

Dabei ist der Parameter ω aus Gleichung A.2 so zu wählen, dass die Bedingung aus Gleichung A.1 erfüllt wird. Man erhält damit für den Parameter ω die Lösungen:

$$\omega_{1,2} = \frac{-\Delta\mathbf{x}^{\mathrm{T}}_{\text{roh},n+\Delta n} \cdot \Delta\mathbf{x}_{\text{roh},n} \pm \sqrt{l^2 \cdot ||\Delta\mathbf{x}_{\text{roh},n}||_2^2 - |\mathbf{P}_n|^2}}{||\Delta\mathbf{x}_{\text{roh},n}||_2^2} \tag{A.3}$$

mit $|\mathbf{P}_n|$ die Determinante der Substitutionsmatrix $\mathbf{P}_n = \left(\mathbf{x}_{n+\Delta n}, \Delta\mathbf{x}_{\text{roh},n}\right)^{\mathrm{T}}$. Da Gleichung A.3 i. Allg. zwei mögliche Lösungen besitzt, der neu abgetastete Punkt jedoch zwischen den beiden Punkten $\mathbf{x}_{n+\Delta n}$ und $\mathbf{x}_{n+\Delta n+1}$ angenommen wurde, wird die Lösung gewählt, für die $0 \leq \omega \leq 1$ erfüllt ist. Ist der benötigte Wert für ω berechnet, können auch der Druck und der Abtastzeitpunkt linear interpoliert werden, wobei für den interpolierten neu abgetasteten Punkt $\mathbf{s}_{\text{neu},k}$ gilt:

$$\begin{aligned} \mathbf{s}_{\text{neu},k} &= \mathbf{s}_{\text{roh},n+\Delta n} + \omega \cdot (\mathbf{s}_{\text{roh},n+\Delta n+1} - \mathbf{s}_{\text{roh},n+\Delta n}) \text{ mit} \\ p_{\text{neu},k} &= \lfloor p_{\text{roh},n+\Delta n} + \omega \cdot (p_{\text{roh},n+\Delta n+1} - p_{\text{roh},n+\Delta n}) + 0.5 \rfloor \end{aligned} \tag{A.4}$$

mit $a = \lfloor z \rfloor$ die größte ganze Zahl $a \leq z$ [Båd00]. Wird ein aus N Abtastpunkten $\mathbf{s}_{\text{roh},n}$, $1 \leq n \leq N$ bestehender Schriftzug $\mathbf{S}_{\text{roh}} = (\mathbf{s}_{\text{roh},1}, \ldots, \mathbf{s}_{\text{roh},N})$ neu abgetastet, wählt man zunächst den ersten Abtastpunkt $\mathbf{s}_{\text{roh},1}$ als Startpunkt des neu abgetasteten Schriftzugs $\mathbf{S}_{\text{neu}}$, d. h. $\mathbf{s}_{\text{neu},1} = \mathbf{s}_{\text{roh},1}$. Von diesem Startpunkt aus wird ein neuer Abtastpunkt $\mathbf{s}_{\text{neu},2}$ gefunden, der Gleichung A.2 erfüllt, d. h. vom Startpunkt aus den Abstand l besitzt, und der neu abgetasteten Sequenz hinzugefügt. Anschließend wird von diesem der Sequenz neu hinzugefügten Abtastpunkt aus ein weiterer Punkt im Abstand l gefunden. Auf diese Weise wird der gesamte Schriftzug durchlaufen, bis das Ende des Schriftzugs $\mathbf{S}_{\text{roh}}$ erreicht ist. Man erhält so den neu abgetasteten Schriftzug $\mathbf{S}_{\text{neu}} = (\mathbf{s}_{\text{neu},1}, \ldots, \mathbf{s}_{\text{neu},K})$, bestehend aus K ortsäquidistant zueinander liegenden neuen Abtastpunkten $\mathbf{s}_{\text{neu},k}$, wobei i. Allg. $K \neq N$ gilt. Durch die Matrix-Vektor-Notation nach Gleichung A.3 lässt sich die Neuabtastung effizient durchführen. Algorithmus A.1 liefert, ausgehend von einem weder zeit- noch ortsäquidistant abgetasteten Schriftzug, einen ortsäquidistant abgetasteten Schriftzug unter Verwendung von Gleichung A.3.

A.2 Zeilenneigung

Geht man davon aus, dass der gesamte neu abgetastete Schriftzug $\mathbf{S}_{\text{neu}}$ um den Winkel α_0 gegenüber der Horizontalachse geneigt ist (siehe Abbildung 3.3), erhält man den um die Zeilenneigung korrigierten Schriftzug $\mathbf{S}_{\text{Z}} = (\mathbf{s}_{\text{Z},1}, \ldots, \mathbf{s}_{\text{Z,K}})$, indem jeder Abtastpunkt des neu abgetasteten Schriftzugs entgegen den Winkel α_0 um den Schwerpunkt $\bar{\mathbf{s}}_{\text{neu}}$ des Schriftzugs gedreht wird:

$$\mathbf{s}_{\text{Z},k} = \mathbf{A}_{\text{Z}}(\alpha_0) \cdot (\mathbf{s}_{\text{neu},k} - \bar{\mathbf{s}}_{\text{neu}}),\ 1 \leq k \leq K, \tag{A.5}$$

wobei für den Schriftschwerpunkt $\bar{\mathbf{s}}_{\text{neu}}$ und die Rotationsmatrix $\mathbf{A}_{\text{Z}}(\alpha)$

$$\bar{\mathbf{s}}_{\text{neu}} = {}^{1}/_{K} \cdot \sum_{k=1}^{K} (\mathbf{x}^{\mathrm{T}}_{\text{neu},k}, 0, 0)^{\mathrm{T}} \text{ und } \mathbf{A}_{\text{Z}}(\alpha) = \begin{bmatrix} \cos(\alpha) & -\sin(\alpha) & 0 & 0 \\ \sin(\alpha) & \cos(\alpha) & 0 & 0 \\ 0 & 0 & 1 & 0 \\ 0 & 0 & 0 & 1 \end{bmatrix} \tag{A.6}$$

Algorithmus A.1 Ortsäquidistante Neuabtastung

Benötigt: Schriftzug $\mathbf{S}$ und neuer Abtastpunktabstand l
Stellt sicher: Abstand l zwischen allen Abtastpunkten des Schriftzugs $\mathbf{S}_{\text{neu}}$

function NEUABTASTUNG(Schriftzug $\mathbf{S}$, Punktabstand l)
  $k = 1, n = 1$
  $\mathbf{s}_{\text{neu},k} = \mathbf{s}_n$ ▷ erster Abtastpunkt des alten Schriftzugs ist
  ▷ erster Abtastpunkt des neuen Schriftzugs
  while $n \leq |\mathbf{S}|$ **do**
    $\Delta n = 0$
    while $(d_{\text{E}}(\mathbf{s}_{\text{neu},k}, \mathbf{s}_{n+\Delta n}) < l) \wedge (n + \Delta n \leq |S|)$ **do** ▷ den nächsten
      $\Delta n = \Delta n + 1$ ▷ Abtastpunkt finden
    end while
    if $n + \Delta n \leq |\mathbf{S}|$ **then**
      $k = k + 1$ ▷ neuer Abtastpunkt erhält Index $k \to k+1$
      $\mathbf{s}_{\text{neu},k} = \mathbf{s}_{n+\Delta n} + \omega \cdot (\mathbf{s}_{n+\Delta n} - \mathbf{s}n + \Delta n)$
      $p_{\text{neu},k+1} = \lfloor p_{n+\Delta n} + \omega \cdot (p_{n+\Delta n+1} - p_{n+\Delta n}) + 0.5 \rfloor$
      $n = n + \Delta n$ ▷ Berechne ω nach Gleichung A.3
    end if
  end while
  $K = k;$
end function

gelten. Wegen der ‚Null'- und ‚Eins'-Einträge der Rotationsmatrix $\mathbf{A}_{\text{Z}}(\alpha)$ aus Gleichung A.6 sind nur die x- und y-Komponente an der Rotation beteiligt, d. h.

$$p_{\text{Z},k} = p_{\text{neu},k} \text{ und } t_{\text{Z},k} = t_{\text{neu},k}. \tag{A.7}$$

Durch die Anwendung von Gleichung A.5, kommt zusätzlich der Schwerpunkt des rotierten Schriftzugs im Koordinatenursprung zu liegen.

Für die Findung des Zeilenneigungswinkels α_0 existieren zwei prinzipielle Möglichkeiten. In [Cae93; Sen96] wird dieser durch die Steigung der durch sämtliche Abtastpunkte gelegten Regressionsgeraden bestimmt. In dieser Arbeit wird der Zeilenneigungswinkel α_0 mithilfe des Verfahrens nach [Sch95; Sun97] durch die Minimierung der Entropie des horizontalen Projektionsprofils (auch horizontales Verteilungshistogramm oder Richtungshistogramm genannt) ermittelt. Dieses Verfahren wurde ursprünglich für die Zeilenneigungskorrektur von Offline-Schriftzügen entwickelt [Sun97], kann jedoch, ein ausreichend geringer Abtastpunktabstand l nach der Neuabtastung vorausgesetzt, auch für Online-Schriftzüge verwendet werden [Kos00].

Zunächst wird das horizontale Projektionsprofil $\mathbf{p}_{y,\text{Z}}(\alpha)$ in Abhängigkeit des Zeilenneigungswinkels α mit $\alpha_{\min} \leq \alpha \leq \alpha_{\max}$, $\alpha_{\min} > -\pi/2$ und $\alpha_{\max} < \pi/2$ der Winkelbereich, in dem die Schriftneigung α_0 angenommen wird, ermittelt. Dazu wird die vertikale Projektionsebene (die y-Achse) in eine feste Anzahl von B_{Z} Abschnitten (engl. *bins*) $b_{\text{Z},1}, \ldots, b_{\text{Z},B_{\text{Z}}}$ der festen Breite

$$W_{\text{Z}} = \frac{y_{\max} - y_{\min}}{B_{\text{Z}}} \tag{A.8}$$

unterteilt. Dabei gilt für die Korrektur der Zeilenneigung

$$y_{\min} = \min_{\alpha_{\min} \leq \alpha \leq \alpha_{\max}} \left(\min_{1 \leq k \leq K} (\sin(\alpha) \cdot x_{\text{neu},k} + \cos(\alpha) \cdot y_{\text{neu},k}) \right) \text{ und} \tag{A.9}$$

$$y_{\max} = \max_{\alpha_{\min} \leq \alpha \leq \alpha_{\max}} \left(\max_{1 \leq k \leq K} (\sin(\alpha) \cdot x_{\text{neu},k} + \cos(\alpha) \cdot y_{\text{neu},k}) \right) \tag{A.10}$$

mit $1 \leq k \leq K$. Demnach wird das Projektionsprofil unabhängig vom Zeilenneigungswinkel α über die größte mögliche y-Ausdehnung des Schriftzugs berechnet, wie in Abbildung A.2 dargestellt ist. Die Anzahl $p_{y,j}(\alpha)$, der in den Abschnitt $b_{Z,j}$ fallenden Abtastpunkte des Schriftzugs $\mathbf{S}_Z$,

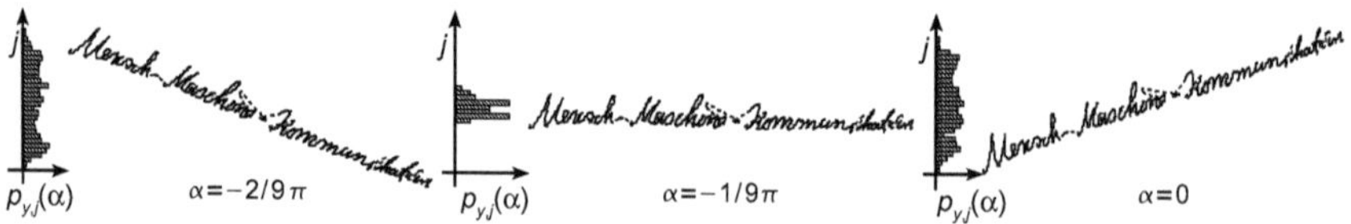

Abbildung A.2: Projektionsprofile eines Schriftzugs für unterschiedliche Drehwinkel α im Bereich von $\alpha_{\min} = -2/9\pi$ und $\alpha_{\max} = 0$.

erhält man bei Verwendung von B_Z Abschnitten in Abhängigkeit der Abschnittsbreite W_Z und des Zeilenneigungswinkels α zu

$$p_{y,j}(\alpha) = 1/K \sum_{k=1}^{K} \begin{cases} 1 & \text{wenn } y_{\min} + (j-1) \cdot W_Z \leq y_{Z,k} < y_{\min} + j \cdot W_Z \\ 0 & \text{sonst} \end{cases} \tag{A.11}$$

mit $1 \leq j \leq B_Z$. In Abbildung A.2 sind die Projektionsprofile für verschiedene Drehwinkel α im Bereich von $\alpha_{\min} = -2/9\pi$ und $\alpha_{\max} = 0$ des Schriftzugs aus Abbildung 3.3 dargestellt. Bei einer horizontalen Ausrichtung weist das Projektionsprofil ein deutliches Maximum bei geringer Streuung auf, während bei anderen Drehwinkeln das Maximum weniger stark ausgeprägt ist.

Anschließend werden für sämtliche Drehwinkel α die Projektionsprofile ausgewertet. Zur Auswertung des Projektionsprofils dient die Entropie [Båd00; Kos00]. Sie errechnet sich für das Projektionsprofil $\mathbf{p}_{y,Z}(\alpha)$ nach Gleichung A.11 zu

$$H_y(\alpha) = \sum_{j=1}^{B_Z} \frac{1}{p_{y,j}(\alpha)} \cdot \text{ld}\left[p_{y,j}(\alpha)\right] \text{ mit } \text{ld}(a) = \log_2 a. \tag{A.12}$$

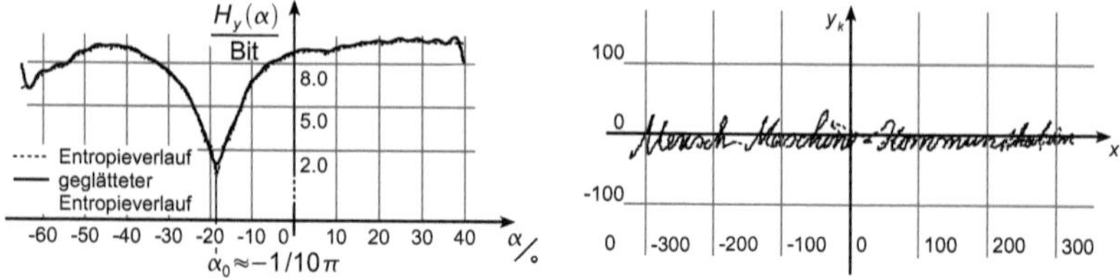

Abbildung A.3: Entropieverlauf $H_y(\alpha)$ des Projektionsprofils $\mathbf{p}_{y,Z}(\alpha)$ in Abhängigkeit des Drehwinkels α (links) und um die Zeilenneigung gedrehter sowie in den Koordinatenursprung verschobener Schriftzug (rechts).

Abbildung A.3 zeigt den Verlauf der Entropie $H_y(\alpha)$ der Stifttrajektorie aus Abbildung 3.3 in Abhängigkeit des Drehwinkels α über einen großen Bereich. Es bildet sich ein deutliches

Minimum bei dem Drehwinkel α_0 heraus, dem die horizontale Ausrichtung des Schriftzugs entspricht. Mithilfe des so gefundenen Zeilenneigungswinkels kann die Zeilenneigung des neu abgetasteten Schriftzugs mithilfe von Gleichung A.5 kompensiert werden. Algorithmus A.2 fasst die Korrektur der Zeilenneigung für einen beliebig gedrehten Schriftzug zusammen.

Algorithmus A.2 Korrektur der Zeilenneigung

Benötigt: Schriftzug $\mathbf{S}$

Stellt sicher: horizontal zur x-Achse ausgerichteten Schriftzug $\mathbf{S}_Z$

function ZEILENNEIGUNG(Schriftzug $\mathbf{S}$, Anzahl an Abschnitten B_Z)
    Definiere $\alpha_{\min}, \alpha_{\max}, \Delta\alpha$ ▷ Wertebereich für α festlegen
    $H_{y,\min} = \mathrm{ld}(B_Z), \alpha_0 = 0$ ▷ maximale Entropie dient als Initialisierung
    for $\alpha \in \{\alpha_{\min}; \alpha_{\min} + \Delta\alpha; \alpha_{\min} + 2 \cdot \Delta\alpha; \ldots; \alpha_{\max}\}$ **do**
        for $k \in 1, \ldots, K$ **do** ▷ Rotation um Winkel α
            $\mathbf{s}_{Z,k} = \mathbf{A}_Z(\alpha) \cdot (\mathbf{s}_k - \bar{\mathbf{s}})$ ▷ $\mathbf{A}_Z(\alpha)$ und $\bar{\mathbf{s}}$ nach Gleichung A.6
        end for
        bilde $\rightarrow \mathbf{p}_{y,Z}(\alpha)$ ▷ y-Projektionsprofil nach Gleichung A.11
        bilde $\rightarrow H_y(\alpha)$ ▷ Entropie nach Gleichung A.12
        if $H_y(\alpha) < H_{y,\min}$ **then**
            $H_{y,\min} = H_y(\alpha), \alpha_0 = \alpha$
        end if
    end for
    for $k \in 1, \ldots, K$ **do** ▷ finale Rotation um Winkel α_0
        $\mathbf{s}_{Z,k} = \mathbf{A}_Z(\alpha_0) \cdot (\mathbf{s}_k - \bar{\mathbf{s}})$
    end for
end function

A.3 Schriftneigung

Wird eine konstante Schriftneigung für jede Textzeile vorausgesetzt, so lässt sich die Schriftneigung durch eine Scherung um den Winkel ϕ_0 beschreiben [Kos00; Kuv99]. Die Abtastpunkte $\mathbf{s}_{S,k}$ des um den Scherwinkel ϕ gescherten Schriftzugs $\mathbf{S}_S = [\mathbf{s}_{S,1}, \ldots, \mathbf{s}_{S,K}]$ und die Schermatrix $\mathbf{A}_S$ ergeben sich zu

$$\mathbf{s}_{S,k} = \mathbf{A}_S(\phi_0) \cdot \mathbf{s}_{Z,k} \text{ mit } \mathbf{A}_S(\phi) = \begin{bmatrix} 1 & -\tan(\phi) & 0 & 0 \\ 0 & 1 & 0 & 0 \\ 0 & 0 & 1 & 0 \\ 0 & 0 & 0 & 1 \end{bmatrix}. \tag{A.13}$$

Dabei werden durch die ‚Null'- und ‚Eins'-Einträge in der Schermatrix nach Gleichung A.13 nur die x- und y-Koordinaten des Schriftzugs durch die Scherung verändert, der Druck und die Information über den Abtastzeitpunkt werden unverändert übernommen, d. h.

$$p_{S,k} = p_{Z,k} \text{ und } t_{S,k} = t_{Z,k}. \tag{A.14}$$

Anders als bei der Zeilenneigung wird für das Finden des Scherwinkels ϕ_0 bei der Schriftneigung das vertikale Projektionsprofil $\mathbf{p}_x(\phi)$ (d. h. das Projektionsprofil in x-Richtung) für unterschiedliche Winkel ϕ, $\phi_{\min} \le \phi \le \phi_{\max}$, $\phi_{\min} > -\pi/4$ und $\phi_{\max} < \pi/4$ berechnet. Analog zu Abschnitt A.2 wird dazu die x-Achse in B_S gleich große Abschnitte $b_{S,1}, \dots, b_{S,B_S}$ der Breite

$$W_S = \frac{x_{\max} - x_{\min}}{B_S} \tag{A.15}$$

unterteilt mit

$$x_{\min} = \min_{\phi_{\min} \le \phi \le \phi_{\max}} \left(\min_{1 \le k \le K} (x_{Z,k} - \tan(\phi) \cdot y_{Z,k}) \right) \text{ und} \tag{A.16}$$

$$x_{\max} = \max_{\phi_{\min} \le \phi \le \phi_{\max}} \left(\max_{1 \le k \le K} (x_{Z,k} - \tan(\phi) \cdot y_{Z,k}) \right) \tag{A.17}$$

und $1 \le k \le K$. Die Anzahl $p_{x,j}(\phi)$, der in den Abschnitt $b_{S,j}$ fallenden Abtastpunkte des Segments $\mathbf{S}_S$, erhält man (siehe Abschnitt 3.2.3) zu

$$p_{x,j}(\phi) = 1/K \sum_{k=1}^{K} \begin{cases} 1 & \text{wenn } x_{\min} + (j-1) \cdot W_S \le x_{Z,k} < x_{\min} + j \cdot W_S \\ 0 & \text{sonst} \end{cases} \tag{A.18}$$

mit $1 \le j \le B_S$.

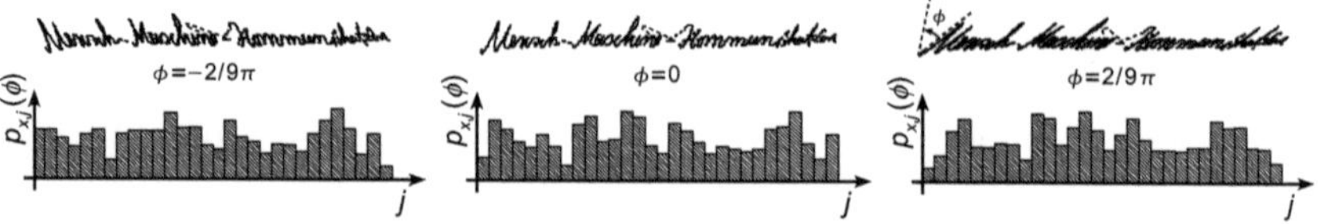

Abbildung A.4: Projektionsprofile eines Schriftzugs für unterschiedliche Scherwinkel ϕ im Bereich von $\phi_{\min} = -2/9\pi$ und $\phi_{\max} = \frac{2}{9}\pi$.

Abbildung A.4 zeigt die x-Projektionsprofile für unterschiedliche Scherwinkel ϕ. In dieser Arbeit wird in Anlehnung an [Kos00] der Scherwinkel über die Minimierung der Entropie des Projektionsprofils in x-Richtung gefunden; im Gegensatz zu der Auswertung der „Wigner-Ville"-Verteilung, wie in [Kuv99] ursprünglich vorgeschlagen ist. Für die Entropie $H_x(\phi)$ des x-Projektionsprofils ergibt sich

$$H_x(\phi) = \sum_{j=1}^{B_S} \frac{1}{p_{x,j}(\phi)} \cdot \mathrm{ld}\left[p_{x,j}(\phi)\right]. \tag{A.19}$$

Anders als für die Korrektur der Zeilenneigung (siehe Abschnitt A.2) zeigt sich jedoch auf den ersten Blick keine Auffälligkeit des in Abbildung A.4 dargestellten Projektionsprofils in x-Richtung für den im Schriftzug vorliegenden Scherwinkel ϕ_0. Betrachtet man jedoch den Verlauf der Entropie, dargestellt in Abbildung A.5, so zeichnet sich doch ein Minimum in der Entropie $H_x(\phi)$ bei Erreichen des tatsächlichen Scherwinkels ab. Mit dem durch das Minimum des Entropieverlaufs angezeigten Scherwinkel ϕ_0 wird die Schriftneigung des Schriftzugs korrigiert. Algorithmus A.3 fasst die Schritte der Schriftneigungskorrektur zusammen. Er beschreibt, wie in einem bereits um die Zeilenneigung α_0 korrigierten Schriftzug $\mathbf{S}_Z$ mithilfe der Gleichungen A.18 und A.19 der Scherwinkel ϕ_0 gefunden und der gesamte Schriftzug anschließend um die Schriftneigung korrigiert werden kann. Letztlich wird der sowohl um die Zeilen- als auch die Schriftneigung kompensierte Schriftzug $\mathbf{S}_S = (\mathbf{s}_{S,1}, \dots, \mathbf{s}_{S,K})$ erhalten.

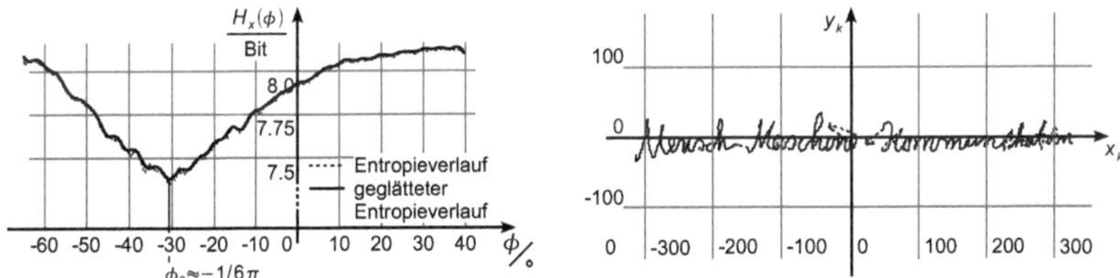

Abbildung A.5: Entropieverlauf $H_x(\phi)$ der Projektionsprofile $\mathbf{p}_x(\phi)$ in Abhängigkeit des Scherwinkels ϕ (links) sowie gegen den Scherwinkel ϕ_0 gescherter Schriftzug (rechts).

Algorithmus A.3 Korrektur der Schriftneigung

Benötigt: Schriftzug $\mathbf{S}$
Stellt sicher: um konstante Schriftneigung korrigierten Schriftzug $\mathbf{S}_Z$

function SCHRIFTNEIGUNG(Schriftzug $\mathbf{S}$, Anzahl an Abschnitten B_S)
  Definiere $\phi_{\min}, \phi_{\max}, \Delta\phi$ ▷ Wertebereich für ϕ festlegen
  $H_{x,\min} = \mathrm{ld}(B_S), \phi_0 = 0$ ▷ maximale Entropie dient als Initialisierung
  for $\phi \in \{\phi_{\min}; \phi_{\min} + \Delta\phi; \phi_{\min} + 2 \cdot \Delta\phi; \ldots; \phi_{\max}\}$ **do**
    for $k \in 1, \ldots, K$ **do** ▷ Scherung um Winkel ϕ
      $\mathbf{s}_{S,k} = \mathbf{A}_S(\phi) \cdot (\mathbf{s}_{Z,k} - \bar{\mathbf{s}})$ ▷ $\mathbf{A}_S(\phi)$ nach Gleichung A.13
    end for
    bilde $\rightarrow \mathbf{p}_{y,Z}(\phi)$ ▷ x-Projektionsprofil nach Gleichung A.18
    bilde $\rightarrow H_x(\phi)$ ▷ Entropie nach Gleichung A.19
    if $H_x(\phi) < H_{x,\min}$ **then**
      $H_{x,\min} = H_x(\alpha), \phi_0 = \phi$
    end if
  end for
  for $k \in 1, \ldots, K$ **do** ▷ finale Scherung um Winkel ϕ_0
    $\mathbf{s}_{S,k} = \mathbf{A}_S(\phi_0) \cdot (\mathbf{s}_{Z,k} - \bar{\mathbf{s}})$
  end for
end function

A.4 Schriftgröße

Für die Referenzsysteme werden die verschiedenen Schriftlinien (siehe Abbildung A.6 rechts) als horizontale Linien angenommen und aus dem vertikalen Projektionsprofil $\mathbf{p}_{y,L}$ des zeilen- und schriftneigungskorrigierten Schriftzugs $\mathbf{S}_S$ geschätzt [Boz89; Bun95]. Die Anzahl der Abschnitte B_L kann von der Anzahl B_Z der für die Korrektur der Zeilenneigung verwendeten Abschnitte abweichen. Analog zu Abschnitt 3.2.2 und 3.2.3 erhält man als Abschnittsbreite

$$W_L = \frac{x_{\max} - x_{\min}}{B_L}. \tag{A.20}$$

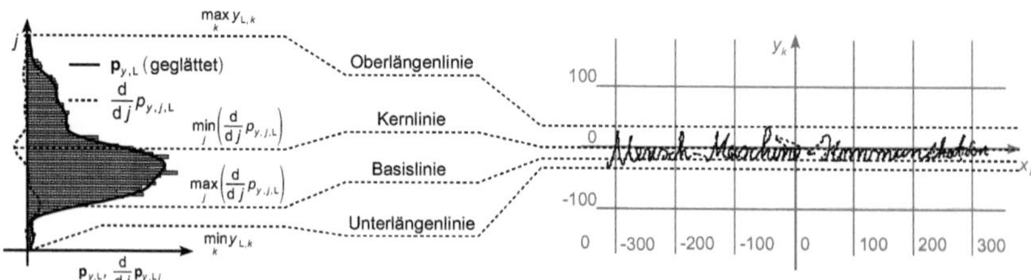

Abbildung A.6: Schriftlinien (rechts) und ihre Schätzung aus dem Projektionsprofil $\mathbf{p}_{y,\mathrm{L}}$. Die Oberlängenlinie durchläuft den Abtastpunkt mit größter y-Koordinate, während die Position der Unterlängenlinie durch den Abtastpunkt mit kleinster y-Koordinate festgelegt ist. Die Position der Basis- und Kernlinie wird mithilfe des horizontalen Projektionsprofils gefunden.

Es gilt für die y-Position der einzelnen Linien

Oberlängenlinie: $$y_\mathrm{O} = \max_k(y_{\mathrm{S},k}) = y_{\max,\mathrm{L}} \tag{A.21}$$

Kernlinie: $$y_\mathrm{K} = \left(\operatorname*{argmin}_j \left(\frac{\mathrm{d}}{\mathrm{d}j} p_{y,j,\mathrm{L}}\right) - 0.5\right) \cdot W_\mathrm{L} + y_{\min,\mathrm{L}} \tag{A.22}$$

Basislinie: $$y_\mathrm{B} = \left(\operatorname*{argmax}_j \left(\frac{\mathrm{d}}{\mathrm{d}j} p_{y,j,\mathrm{L}}\right) - 0.5\right) \cdot W_\mathrm{L} + y_{\min,\mathrm{L}} \tag{A.23}$$

Unterlängenlinie: $$y_\mathrm{U} = \min_k(y_{\mathrm{S},k}) = y_{\min,\mathrm{L}}. \tag{A.24}$$

In den Gleichungen A.22 und A.23 (siehe Gleichung A.8 und A.15) dient die Abschnittsbreite W_L des Projektionsprofils $\mathbf{p}_{y,\mathrm{L}}$ zur Umrechnung der Abschnittsnummer in die tatsächliche Linienposition. Die Korrespondenzen im Projektionsprofil und seiner Ableitung sind in Abbildung A.6 links gezeigt.

Abkürzungsverzeichnis

ACC	Akkuratheit
ADC	Absolute Discounting
ASR	automatische Spracherkennung
CL	Competitive Learning
EM	Expectation-Maximization
GM	Graphische Modelle
GMM	Gauß-Mixtur-Modelle
GMTK	Graphical-Model Toolkit
HAT	Hauptachsentransformation
HEQ	Histogram Equalization
HMM	Hidden-Markov-Modelle
HTK	Hidden-Markov Toolkit
IAM-OnDB	Online-Datenbank handgeschriebener Whiteboardnotizen, aufgezeichnet am Institut für Informatik und angewandte Mathematik der Universität Bern
IAM-OnDB-t1	Online-Datenbank mit ausgewählten Textzeilen der IAM-OnDB
LOB	Lancaster-Oslo/Bergen Textdatenbank
ML	Maximum-Likelihood Methode
MOHMM	Hidden-Markov-Modelle mit mehreren, parallelen Observierungen
NG	Neural Gas
NN	Neuronales Netz
SFFS	Sequential Forward Floating Selection
SFS	Sequential Forward Selection
SNR	Signal- zu Rauschleistungsverhältnis
VB	Verbund-Baum
VQ	Vektorquantisierer
WDF	Wahrscheinlichkeitsdichtefunktion
WTA	Winner-Takes-All

Symbolverzeichnis

$\mathbf{A}$	Matrix der Übergangswahrscheinlichkeiten
$\mathbf{a}$	Konten der Übergangswahrscheinlichkeiten; Verhältnisse der Quantisierungsfehler pro Merkmal nach der Vektorquantisierung
a_1	ACC des ersten Erkenners
a_{12}	gemeinsame ACC des ersten und zweiten Erkenners
a_2	ACC des zweiten Erkenners
$a^{\mathrm{d,SFS}}$	Buchstaben-ACC des diskreten Erkennungssystems mit Merkmalssatz $\mathcal{X}^{*,\mathrm{SFS}}$
a^{G}	Buchstaben-ACC des diskreten Erkennungssystems mit vektorquantisierten Merkmalen, deren SNR gleichverteilt ist
$a_{\mathrm{GM}\,i}$	Buchstaben-ACC bei Erkennung mit GM i, $1 \leq i \leq 5$
a_{GMTK}	Buchstaben-ACC bei Implementierung mit GMTK
$a^{\mathrm{G,SFS}}$	Buchstaben-ACC des diskreten Erkennungssystems mit Merkmalssatz $\mathcal{X}^{*,\mathrm{G}}$
a_{HTF}	Buchstaben-ACC bei Verwendung der dekorrelierten Merkmale
A_i	Ergebnisakkumulator des Prozessors i
a_{ij}	Übergangswahrscheinlichkeit zwischen zwei Zuständen s_i und s_j
$a^{\mathrm{jo}}_{\mathrm{Lloyd}}$	Buchstaben-ACC bei verlustfreier, statistisch unabhängiger Druckmodellierung im Lloyd-VQ
$a^{\mathrm{jo}}_{\mathrm{MO}}$	Buchstaben-ACC bei verlustfreier, statistisch unabhängiger Druckmodellierung im diskreten MOHMM basierten Erkenner
$a^{\mathrm{k,SFFS}}$	Buchstaben-ACC des kontinuierlichen Erkennungssystems mit Merkmalssatz $\mathcal{X}^{*,\mathrm{SFFS}}$
$a^{\mathrm{k,SFS}}$	Buchstaben-ACC des kontinuierlichen Erkennungssystems mit Merkmalssatz $\mathcal{X}^{*,\mathrm{SFS}}$
$a^{\mathrm{sw}}_{\mathrm{Lloyd}}$	Buchstaben-ACC bei verlustfreier, statistisch abhängiger Druckmodellierung im Lloyd-VQ
$a_{\mathrm{lm}x}$	Buchstaben-ACC des Erkennungssystems mit zusätzlicher Modellierung der Linienzugehörigkeit
α	beliebiger Zeilenneigungswinkel
α_0	ermittelter Zeilenneigungswinkel
$\alpha_i^{k,j}$	Lernrate, abhängig vom Zeitpunkt k, der Iteration j und vom Neuron i
α_{max}	maximaler Zeilenneigungswinkel
α_{min}	minimaler Zeilenneigungswinkel
$\alpha^m_{q_k}$	Gewicht der Mixtur m im Zustand $q_k = s_i$
$\Delta\alpha$	Schrittweite zur Korrektur der Zeilenneigung
a_{mer}	Buchstaben-ACC bei Verwendung der nicht-normierten Merkmale
a_{NG}	Buchstaben-ACC bei Verwendung des NG-VQ
a_{nz}	Buchstaben-ACC des Erkennungssystems mit zusätzlicher Normalisierung der Schriftzüge
$a^{\mathrm{red}}_{\mathrm{GMTK}}$	Buchstaben-ACC des reduzierten Merkmalsvektors bei Implementierung mit dem GMTK
$a^{\mathrm{red}}_{\mathrm{Lloyd}}$	Buchstaben-ACC des reduzierten Merkmalsvektors bei Quantisierung mit dem Lloyd-VQ
$a^{\mathrm{red}}_{\mathrm{NG}}$	Buchstaben-ACC des reduzierten Merkmalsvektors bei Quantisierung mit dem NG-NN-VQ
$a^{\mathrm{red}}_{\mathrm{WTA}}$	Buchstaben-ACC des reduzierten Merkmalsvektors bei Quantisierung mit dem WTA-NN-VQ

Symbol	Bedeutung
a_{ref}	Buchstaben-ACC des Referenzsystems
a_{roh}	Buchstaben-ACC bei Verwendung der Rohdaten
$a^{\text{S,SFS}}$	Buchstaben-ACC des diskreten Erkennungssystems mit Merkmalssatz $\mathcal{X}^{*,\text{S}}$
$a_{\text{NG}}^{\text{sw}}$	Buchstaben-ACC bei verlustfreier, statistisch abhängiger Druckmodellierung im NG-NN-VQ
$a_{\text{PCA}}^{\text{sw}}$	Buchstaben-ACC bei verlustfreier, statistisch abhängiger Druckmodellierung und dekorrelierter Merkmale im Lloyd-VQ
$a_{\text{WTA}}^{\text{sw}}$	Buchstaben-ACC bei verlustfreier, statistisch abhängiger Druckmodellierung im WTA-NN-VQ
A_{ref}	Wort-ACC des Referenzsystems
a_{vor}	Buchstaben-ACC bei Verwendung der vorverarbeiteten Rohdaten
a_{wert}	Buchstaben-ACC bei Verwendung der wertebereichsnormierten Merkmale
$a_{\text{WTA-NN}}$	Buchstaben-ACC bei Verwendung des WTA-NN-VQ
$\mathbf{A}_{\text{Z}}(\alpha)$	Rotationsmatrix
$\mathcal{B}$	Zusammenfassung aller Emissions-WDF
$\mathcal{B}(i-1)$	Menge aller Wortfolgen $w_{i-1}\,w_i$ zur Schätzung der Bigramm-Wahrscheinlichkeit
β	Discount-Faktor
$\mathbf{B}_{\text{S}}$	Anzahl der Projektionsprofil-Abschnitte zur Schriftneigungskorrektur
$\mathbf{B}_{\text{L}}$	Anzahl der Projektionsprofil-Abschnitte zur Linienidentifikation
$\mathbf{B}_{\text{Z}}$	Anzahl der Projektionsprofil-Abschnitte zur Zeilenneigungskorrektur
$\mathbf{b}_k[n_1, n_2]$	rechteckiges Abbild des Schriftzugs
$\mathbf{\Phi}$	Kovarianzmatrix der mittelwertbefreiten Merkmalsvektoren
$\mathbf{B}_k$	Substitutionsmatrix zur Berechnung der Linearität
$b_{q_k}(\cdot)$	Emissionswahrscheinlichkeit im Zustand $q_k = s_i$
$b(w_i, w_{i-1})$	Normierungsfaktor für das Absolute Discounting (ADC)
c	backing-off Faktor
$\mathcal{C}$	Codebuch
$\ddot{\mathcal{C}}^{\text{red,g}}$	Codebuch zur Quantisierung der dekorrelierten, normierten und reduzierten Merkmalsvektoren mit $f_1 = 1$
$\ddot{\mathcal{C}}^{\text{red,k}}$	Codebuch zur Quantisierung der dekorrelierten, normierten und reduzierten Merkmalsvektoren mit $f_1 = 0$
$\mathcal{C}^{\text{d}}$	Codebuch zur Quantisierung der Druckinformation
$\mathcal{C}^{\text{g}}$	Codebuch zur Quantisierung der Merkmalsvektoren mit $f_1 = 1$
$\mathbf{c}_j^{\text{g}}$	Codebucheintrag des Codebuchs $\mathcal{C}^{\text{g}}$
$\mathbf{c}_i$	Codebucheintrag
$\mathbf{c}_i^j$	Codebucheintrag nach Iteration j des Lloyd-VQ
$\mathcal{C}^{\text{jo}}$	Kombination der Codebücher $\mathcal{C}^{\text{d}}$ und $\mathcal{C}^{\text{red}}$
$\mathbf{c}_i^{\text{jo}}$	Codebucheintrag des Codebuchs $\mathcal{C}^{\text{jo}}$
$\mathcal{C}^{\text{k}}$	Codebuch zur Quantisierung der Merkmalsvektoren mit $f_1 = 0$
$\mathbf{c}_i^{\text{k}}$	Codebucheintrag des Codebuchs $\mathcal{C}^{\text{k}}$
$c_l(0)$	initiale y-Position der Schriftlinie l
$\mathcal{C}^{\text{off}}$	Codebuch zur Quantisierung der Offline-Merkmale
$\mathcal{C}^{\text{on}}$	Codebuch zur Quantisierung der Online-Merkmale
$\mathcal{C}^{\text{red}}$	Codebuch zur Quantisierung der reduzierten Merkmalsvektoren
$\mathcal{C}^{\text{red,g}}$	Codebuch zur Quantisierung der reduzierten Merkmalsvektoren mit $f_1 = 1$
$\mathcal{C}^{\text{red,k}}$	Codebuch zur Quantisierung der reduzierten Merkmalsvektoren mit $f_1 = 0$
$\mathbf{c}$	initiale y-Position der Schriftlinien $\mathbf{c} = (c_1, \ldots, c_{N_l})^{\text{T}}$
$\mathbf{c}(l, j)$	Trellisknoten, der die Zuordnung des Extrempunkts $\mathbf{s}_{\text{ext},j}$ zur Schriftlinie l beschreibt
D	Dimensionalität des Merkmalsvektors
d	Dimension d des Merkmalsvektors
$\check{d}$	Nummer des Merkmals mit größtem, relativem Quantisierungsfehler
$\Delta\varepsilon_{\min}$	minimale Änderung des quadratischen Fehlers zum Erreichen des Abbruchkriteriums

$\Delta\bar{\varepsilon}$ Änderung des mittleren quadratischen Fehlers
$d(\cdot,\cdot)$ beliebiges Abstandsmaß
$d_{\mathrm{E}}(\cdot,\cdot)$ euklidischer Abstand
$d_{\mathrm{Q}}(\cdot,\cdot)$ quadratischer Abstand
O_{disk} Anzahl der Gleitpunktoperationen zur Erkennung mit diskreten HMM
D_{r} Dimensionalität des reduzierten Merkmalsvektors

$e_{d,k}$ Aktueller Quantisierungsfehler des Merkmals f_d
$\bar{\varepsilon}$ mittlerer Quantisierungsfehler
$\bar{\bar{\varepsilon}}_d$ mittlerer Quantisierungsfehler pro Dimension (normierte Merkmale)

$\mathcal{F}$ vollständiger Merkmalssatz
$\mathbf{F}$ Sequenz von Merkmalsvektoren
f_{b} „bestes“ Merkmal
$\hat{f}_k$ vektorquantisierter und reduzierter Merkmalsvektor $\mathbf{f}_k$
$\hat{f}^{\mathrm{off}}$ vektorquantisierte Offline-Merkmale
$\hat{f}^{\mathrm{on}}$ vektorquantisierte Online-Merkmale
$\hat{f}_k^{\mathrm{red}}$ vektorquantisierter und reduzierter Merkmalsvektor $\mathbf{f}_k^{\mathrm{red}}$
$\ddot{\mathbf{f}}_k^{\mathrm{red}}$ dekorrelierter, normierter und reduzierter Merkmalsvektor
$h_{q_k}^{v}$ relative Häufigkeit des Symbols $\hat{f}_k = v$ im Zustand $q_k = s_i$
$\hat{\mathbf{f}}_k$ vektorquantisierte Merkmale $\mathbf{f}_k$ in mehreren Observierungen
$\hat{f}_k^{o}$ vektorquantisiertes Merkmal $\mathbf{f}_k$ in der Observierung o
$\hat{\mathbf{F}}$ Sequenz von vektorquantisierten Merkmalen und mehreren Observierungen
$\hat{\mathbf{f}}$ Sequenz von vektorquantisierten Merkmalen
$\dot{\mathbf{f}}_k^{\mathrm{red}}$ dekorrelierter und reduzierter Merkmalsvektor
$\mathcal{F}_{\mathrm{g}}$ Menge aller Merkmalsvektoren mit $f_1 = 1$
$\hat{f}_k^{j}$ dem Codebucheintrag $\mathbf{c}^{j}_{\hat{f}_k^j}$ zugeordneter Vektor $\mathbf{f}_k$
$\mathcal{F}_{\mathrm{k}}$ Menge aller Merkmalsvektoren mit $f_1 = 0$
$\mathbf{f}_k/\tilde{\mathbf{f}}_k$ D-dimensionaler Merkmalsvektor/normiert
$\mathbf{f}_{\mathrm{lm1},k}$ um die Linienzugehörigkeit erweiterter Merkmalsvektor
$\mathbf{f}_{\mathrm{lm2},k}$ um die binärecodierte Linienzugehörigkeit erweiterter Merkmalsvektor
$\mathbf{f}_{\mathrm{lm3},k}$ um den horizontalen Abstand zu jeder Schriftlinie erweiterter Merkmalsvektor
f_1 Merkmal: Stiftdruck
f_2 Merkmal: Stiftgeschwindigkeit
f_3 Merkmal: x-Koordinate
f_4 Merkmal: y-Koordinate
f_5 Merkmal: Schreibrichtung (sin)
f_6 Merkmal: Schreibrichtung (cos)
f_7 Merkmal: Krümmung (sin)
f_8 Merkmal: Krümmung (cos)
f_9 Merkmal: Seitenverhältnis
f_{10} Merkmal: Steigung (sin)
f_{11} Merkmal: Steigung (cos)
f_{12} Merkmal: Krümmung
f_{13} Merkmal: Linearität
f_{14-22} Merkmal: Schriftbild
f_{23} Merkmal: Oberlänge
f_{24} Merkmal: Unterlänge
f_{25}^{lm1} Merkmal: Linienzugehörigkeit jedes Extrempunkts
f_{25-28}^{lm2} Merkmal: binärcodierte Linienzugehörigkeit jedes Extrempunkts pro Schriftlinie
f_{25-28}^{lm3} Merkmal: horizontaler Abstand jedes Abtastpunkts zu jeder Schriftlinie
$\mathbf{f}_k^{\mathrm{off}}$ Offline-Merkmalsvektor/normiert
$\mathbf{f}_k^{\mathrm{on}}$ Online-Merkmalsvektor
$\dot{\mathbf{f}}_k$ dekorrelierter Merkmalsvektor (weiß)

$\ddot{\mathbf{f}}_k$ dekorrelierter, normierter Merkmalsvektor

$\tilde{\mathbf{f}}_k$ normierter Merkmalsvektor

$\mathbf{f}_k^{\text{red}}$ reduzierter, d. h. D_r-dimensionaler Merkmalsvektor

f_s Abtastfrequenz des EBEAM-Systems

$\tilde{\mathbf{f}}_k^{\text{red}}$ normierter und reduzierter Merkmalsvektor

$F(Z)$ Wert der Fehlerfunktion an der Stelle Z

f_x beliebiges Merkmal mit $x \in \{2;...;24\}$

f_y beliebiges Merkmal mit $y \in \{2;...;24\}$

g_κ zum Zeitpunkt κ erkanntes Graphem

$\hat{\mathbf{g}}$ erkannte Graphemfolge

$\mathbf{g}$ tatsächliche Graphemfolge

$\mathbf{G}$ Gewichtsmatrix

H_0 Nullhypothese

$h_V(\cdot)$ Entfernungsmaß im NG-VQ

h_K Kernhöhe, d. h. Abstand zwischen Basis- und Kernlinie

$h_v q$ relative Häufigkeit des Symbols v im Zustand q

$H_x(\phi)$ Entropie des x-Projektionsprofils

$H_y(\alpha)$ Entropie des y-Projektionsprofils

I Anzahl der Wörter in einer Wortfolge

$J(\cdot)$ Kostenfunktion

K Anzahl der Merkmalsvektoren einer Sequenz

k diskrete Zeitveränderliche im neuabgetasteten Schriftzug

κ diskrete Zeitvariable

Δk Abtastpunktbereich

K_roh Anzahl der Abtastpunkte des neu abgetasteten Schriftzugs

l konstanter Abstand zweier Abtastpunkte nach der Neuabtastung

l_1 Abstand zweier Abtastpunkte nach der ersten Neuabtastung

l_2 Abstand zweier Abtastpunkte nach der zweiten Neuabtastung

λ Parametersatz eines HMM

λ_d Parametersatz eines diskreten HMM

$\lambda_{\text{GM}\,i}$ Parametersatz des GM i, $1 \leq i \leq 5$

λ_k Parametersatz eines kontinuierlichen HMM

λ_m Parametersatz eines diskreten MOHMM

$\mathbf{\Lambda}$ Diagonalmatrix der Eigenwerte der Kovarianzmatrix der mittelwertbefreiten Merkmalsvektoren

λ^* optimaler Parametersatz eines HMM

λ^*_opt Parametersatz mit höchster ACC auf $\mathcal{S}_\text{val}$

$\lambda(k,\Delta k)$ Länge der Verbindungslinie zwischen zwei Abtastpunkten

$\hat{l}_j$ geschätzte Linienzugehörigkeit des Extrempunkts $\mathbf{s}_{\text{ext},j}$

l_k die dem Abtastpunkt $\mathbf{s}_{\text{n},k}$ zugeordnete Schriftlinie l

$\mathcal{L}_l$ Menge der Extrempunkte, die der Linie l zugeordnet werden

ld „logarithmus dualis", Logarithmus zur Basis Zwei

$L(k,\Delta k)$ Länge der linear interpolierten Stifttrajektorie

d_κ^2 quadratischer Abstand zwischen Punkt $\mathbf{s}_{\text{n},\kappa}$ und der Verbindungslinie $\lambda(k,\Delta k)$

$l(k)$ Länge der Verbindungslinie zwischen zwei Abtastpunkten

$\mathbf{M}$ Merkmalskarte

$\mu_{q_k}^m$ Mittelwert der Mixtur m im Zustand $q_k = s_i$

$M_j(l)$ Metrik der Schriftlinie l bezüglich des Extrempunkts $\mathbf{s}_{\text{ext},j}$

M_{q_k}	Anzahl der Mixturen im Zustand $q_k = s_i$
μ_d	Mittelwert der Dimension d des Merkmalsvektors
μ_X	Mittelwert der Paardifferenz
$m(l,j)$	absoluter y-Abstand zwischen der Schriftlinie l und dem Extrempunkt $\mathbf{s}_{\text{ext},j}$
n	diskrete Zeitveränderliche in dem vom EBEAM-System gelieferten Schriftzug
n_1	diskrete Raumrichtung (entspricht x-Koordinate)
n_2	diskrete Raumrichtung (entspricht y-Koordinate)
$\mathbb{N}$	Menge der natürlichen Zahlen
$N^{\text{d}}_{\text{cdb}}$	Anzahl der Codebucheinträge des Codebuchs $\mathcal{C}^{\text{d}}$
$N^{\text{g}}_{\text{cdb}}$	Anzahl der Codebucheinträge des Codebuchs $\mathcal{C}^{\text{g}}$
$N^{\text{k}}_{\text{cdb}}$	Anzahl der Codebucheinträge des Codebuchs $\mathcal{C}^{\text{k}}$
$N^{\text{red}}_{\text{cdb}}$	Anzahl der Codebucheinträge des Codebuchs $\mathcal{C}^{\text{red}}$, effektive Codebuchgröße
$N(\mathbf{c}_i^j)$	Anzahl der dem Codebucheintrag $\mathbf{c}_i^j$ zugeordneten Vektoren $\mathbf{f}_k$
N_{cdb}	Größe des Codebuchs $\mathcal{C}$; resultierende Codebuchgröße
N_{CPU}	Anzahl der parallel arbeitenden Prozessoren
Δn	Abtastpunktbereich (Rohdaten)
N_{dict}	Anzahl der Wörter im Wörterbuch
N_{ein}	Anzahl der Symboleinfügungen
N_{ext}	Anzahl der Extrempunkte der Stifttrajektorie
N_{l}	Anzahl der Schriftlinien ($N_{\text{l}} = 4$)
N_{loe}	Anzahl der Symbolauslöschungen
N_{M}	Anzahl der Merkmalskombinationen
N_{m}	Anzahl der Extrempunkte auf der Hauptlinie
N_{max}	Anzahl der Maxima der Stifttrajektorie
N_{min}	Anzahl der Minima der Stifttrajektorie
N_{M}	Anzahl der Graphem-Modelle
$N^{\text{off}}_{\text{cdb}}$	Anzahl der Codebucheinträge des Codebuchs $\mathcal{C}^{\text{off}}$
$N^{\text{on}}_{\text{cdb}}$	Anzahl der Codebucheinträge des Codebuchs $\mathcal{C}^{\text{on}}$
$\mathcal{N}(\mathbf{f},\boldsymbol{\mu},\boldsymbol{\Sigma})$	Normalverteilung mit Mittelwert $\boldsymbol{\mu}$ und Kovarianzmatrix $\boldsymbol{\Sigma}$, ausgewertet an der Stelle $\mathbf{f}$
N_{roh}	Anzahl der Abtastpunkte des vom EBEAM gelieferten Schriftzugs
N^*_{dict}	äquivalente Größe eines Wörterbuchs (*ohne* Sprachmodell)
N_{sub}	Anzahl der Symbolsubstitutionen
N_{sym}	Anzahl der zu erkennenden Symbole
N_{t1}	Anzahl der Textzeilen in der IAM-OnDB-t1
N_{test}	Anzahl der Textzeilen des Test-Datensatzes
N_{tot}	Anzahl der möglichen Abtastpunkt-Schriftlinien-Zuordnungen
N_{tot}	Anzahl der Textzeilen in der IAM-OnDB
N_{train}	Anzahl der Textzeilen des Trainings-Datensatzes
N_{tre}	Anzahl der richtig erkannten Symbole
ν	Nachbarschaftsfaktor
N_{val}	Anzahl der Textzeilen des Validierungs-Datensatzes
$N_{\text{val},1}$	Anzahl der Textzeilen des ersten Validierungs-Datensatzes
$N_{\text{val},2}$	Anzahl der Textzeilen des zweiten Validierungs-Datensatzes
N_{w}	Anzahl der Wörter in der IAM-OnDB
$N(w_i)$	Anzahl der Wörter w_i im Trainings-Datensatz
O	Anzahl der mehrfachen Observierungen
O_{kont}	Anzahl der Gleitpunktoperationen zur Erkennung mit kontinuierlichen HMM
ω	Parameter für die Neuabtastung
$P_{\text{bi}}(\mathbf{w})$	Perplexität einer Wortfolge $\mathbf{w}$ bei Verwendung eines Bigramms
$\mathcal{P}_{\text{ext}}$	Menge der Extrempunkte einer Stifttrajektorie, $\mathcal{P}_{\text{ext}} = \mathcal{P}_{\text{min}} \cup \mathcal{P}_{\text{max}}$
φ_k	Sekantensteigungswinkel
$\Delta\varphi_k$	Differenz zweier Sekantensteigungswinkel

ϕ	beliebiger Schriftneigungswinkel
ϕ_0	ermittelter Schriftneigungswinkel
$\phi_{\max}$	maximaler Schriftneigungswinkel
$\phi_{\min}$	minimaler Schriftneigungswinkel
$\Delta\phi$	Schrittweite zur Korrektur der Schriftneigung
$\boldsymbol{\pi}$	Vektor der Einsprungswahrscheinlichkeiten
p_i	Partition auf Prozessor i
π_i	Einsprungswahrscheinlichkeit des Zustands s_i
$\mathbf{P}_n$	Substitutionsmatrix für die Neuabtastung
$\mathcal{P}_{\max}$	Menge der Maxima einer Stifttrajektorie
$\mathcal{P}_{\min}$	Menge der Minima einer Stifttrajektorie
p_n	Wahrscheinlichkeit für das Annehmen der Nullhypothese
$\mathcal{P}_{\text{proc}}$	iterativ zu reduzierende Menge von Extrempunkten
p_r	Signifikanzniveau
$\mathbf{p}_x(\phi)$	x-Projektionsprofil
$p_{x,j}(\phi)$	Anzahl der Abtastpunkte je Abschnitt des x-Projektionsprofils
$p_{y,j}(\alpha)$	Anzahl der Abtastpunkte je Abschnitt des y-Projektionsprofils
$\mathbf{p}_{y,\text{L}}$	y-Projektionsprofil zur Linienidentifikation
$\mathbf{p}_{y,\text{Z}}(\alpha)$	y-Projektionsprofil zur Zeilenneigungskorrektur
$\psi_j(l)$	Pfadvariable, die den Vorgängerknoten des aktuellen Knotens im Trellis beschreibt
p	binärer Stiftdruck
$p_{\text{n},k}$	binärer und vorverarbeiteter Stiftdruck
$p_{\text{neu},k}$	binärer und neu abgetasteter Stiftdruck
$p_{\text{roh},n}$	binärer, vom EBEAM-System gelieferter Stiftdruck
$p_{\text{S},k}$	binärer und schriftneigungskorrigierter Stiftdruck
$p_{\text{Z},k}$	binärer und zeilenneigungskorrigierter Stiftdruck
$p(\mathbf{c})$	Verteilung der Codebucheinträge
$p(f_1, f_x, f_y)$	Verbundverteilung der Merkmale f_1, f_x, f_y
$p(\mathbf{f})$	Verteilung der kontinuierlichen Merkmalsvektoren
$P(\mathbf{w})$	Perplexität der Wortfolge $\mathbf{w}$
$p(\mathbf{w})$	Wahrscheinlichkeit der Wortfolge $\mathbf{w}$
$p(w_i)$	relative Häufigkeit des Worts w_i
$\mathcal{Q}$	Menge aller Zustandsfolgen
$\hat{\mathbf{q}}$	wahrscheinlichste Zustandsfolge
$\mathbf{q}$	Zustandsfolge
$\mathbf{q}^{\text{k}}$	Zustandszeiger
q_k	erreichter Zustand zum Zeitpunkt k
$\mathbf{q}^{\text{m}}$	Zustandsmenge
R^{sw}	Verhältnis der Codebuchgrößen $N^{\text{g}}_{\text{cdb}}$ und $N^{\text{k}}_{\text{cdb}}$
$\mathbf{r}$	y-Position der Schriftlinien, $\mathbf{r} = (r_1, \ldots, r_{\text{N}_l})^{\text{T}}$
$\ddot{\mathbf{r}}^{\text{g}}_j$	Codebucheintrag des Codebuchs $\ddot{\mathcal{C}}^{\text{red,g}}$
$\ddot{\mathbf{r}}^{\text{k}}_i$	Codebucheintrag des Codebuchs $\ddot{\mathcal{C}}^{\text{red,k}}$
Δr	relative Änderung der ACC
$\mathbb{R}$	Menge der reellen Zahlen
$\mathbf{r}^{\text{g}}_j$	Codebucheintrag des Codebuchs $\mathcal{C}^{\text{red,g}}$
$\mathbf{r}_i$	Codebucheintrag des Codebuchs $\mathcal{C}^{\text{red}}$
$\mathbf{r}^{\text{k}}_i$	Codebucheintrag des Codebuchs $\mathcal{C}^{\text{red,k}}$
r_l	y-Position der Schriftlinie l nach der Normalisierung
R^{MO}	Verhältnis der Codebuchgrößen $N^{\text{off}}_{\text{cdb}}$ und $N^{\text{off}}_{\text{cdb}}$
$R^{\text{MO}}_{\text{opt}}$	optimales Verhältnis der Codebuchgrößen $N^{\text{off}}_{\text{cdb}}$ und $N^{\text{off}}_{\text{cdb}}$
$R^{\text{sw}}_{\text{opt}}$	optimales Verhältnis der Codebuchgrößen $N^{\text{g}}_{\text{cdb}}$ und $N^{\text{k}}_{\text{cdb}}$
S	Anzahl der verborgenen Zustände in den HMM

$S(\cdot,\cdot)$	Verbundsignifikanz
$S_0(\cdot)$	individuelle Signifikanz
S_1	erster Erkenner
S_2	zweiter Erkenner
$\mathbf{s}_t$	kontinuierlicher Schriftzug
$\mathcal{S}_{\text{test}}$	Test-Datensatz
$\mathcal{S}_{\text{train}}$	Trainings-Datensatz
$\mathcal{S}_{\text{val}}$	Validierungs-Datensatz
$\mathbf{s}_{\text{ext},j}$	Extrempunkt j der Stifttrajektorie
s_i	verborgener Zustand i
$\mathbf{\Sigma}_{q_k}^m$	Kovarianzmatrix der Mixtur m im Zustand $q_k = s_i$
σ_X	Standardabweichung der Paardifferenz
sgn	Signum (Vorzeichen) Funktion
$\mathbf{s}_{\max,j}$	Maximum j der Stifttrajektorie
$\mathbf{s}_{\min,j}$	Minimum j der Stifttrajektorie
$S^-(\cdot,\cdot)$	Verbundsignifikanz nach Entfernen eines Merkmals
$\mathbf{S}_{\text{n}}$	vorverarbeiteter Schriftzug
$\mathbf{s}_{\text{n},k}$	vorverarbeiteter Abtastpunkt
$\mathbf{S}_{\text{neu}}$	neu abgetasteter Schriftzug
$\mathbf{s}_{\text{neu},k}$	neu abgetasteter Punkt der Stifttrajektorie
$\bar{\mathbf{s}}_{\text{neu}}$	Schwerpunkt des neu abgetasteten Schriftzugs
$\mathbf{S}_{\text{norm}}$	Normalisierter Schriftzug
$\mathbf{s}_{\text{norm},k}$	Normalisierter Abtastpunkt
$S^+(\cdot,\cdot)$	Verbundsignifikanz nach Hinzufügen eines Merkmals
$\mathbf{S}_{\text{roh}}$	abgetasteter, vom EBEAM-System gelieferter Schriftzug
$\mathbf{s}_{\text{roh},n}$	Abtastpunkt in dem vom EBEAM-System gelieferten Schriftzug
$\mathbf{A}_{\text{S}}(\phi)$	Schermatrix
$\mathbf{S}_{\text{S}}$	schriftneigungskorrigierter Schriftzug
$\mathbf{s}_{\text{S},k}$	schriftneigungskorrigierter Abtastpunkt
$\tilde{\mathbf{S}}_{\text{n}}$	vorverarbeiteter Schriftzug nach zusätzlicher Normalisierung
$\tilde{\mathbf{s}}_{\text{n},k}$	vorverarbeiteter Abtastpunkt nach zusätzlicher Normalisierung
$\mathbf{S}_{\text{Z}}$	zeilenneigungskorrigierter Schriftzug
$\mathbf{s}_{\text{Z},k}$	zeilenneigungskorrigierter Abtastpunkt
t	kontinuierliche Zeitveränderliche
$\theta(k)$	Steigungswinkel
$t_{\text{n},k}$	kontinuierlicher und vorverarbeiteter Abtastzeitpunkt
$t_{\text{neu},k}$	kontinuierlicher und neu abgetasteter Abtastzeitpunkt
$(\cdot)^{\text{T}}$	Transponierte eines Vektors oder einer Matrix
$t_{\text{roh},n}$	kontinuierlicher und vom EBEAM-System gelieferter Abtastzeitpunkt
$t_{\text{S},k}$	kontinuierlicher und schriftneigungskorrigierter Abtastzeitpunkt
$t_{\text{Z},k}$	kontinuierlicher und zeilenneigungskorrigierter Abtastzeitpunkt
$\mathbf{U}$	Matrix der Eigenvektoren der Kovarianzmatrix der mittelwertbefreiten Merkmalsvektoren
v	diskretes Symbol
Var_d	Varianz der Dimension d des Merkmalsvektors
Δv	Reduktion der paarweisen Buchstabenverwechslungen
V_i	Voronoi-Zelle
$v(k)$	Seitenverhältnis
$\hat{\mathbf{w}}_1$	erkannte Wortfolge des ersten Erkenners
$\hat{\mathbf{w}}_2$	erkannte Wortfolge des zweiten Erkenners
$\hat{\mathbf{w}}$	erkannte Wortfolge
$\hat{w}_i$	zum Zeitpunkt i erkanntes Wort

w_i	Wort i einer Wortfolge
$\mathbf{w}_i^{k,j}$	Gewicht, abhängig vom Zeitpunkt k, der Iteration j und vom Neuron i
$\mathcal{W}^{k,j}$	Menge aller Gewichte $\mathbf{w}_i^{k,j}$ im NG-VQ
w_{max}	maximaler Wert eines Merkmals
w_{min}	minimaler Wert eines Merkmals
$\mathcal{W}$	Wörterbuch
$\mathbf{W}_{\mathrm{S}}$	Abschnittsbreite des Projektionsprofils zur Schriftneigungskorrektur
$\mathbf{W}_{\mathrm{L}}$	Abschnittsbreite des Projektionsprofils zur Linienidentifikation
$\mathbf{w}$	(tatsächliche) Wortfolge
$\mathbf{W}_{\mathrm{Z}}$	Abschnittsbreite des Projektionsprofils zur Zeilenneigungskorrektur
$X(\cdot)$	Paardifferenz (Effektcodierung)
x_d	ausgewähltes Merkmal
$\mathcal{X}_{D_{\mathrm{r}}}$	reduzierter Merkmalssatz mit D_{r} Merkmalen
$x_{\mathrm{ext},j}$	x-Koordinate des Extrempunkts $\mathbf{s}_{\mathrm{ext},j}$
$x_l(j_1)$	x-Position des Extrempunkts $\mathbf{s}_{\mathrm{ext},j_1}$ mit geringstem Abstand zum Abtastpunkt $\mathbf{s}_{\mathrm{n},k}$ und $\mathbf{s}_{\mathrm{ext},j_1} = \mathbf{s}_{\mathrm{n},\kappa}$, $\kappa < k$ und $\mathbf{s}_{\mathrm{ext},j_1} \in \mathcal{L}_l$
$x_l(j_2)$	x-Position des Extrempunkts $\mathbf{s}_{\mathrm{ext},j_2}$ mit geringstem Abstand zum Abtastpunkt $\mathbf{s}_{\mathrm{n},k}$ und $\mathbf{s}_{\mathrm{ext},j_2} = \mathbf{s}_{\mathrm{n},\kappa}$, $\kappa < k$ und $\mathbf{s}_{\mathrm{ext},j_2} \in \mathcal{L}_l$
x_{max}	maximale x-Koordinate des Schriftzugs
x_{min}	minimale x-Koordinate des Schriftzugs
$x_{\mathrm{n},k}$	kontinuierliche und vorverarbeitete x-Koordinate
$\mathbf{x}_{\mathrm{neu},k}$	x- und y- Koordinate eines neu abgetasteten Abtastpunkts
$\Delta x_{\mathrm{n},k}$	Differenz zweier x-Koordinaten
$x_{\mathrm{norm},n}$	kontinuierliche und skalierte x-Koordinate
x	horizontale Position eines Punkts der Stifttrajektorie
$x_{\mathrm{neu},k}$	kontinuierliche und neu abgetastete x-Koordinate
$x_{\mathrm{roh},n}$	diskrete, vom EBEAM-System gelieferte x-Koordinate
$\bar{x}(k,\Delta k)$	mittlere x-Position von $2 \cdot \Delta k$ Abtastpunkten
$\mathbf{x}_{\mathrm{roh},n}$	x- und y- Koordinate eines vom EBEAM gelieferten Abtastpunkts
$\Delta\mathbf{x}_{\mathrm{roh},n}$	Koordinatendifferenz zweier vom EBEAM gelieferten Abtastpunkte
x_{s}	„schlechtestes" Merkmal
$x_{\mathrm{S},k}$	kontinuierliche und schriftneigungskorrigierte x-Koordinate
$\mathcal{X}^*_{D_{\mathrm{r}}}$	optimaler Merkmalssatz mit D_{r} Merkmalen
$\mathcal{X}^{*,\mathrm{G}}$	optimaler, mithilfe vektorquantisierter Merkmale mit gleichverteiltem SNR ermittelter Merkmalssatz
$\mathcal{X}^{*,\mathrm{S}}$	optimaler, mithilfe des Lloyd-VQ vektorquantisierten Merkmalen ermittelter Merkmalssatz
$\mathcal{X}^{*,\mathrm{SFFS}}$	optimaler, mithilfe der Sequential Forward Floating Selection (SFFS) gefundener Merkmalssatz
$\mathcal{X}^{*,\mathrm{SFS}}$	optimaler, mithilfe der Sequential Forward Selection (SFS) gefundener Merkmalssatz
$\tilde{x}_{\mathrm{n},k}$	normalisierte x-Position des Abtastpunkts $\mathbf{s}_{\mathrm{n},k}$
$\Delta x_{\mathrm{v},k}$	Differenz zweier x-Koordinaten im Abstand Δk
$x_{\mathrm{Z},n}$	kontinuierliche und zeilenneigungskorrigierte x-Koordinate
$\mathcal{Y}$	Vergleichsmerkmalssatz
y_{B}	y-Koordinate der Basislinie
$\hat{y}_l(x_{\mathrm{n},k})$	y-Position der linear interpolierten Schriftlinie an der Stelle $x_{\mathrm{n},k}$
$y_{\mathrm{ext},j}$	y-Koordinate des Extrempunkts $\mathbf{s}_{\mathrm{ext},j}$
y_{K}	y-Koordinate der Kernlinie
$y_l(j_1)$	y-Position des Extrempunkts $\mathbf{s}_{\mathrm{ext},j_1}$ mit geringstem Abstand zum Abtastpunkt $\mathbf{s}_{\mathrm{n},k}$ und $\mathbf{s}_{\mathrm{ext},j_1} = \mathbf{s}_{\mathrm{n},\kappa}$, $\kappa < k$ und $\mathbf{s}_{\mathrm{ext},j_1} \in \mathcal{L}_l$
$y_l(j_2)$	y-Position des Extrempunkts $\mathbf{s}_{\mathrm{ext},j_2}$ mit geringstem Abstand zum Abtastpunkt $\mathbf{s}_{\mathrm{n},k}$ und $\mathbf{s}_{\mathrm{ext},j_2} = \mathbf{s}_{\mathrm{n},\kappa}$, $\kappa < k$ und $\mathbf{s}_{\mathrm{ext},j_2} \in \mathcal{L}_l$
y_{max}	maximale y-Koordinate des Schriftzugs
$y_{\mathrm{max,L}}$	maximale y-Koordinate zur Linienidentifikation

y_{min}	minimale y-Koordinate des Schriftzugs
$y_{\mathrm{min,L}}$	minimale y-Koordinate zur Linienidentifikation
$y_{\mathrm{n},k}$	kontinuierliche und vorverarbeitete y-Koordinate
$\Delta y_{\mathrm{n},k}$	Differenz zweier y-Koordinaten
$y_{\mathrm{norm},n}$	kontinuierliche und skalierte y-Koordinate
y_{O}	y-Koordinate der Oberlängenlinie
y	vertikale Position eines Punkts der Stifttrajektorie
$y_{\mathrm{neu},k}$	kontinuierliche und neu abgetastete y-Koordinate
$y_{\mathrm{roh},n}$	diskrete, vom EBEAM-System gelieferte y-Koordinate
$y_{\mathrm{S},k}$	kontinuierliche und schriftneigungskorrigierte y-Koordinate
$\tilde{y}_{\mathrm{n},k}$	normalisierte y-Position des Abtastpunkts $\mathbf{s}_{\mathrm{n},k}$
y_{U}	y-Koordinate der Unterlängenlinie
$\Delta y_{\mathrm{v},k}$	Differenz zweier y-Koordinaten im Abstand Δk
$y_{\mathrm{Z},n}$	kontinuierliche und zeilenneigungskorrigierte y-Koordinate
Z	Testgröße
z_l	zur Schriftlinie l gehörender Zustand in einem endlichen Zustandsautomat

Index

Literaturverzeichnis

[Ach05] **Acharya, T., Ray, A. K..** *Image Processing: Principles and Applications.* Wiley, 2005.

[AH06] **Al-Hames, M., Zettl, S., Wallhoff, F., Reiter, S., Schuller, B., Rigoll, G.** *A Two-Layer Graphical Model for Combined Video Shot and Scene Boundary Detection.* Proceedings of the International Conference on Multimedia and Expo, S. 261 – 264, 2006.

[AH08] **Al-Hames, M.** *Graphische Modelle in der Mustererkennung.* Dissertation. Technische Universität München, 2008.

[Ale06] **Aleksic, P. S., Katsaggelos, A. K.** *Automatic Facial Expression Recognition Using Facial Animation Parameters and Multistream HMMs.* IEEE Transactions on Information Forensics and Security, S. 3 – 11, 2006.

[Aur91] **Aurenhammer, F.** *Voronoi Diagrams – A Survey of a Fundamental Geometric Data Structure.* ACM Computing Surveys, 23(3): S. 345 – 405, 1991.

[Båd00] **Både, L., Westergren, B.** *Mathematische Formeln und Tabellen.* Springer, 2000.

[Bak75] **Baker, J. K.** *The DRAGON System – An Overview.* IEEE Transactions on Acoustics, Speech, and Signal Processing, 23(1): S. 24 – 29, 1975.

[Bau66] **Baum, L. E., Petrie, T.** *Statistical Inference for Probabilistic Functions of Finite State Markov Chains.* The Annals of Mathematical Statistics, 37: S. 1554 – 1563, 1966.

[Bau70] **Baum, L. E., Petrie, T., Soules, G., Weiss, N.** *A Maximization Technique Occurring in The Statistical Analysis of Probabilistic Functions of Markov Chains.* The Annals of Mathematical Statistics, 41(1): S. 164 – 171, 1970.

[Bel57] **Bellman, R.** *Dynamic Programming.* Princeton University Press, 1957.

[Ben94] **Bengio, Y., Cun, Y. L.** *Word Normalization for On-Line Handwritten Word Recognition.* Proceedings of the International Conference on Pattern Recognition, S. 409 – 413, 1994.

[Ber00] **de Berg, M., van Kreveld, M., Overmars, M., Schwarzkopf, O.** *Computational Geometry*. Springer, 2. Auflage, 2000.

[Bil98] **Bilmes, J. A.** *A Gentle Tutorial of the EM Algorithm and its Application to Parameter Estimation for Gaussian Mixture and Hidden Markov Models*. U. C. Berkely, 1998.

[Bil02] **Bilmes, J., Zweig, G.** *The Graphical Model Toolkit: An Open Source Software System for Speech and Time-Series Processing*. Proceedings of the International Conference on Acoustics, Speech, and Signal Processing, S. 3916 – 3919, 2002.

[Bil04] **Bilmes, J.** *Graphical Models and Automatic Speech Recognition*. In: Johnson, M., Khudanpur, S. P., Ostendorf, M., Rosenfeld, R., (Hrsg.), Mathematical Foundations of Speech and Language Processing. Springer, S. 191 – 246, 2004.

[Bil05] **Bilmes, J., Bartels, C.** *Graphical Model Architectures for Speech Recognition*. IEEE Signal Processing Magazine, 22(5): S. 89 – 100, 2005.

[Bil06] **Bilmes, J.** *What HMMs Can Do*. IEICE Transactions on Information and Systems, S. 869 – 891, 2006.

[Bor93] **Bortz, J.** *Statistik für Sozialwissenschaftler*. Springer, 3. Auflage, 1993.

[Boz89] **Bozinovic, R. M, Srihari, S. N.** *Off-Line Cursive Script Word Recognition*. IEEE Transactions on Pattern Analysis and Machine Intelligence, 11(1): S. 68 – 83, 1989.

[Bra99] **Brakensiek, A., Kosmala, A., Willet, D., Wang, W., Rigoll, G.** *Performance Evaluation of a New Hybrid Modeling Technique for Handwriting Recognition Using Identical On-Line and Off-Line Data*. Proceedings of the International Conference on Document Analysis and Recognition, S. 446 – 449, 1999.

[Bra02] **Brakensiek, A.** *Modellierungstechniken und Adaptionsverfahren für die On- und Off-Line Schrifterkennung*. Dissertation. Technische Universität München, 2002.

[Buh93] **Buhmann, J. M., Kühnel, H.** *Complexity Optimized Data Clustering by Competitive Neural Networks*. Neural Computation, 5(1): S. 75 – 88, 1993.

[Bun95] **Bunke, H., Roth, M., Schukat-Talamazzini, E. G.** *Off-Line Cursive Handwriting Recognition using Hidden Markov Models*. Pattern Recognition Journal, 28(9): S. 1399 – 1413, 1995.

[Bun03] **Bunke, H.** *Recognition of Cursive Roman Handwriting – Past Present and Future*. Proceedings of the International Conference on Document Analysis and Recognition, (1): S. 448 – 459, 2003.

[Cae93] **Caesar, T., Gloger, J. M., Mandler, E.** *Preprocessing and Feature Extraction for a Handwriting Recognition System*. Proceedings of the International Conference on Document Analysis and Recognition, S. 408 – 411, 1993.

[Dem77] **Dempster, A. P., Laird, N. M., Rubin, D. B.** *Maximum Likelihood from Incomplete Data via the EM Algorithm*. Journal of the Royal Statistical Society, 39(1): S. 1 – 38, 1977.

[Dev82] **Devijver, P. A., Kittler, J.** *Pattern Recognition: A Statistical Approach.* Prentice-Hall, 1982.

[DMK06] **DMK/DPK**. *Formeln und Tafeln Mathematik – Physik.* Orell Füssli, 11. Auflage, 2006.

[Fin03] **Fink, G. A.** *Mustererkennung mit Markov-Modellen: Theorie – Praxis – Anwendungsgebiete.* Leitfäden der Informatik. B. G. Teubner, 2003.

[For65] **Forgy, E. W.** *Cluster Analysis of Multivariate Data: Efficiency vs. Interpretability of Classifications.* Biometrics, 21: S. 768 – 769, 1965.

[Fur97] **Furui, S.** *Digital Speech Processing, Synthesis, and Recognition.* Marcel Dekker, 1997.

[Ger92] **Gersho, A., Gray, R. M.** *Vector Quantization and Signal Compression.* Kluwer Academic Publishers, 1992.

[Gil62] **Gill, A.** *Introduction to the Theory of Finite-State Machines.* McGraw-Hill, 1962.

[Gov90] **Govindan, V. K., Shivaprasad, A. O.** *Character Recognition – a Review.* Pattern Recognition Journal, 23(7): S. 671 – 683, 1990.

[Gra84] **Gray, R. M.** *Vector Quantization.* IEEE ASSP Magazine, S. 4 – 29, 1984.

[Gra08] **Graves, A., Liwicki, M., Fernández, S., Bertolami, R., Bunke, H., Schmidhuber, Jürgen**. *A Novel Connectionist System for Unconstrained Handwriting Recognition.* IEEE Transactions on Pattern Analysis and Machine Intelligence, 31(5): S. 855 – 868, 2009.

[Gro69] **Grossberg, S.** *On Learning and Energy-Entropy Dependence in Recurrent and Nonrecurrent Signed Networks.* Journal of Statistical Physics, 1: S. 319 – 350, 1969.

[Gro89] **Grossberg, S.** *Neural Networks and Natural Intelligence*, MIT Press, 4. Auflage, 1989.

[Gün04a] **Günter, S.** *Vergleich von Erkennungsmethoden.* Technischer Bericht. Universität Bern, 2004.

[Gün04b] **Günter, S., Bunke, H.** *HMM-based Handwritten Word Recognition: On the Optimization of the Number of States, Training Iterations and Gaussian Components.* Pattern Recognition Journal, 37: S. 2069 – 2079, 2004.

[Guy91] **Guyon, I., Albrecht, P., Cun, Y. Le, Denker, J., Hubbard, W.** *Design of a Neural Network Character Recognizer for a Touch Terminal.* Pattern Recognition Journal, 24(2): S. 105 – 119, 1991.

[Hau90] **Huang, X., Ariki, Y., Jack, M.** *Hidden Markov Models for Speech Recognition.* Information Technology Series. Columbia University Press, 1990.

[Her91] **Hertz, J., Krogh, A., Palmer, R. G.** *Introduction to the Theory of Neural Computation.* Addison Wesley, 1991.

[Hof98] **Hoffmann, T., Buhmann, J. M.**. *Competitive Learning Algorithms for Robust Vector Quantization*. IEEE Transactions on Signal Processing, 46(6): S. 1665 – 1675, 1998.

[Hop06] **Hopcroft, J. E., Motwani, R. M., Ullman, J. D.** *Introduction to Automata Theory, Languages, and Computation*. Addison Wesley, 2. Auflage, 2006.

[Hu96] **Hu, J., Brown, M. K., Turin, W.** *HMM Based On-Line Handwriting Recognition*. IEEE Transactions on Pattern Analysis and Machine Intelligence, 18(10): S. 1039 – 1045, 1996.

[Hua01] **Huang, X., Acero, A., Hon, H.-W.** *Spoken Language Processing: A Guide to Theory, Algorithm, and System Development*. Prentice-Hall, 2001.

[Hua06] **Huang, B. Q., Kechadi, M. T.** *A Fast Feature Selection Model for Online Handwriting Symbol Recognition*. International Conference on Machine Learning and Applications, S. 251 – 257, 2006.

[Jae01] **Jaeger, S., Manke, S., Reichert, J., Waibel, A.** *Online Handwriting Recognition: The NPen++ Recognizer*. International Journal on Document Analysis and Recognition, 3(3): S. 169 – 180, 2001.

[Jäg03] **Jäger, H. D.**. *Technische Unterstützung von kooperativen Lehr- und Lernprozessen*. Technischer Bericht. Ludwigs-Maximilians-Universität München, 2003.

[Jel76] **Jelinek, F.** *Continuous Speech Recognition by Statistical Methods*. Proceedings of the IEEE, 64(4): 1976.

[Jel82] **Jelinek, F., Mercer, R. L., Bahl, L. R.** *Continuous Speech Recognition*. In: Krishnaiah O. R., Kanal, L. N., (Hrsg.), Handbook of Statistics II, S. 549 – 573. Elsevier, 1982.

[Jel98] **Jelinek, F.** *Statistical Methods for Speech Recognition*. MIT press, 1998.

[Jen96] **Jensen, F. V.** *An Introduction to Bayesian Networks*. UCL Press, 1996.

[Joh86] **Johannson, S.** *The tagged LOB Corpus: Users Manual*. Norwegian Computing Centre for the Humanities, 1986.

[Jor01] **Jordan, M. I.**, (Hrsg.). *Learning in Graphical Models*. MIT Press, 2. Auflage, 2001.

[Ju02] **Ju, L., Du, Q., Gunzburger, M.** *Probabilistic Methods for Centroidal Voronoi Tesselations and their Parallel Implementations*. Parallel Computing, 28: S. 1477 – 1500, 2002.

[Kar47] **Karhunen, K.** *Über Lineare Methoden in der Wahrscheinlichkeitsrechnung*. Annales Academiæ Scientiarum Fennicæ, 8(37): S. 1 – 79, 1947.

[Kat87] **Katz, S. M.** *Estimation of Probabilities from Sparse Data for the Language Model Component of a Speech Recognizer*. IEEE Transactions on Acoustics, Speech, and Signal Processing, 35(3): S. 400 – 401, 1987.

[Koh90] **Kohonen, T.** *The Self Organizing Map.* Proceedings of the IEEE, 78(9): 1464 – 1480, 1990.

[Kos98] **Kosmala, A., Rigoll, G.** *A Hybrid NN/HMM Approach for Large Vocabulary On-Line Handwriting Recognition.* Proceedings of the European Congress on Intelligent Techniques and Soft Computing, Gastvortrag, 1998.

[Kos00] **Kosmala, A.** *HMM-basierte Online Handschrifterkennung – ein integrierter Ansatz zur Text- und Formelerkennung.* Dissertation. Gerhard-Mercator-Universität – Gesamthochschule Duisburg, 2000.

[Kro01] **Kromrey, H.** *Evaluation - ein vielschichtiges Konzept. Begriff und Methodik von Evaluierung und Evaluationsforschung. Empfehlungen für die Praxis.* Sozialwissenschaften und Berufspraxis, 24(2): S. 105 – 131, 2001.

[Kud00] **Kudo, M., Sklansky, J.** *Comparison of Algorithms that Select Features for Pattern Classifiers.* Pattern Recognition Journal, 33(1): S. 25 – 41, 2000.

[Kuv99] **Kuvallieratou, E., Fakotakis, N., Kokkinakis, G.** *New Algorithms for Skewing Correction and Slant Removal on Word-Level.* Proceedings of the International Conference on Electronics, (2): S. 1159 – 1162, 1999.

[Lau96] **Lauritzen, S. L.** *Graphical Models.* Oxford Statistical Science Series. Oxford Science Publications, 1996.

[Lev66] **Levenshtein, V. I.** *Binary Codes Capable of Correcting Deletions, Insertions, and Reversals.* Soviet Physics Doklady, 10(8): S. 707 – 710, 1966.

[Lin80] **Linde, Y., Buzo, A., Gray, R. M.** *An Algorithm for Vector Quantizer Design.* IEEE Transactions on Communications, 28(1): S. 84 – 95, 1980.

[Liw05a] **Liwicki, M., Bunke, H.** *Handwriting Recognition of Whiteboard Notes.* Proceedings of the International Conference of the Graphonomics Society, S. 116 – 122, 2005.

[Liw05b] **Liwicki, M., Bunke, H.** *IAM-OnDB – an On-Line English Sentence Database Acquired from Handwritten Text on a Whiteboard.* Proceedings of the International Conference on Document Analysis and Recognition, (2): S. 956 – 961, 2005.

[Liw06] **Liwicki, M., Bunke, H.** *HMM-Based On-Line Recognition of Handwritten Whiteboard Notes.* Proceedings of the International Workshop on Frontiers in Handwriting Recognition, S. 595 – 599, 2006.

[Liw07a] **Liwicki, M., Bunke, H.** *Combining On-Line and Off-Line Systems for Handwriting Recognition.* Proceedings of the International Conference on Document Analysis and Recognition, (1): S. 372 – 376, 2007.

[Liw07b] **Liwicki, M., Bunke, H.** *Feature Selection for On-Line Handwriting Recognition of Whiteboard Notes.* Proceedings of the International Conference of the Graphonomics Society, S. 101 – 105, 2007.

[Llo82] **Lloyd, S.** *Least Squares Quantization in PCM.* IEEE Transactions on Information Theory, 28: S. 129 – 137, 1982.

[Loè78] **Loève, M.** *Probability Theory 2*, Graduate Texts in Mathematics. Springer, 4. Auflage, 1978.

[Luc06] **Lucida Inc.** EBEAM *Whiteboard Technical Specifications.* http://www.e-beam.com, 2006.

[Mac67] **MacQueen, J.** *Some Methods for Classification and Analysis of Multivariate Observations.* Proceedings of 5th Berkeley Symposium on Mathematical Statistics and Probabitlity, (1): S. 281 – 296, 1967.

[Mak85] **Makhoul, J., Roucos, S., Gish, H.** *Vector Quantization in Speech Coding.* Proceedings of the IEEE, 73(11): S. 1551 – 1588, 1985.

[Mak94] **Makhoul, J., Starner, T., Schartz, R., Lou, G.** *On-Line Cursive Handwriting Recognition Using Speech Recognition Models.* Proceedings of the International Conference on Acoustics, Speech, and Signal Processing, (1): S. 125 – 128, 1994.

[Man94] **Manke, S., Finke, F., Waibel, A.** *Combining Bitmaps with Dynamic Writing Information for On-Line Handwriting Recognition.* Proceedings of the International Conference on Pattern Recognition, (1): S. 596 – 598, 1994.

[Mar93] **Martinetz, T. M., Berkovich, S. G., Schulten, K. J.** *„Neural-Gas" Network for Vector Quantization and its Aplication to Time-Series Prediction.* IEEE Transactions on Neural Networks, 4(4): S. 558 – 569, 1993.

[Mim08] **Mimio.** MIMIO INTERACTIVE – *Specifications.* http://www.mimio.com, 2008.

[Moo02] **Moore, D.** *The IDIAP Smart Meeting Room.* Technischer Bericht. IDIAP, 2002.

[Mor84] **Mori, S., Yamamoto, K., Yasuda, M.** *Research in Machine Recognition of Hand Printed Characters.* IEEE Transactions on Pattern Analysis and Machine Intelligence, 6(4): S. 386 – 405, 1984.

[Mor99] **Mori, S., Nishida, H., Yamada, H.** *Optical Character Recognition.* Wiley, 1999.

[Mur02] **Murphy, K.** *Dynamic Bayesian Networks: Representation, Inference and Learning.* Dissertation. University of California, Berkeley, 2002.

[Nag86] **Nag, R., Wong, K., Fallside, F.** *Script Recognition Using Hidden Markov Models.* Proceedings of the International Conference on Acoustics, Speech, and Signal Processing, S. 2071 – 2074, 1986.

[Nie03] **Nieman, H.** *Klassifikation von Mustern.* Springer, 1983.

[Nor95] **Normandin, Y.** *Optimal Splitting of HMM Gaussian Mixture Components with MMIE Training.* Proceedings of the International Conference on Acoustics, Speech and, Signal Processing, S. 449 – 452, 1995.

[Pan08] **Panasonic.** *Electronic Board* — PANABOARD. http://panasonic.net/eboard, 2008.

[Pea86] **Pearl, J.** *Fusion, Propagation, and Structuring in Belief Networks.* Artificial Intelligence, 29(3): S. 241 – 288, 1986.

[Pla00] **Plamondon, R., Srihari, S. N.** *On-Line and Off-Line Handwriting Recognition: A Comprehensive Survey.* IEEE Transactions on Pattern Analysis and Machine Intelligence, 22(1): S. 63 – 84, 2000.

[Pol08] **PolyVision.** *TS Series Interctive Whiteboard.* Datasheet, 2008.

[Pow94] **Powalka, R. K., Sherkat, N., Whitrow, R. J.** *The Use of Word Shape Information for Cursive Script Recognition.* Proceedings of the International Workshop on Frontiers in Handwriting Recognition, S. 67 – 76, 1994.

[Pud94] **Pudil, P., Novovičová, J., Kittler, J.** *Floating Search Methods in Feature Selection.* Pattern Recognition Letters, 15(11): 1119 - 1125, 1994.

[Rab89] **Rabiner, L. R.** *A Tutorial on Hidden Markov Models and Selected Applications in Speech Recognition.* Proceedings of the IEEE, 77(2): S. 257 – 285, 1989.

[Rab93] **Rabiner, L. R., Juang, B.-H.** *Fundamentals of Speech Recognition.* Prentice-Hall, 1993.

[Rei04] **Reiter, S., Rigoll, G.** *Segmentation and Classification of Meeting Events using Multiple Classifier Fusion and Dynamic Programming.* Proceedings of the International Conference on Pattern Recognition, (3): S. 434 – 437, 2004.

[Rig94] **Rigoll, G.** *Neuronale Netze: Eine Einführung für Ingenieure, Informatiker und Naturwissenschaftler.* Expert, 1999.

[Rig96] **Rigoll, G., Kosmala, A., Rottland, J., Neukirchen, Ch.** *A Comparison between Continuous and Discrete Density Hidden Markov Models for Cursive Handwriting Recognition.* Proceedings of the International Conference on Pattern Recognition, S. 205 – 209, 1996.

[Rus02] **Russ, J. C.** *The Image Processing Handbook.* CRC Press, 5. Auflage, 2007.

[Sac04] **Sachs, L., Hedderich, J.** *Angewandte Statistik.* Springer, 12. Auflage, 2006.

[Say73] **Sayre, K. M.**. *Machine Recognition of Handwritten Words: A Project Report.* Pattern Recognition Journal, 5(3): S. 213 – 228, 1973.

[Sch94] **Schalkoff, R. J.** *Artificial Neural Networks.* McGraw-Hill, 1994.

[Sch95] **Schenkel, M. E.** *Handwriting Recognition Using Neural Networks and Hidden Markov Models.* Hartung-Gorre, 1995.

[Sch06a] **Schenk, J., Arsic, D., Schuller, B., Wallhoff, F., Rigoll, G.** *Submotions for Hidden Markov Model Based Dynamic Facial Action Recognition.* Proceedings of the International Conference on Image Processing, S. 673 – 676, 2006.

[Sch06b] **Schenk, J., Rigoll, G.** *Novel Hybrid NN/HMM Modelling Techniques for On-Line Handwriting Recognition.* Proceedings of the International Workshop on Frontiers in Handwriting Recognition, S. 619 – 623, 2006.

[Sch08a] **Schenk, J.** *On Supercomputing in Handwritten Whiteboard Note Recognition.* Innovatives Supercomputing in Deutschland (inSiDE), 6(2): S. 26 – 29, 2008.

[Sch08b] **Schenk, J., Lenz, J., Rigoll, G.** *Line-Members – a Novel Feature in On-Line Whiteboard Note Recognition.* Proceedings of the International Conference on Frontiers in Handwriting Recognition, S. 469 – 474, 2008.

[Sch08c] **Schenk, J., Lenz, J., Rigoll, G.** *On-Line Recognition of Handwritten Whiteboard Notes: A Novel Approach for Script Line Identification and Normalization.* Proceedings of the International Conference on Frontiers in Handwriting Recognition, S. 540 – 543, 2008.

[Sch08d] **Schenk, J., Lenz, J., Rigoll, G.** *Novel Script Line Identification Method for Script Normalization and Feature Extraction in On-Line Handwritten Whiteboard Note Recognition.* Pattern Recognition Journal, doi:10.1016/j.patcog.2008.12.015, 2008.

[Sch08e] **Schenk, J., Rigoll, G.** *Continuous HMM Modeling for On-Line Handwritten Whiteboard Note Recognition.* Project h1371 on HLRB-II Supercomputer, Leibniz-Rechenzentrum München. LRZ München, 2008.

[Sch08f] **Schenk, J., Rigoll, G.** *Feature Selection in HMM-based Handwritten Whiteboard Note Recognition.* Project h1371aa on HLRB-II Supercomputer, Leibniz-Rechenzentrum München. LRZ München, 2008.

[Sch08g] **Schenk, J., Rigoll, G.** *Neural Net Vector Quantizers for discrete HMM-Based On-Line Handwritten Whiteboard-Note Recognition.* Proceedings of the International Conference on Pattern Recognition, S. 679 – 682, 2008.

[Sch08h] **Schenk, J., Schwärzler, S., Rigoll, G.** *Discrete Single Vs. Multiple Stream HMMs: A Comparative Evaluation of their Use in On-Line Handwriting Recognition of Whiteboard Notes.* Proceedings of the International Conference on Frontiers in Handwriting Recognition, S. 550 – 555, 2008.

[Sch08i] **Schenk, J., Schwärzler, S., Rigoll, G.** *PCA in On-Line Handwriting Recognition of Whiteboard Notes: A Novel VQ Design for Use with Discrete HMMs.* Proceedings of the International Conference on Frontiers in Handwriting Recognition, S. 544 – 549, 2008.

[Sch08j] **Schenk, J., Schwärzler, S., Ruske, G., Rigoll, G.** *Novel VQ Designs for Discrete HMM On-Line Handwritten Whiteboard Note Recognition.* Proceedings of the 30th Symposium of DAGM, S. 234 – 243, 2008.

[Sch09a] **Schenk, J., Hörnler, B., Braun, A., Rigoll, G.** *Graphical Models: Statistical Inference Vs. Determination.* Proceedings of the International Conference on Acoustics, Speech, and Signal Processing, S. 1717 – 1720, 2009.

[Sch09b] **Schenk, J., Rigoll, G.** *Voronoi Cell Shaping for Feature Selection with Discrete HMMs.* Proceedings of the International Conference on Acoustics, Speech, and Signal Processing, S. 1817 – 1820, 2009.

[Sch09c] **Schenk, J., F. Wallhoff, Rigoll, G.** *Novel VQ with Constraints on the Quantization Error Distribution*. Proceedings of the International Conference on Multimedia and Expo, S. 557 – 560, 2009.

[Sch09d] **Schenk, J., Hörnler, B., Schuller, B., Braun, A., Rigoll, G.** *GMs in On-Line Handwritten Whiteboard Note Recognition: The Influence of Implementation and Modeling*. Proceedings of the International Conference on Document Analysis and Recognition, S. 877 – 880, 2009.

[Sch09e] **Schenk, J., Kaiser, M., Rigoll, G.** *Selecting Features in On-Line Handwritten Whiteboard Note Recognition: SFS or SFFS?* Proceedings of the International Conference on Document Analysis and Recognition, S. 1251 – 1254, 2009.

[Sen96] **Seni, G., Srihari, R. K., Nasrabadi, N.** *Large Vocabulary Recognition of On-Line Handwritten Cursive Words*. IEEE Transactions on Pattern Analysis and Machine Intelligence, 18: S. 757 – 762, 1996.

[SF96] **Stafford-Fraser, Q., Robinson, P.** *BrightBoard: A Video-Augmented Environment*. Proceedings of the International Conference on Human Factors and Computing Systems, S. 134 – 141, 1996.

[Shi96] **Shimodaira, H., Sudo, T., Nakai, M., Sagayama, S.** *On-Line Overlaid-Handwriting Recognition Based on Substroke HMMs*. Proceedings of the International Conference on Document Analysis and Recognition, (2): S. 1043 – 1047, 2003.

[SMA06] **SMART Technologies Inc.** *The Truth about Interactive Whiteboard Resolution — Why Bigger isn't Always Better*. http://www.smarttech.com, 2006.

[SMA08] **SMART Technologies Inc.** SMART BOARD *Interactive Display Frame*. http://www.smarttech.com, 2008.

[ST95] **Schukat-Talamazzini, E. G.** *Automatische Spracherkennung*. Vieweg, 1995.

[Sun97] **Sun, C., Si, D.** *Skew and Slant Correction for Document Images Using Gradient Direction*. Proceedings of the International Conference on Document Analysis and Recognition, (1): S. 142 – 146, 1997.

[Thi98] **Thierau, H., Wottawa, H.** *Lehrbuch Evaluation*. Hans Huber, 3. Auflage, 1998.

[Uch01] **Uchida, S., Taira, E., Sakoe, H.** *Nonuniform Slant Correction Using Dynamic Programming*. Proceedings of the International Conference on Document Analysis and Recognition, (1): S. 434 – 438, 2001.

[Vin02] **Vinciarelli, A.** *A Survey on Off-Line Cursive Script Recognition*. Pattern Recognition Journal, 35(7): S. 1433 – 1446, 2002.

[Vit67] **Viterbi, A.** *Error Bounds for Convolutional Codes and an Asymptotically Optimum Decoding Algorithm*. IEEE Transactions on Information Theory, 13(2): S. 260 – 269, 1967.

[Vuo01] **Vuori, V., Laaksonen, J., Oja, E., Kangas, J.** *Speeding up On-Line Recognition of Handwritten Characters by Pruning the Prototype Set.* Proceedings of the International Conference on Document Analysis and Recognition, (1): S. 501 – 505, 2001.

[Wai03] **Waibel, A., Schultz, T., Bett, M., Denecke, R., Malkin, R., Rogina, I., Stiefelhagen, R., Yang, J.** *SMaRT: The Smart Meeting Room Task at ISL.* Proceedings of the International Conference on Acoustics, Speech, and Signal Processing, (4): S. 752 – 755, 2003.

[Whi71] **Whitney, A. W.** *A Direct Method of Nonparametric Measurement Selection.* IEEE Transactions on Computers, 20(9): S. 1100 – 1103, 1971.

[Wie03] **Wienecke, M., Fink, G. A., Sagerer, G.** *Towards Automatic Video-based Whiteboard Reading.* Proceedings of the International Conference on Document Analysis and Recognition, (1): S. 87 – 91, 2003.

[Wie05] **Wienecke, M., Fink, G. A., Sagerer, G.** *Toward Automatic Video-based Whiteboard Reading.* International Journal on Document Analysis and Recognition, 7(3): S. 188 – 200, 2005.

[You02] **Young, S., Evermann, G., Hain, T., Kershaw, D., Moore, G., Odell, J., Ollason, D., Povey, D., Valtchev, V., Woodland, P.** *The HTK Book (for HTK Version 3.2.1).* Cambridge University Engineering Department, 2002.

[Zur65] **Zurmühl, R.** *Praktische Mathematik für Ingenieure und Physiker.* Springer, 5. Auflage, 1965.

Printed by Books on Demand GmbH, Norderstedt / Germany